U0116428

食經

上卷

陳夢因（特級校對）著

食經（全二卷）

作　　者：陳夢因（特級校對）
責任編輯：吳一帆
封面設計：涂　慧
出　　版：商務印書館（香港）有限公司
香港筲箕灣耀興道 3 號東滙廣場 8 樓
http://www.commercialpress.com.hk
發　　行：香港聯合書刊物流有限公司
香港新界荃灣德士古道 220-248 號荃灣工業中心 16 樓
印　　刷：美雅印刷製本有限公司
九龍觀塘榮業街 6 號海濱工業大廈 4 樓 A 室
版　　次：2022 年 5 月第 1 版第 3 次印刷

ISBN 978 962 07 5834 8
Printed in Hong Kong

經
特級校對編著
經
第二集
經
第三集
特級校對著
經
第四集
經
第五集
經
第六集
經
第七集
經
第八集
特級校對著
經
第九集
經
第十集

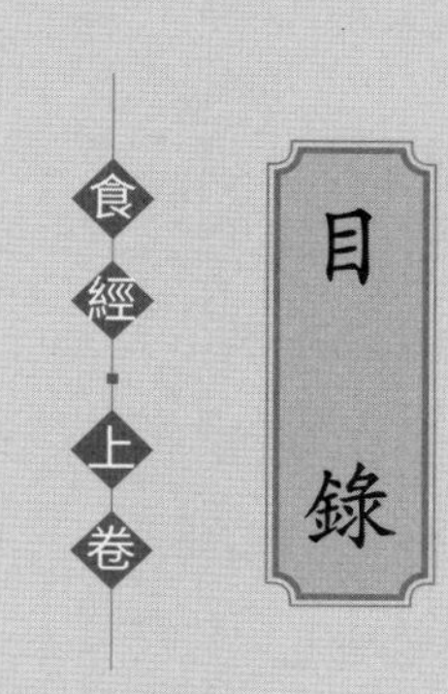

第一集

第二集

第三集

第四集

第五集

第一集

食經·上卷

自序

一個夜夜和紅筆、漿糊為伍，過了二十年生涯的報館校對，偶然寫起所謂《食經》而竟能招致不少「有同嗜焉」的讀者，天下間不可思議的事，竟有如是者！

食是藝術，是人生最重要的藝術；人們自開始懂得吮奶時，就懂得食的藝術，吮奶的嬰兒，換了奶頭，或換了別種經常慣吃的奶粉，馬上就引起反感，把奶頭吐出口來。因此可以說：人們的食的藝術是與生俱來的，也就是誰都應該懂得的藝術。如果連食都不大懂得，就未免虛負此生了。

幹校對這行業，尤其是做夜班校對，晚晚熬夜，做特別勞形傷神的工作，如果飲食都不得其方，健康上就大有問題，因而對食注意，研究：怎樣才是合理的，美味的，和價廉而於健康有補助的？日積月累，到而今，夜夜還能和紅筆、漿糊做伴侶，大部分原因是食的知識底賜予。

食的享受，不一定是有錢人才有資格，而有錢人也不一定精懂食的藝術，食的享受；只要曉得所以然，熟諳烹製方法和運用技巧，也會吃得到較好，和價廉味美的享受。因此，在本書所寫的都着重所以然，方法和技巧等方面。

讀者如認為本書所述不無可取的地方，或者家庭主婦也認為有可資借鏡之處，而心坎上願意賜予我一分賞識，則這一分光榮的賞識應歸那被稱為「活百科全書」的我底摯友。

我底摯友不獨提供我很多食製方法，還常同我研究，和請我吃他底食的製作。

偶然而隨意的寫幾則，彙積起來竟成一本小冊子，翻看一遍，發覺其中也有不少疏忽和錯誤，付梓前已盡量予以改正。

謹以此書獻給「同嗜」的人們，需要主持中饋的太太，和被稱為「活百科全書」的我底摯友。

一九五一年七月卅晨三時燈下

「食經」和我

楊情揚

《星島日報》的娛樂版，在太平洋戰事發生前，是一個出色的副刊，凡是《星島日報》的讀者都知道的。當本年二月我開始兼編娛樂版時，就決定內容除了電影、戲劇等外，要以人生的四大要素「衣、食、住、行」做主要的內容，尤其為了地域關係，「食在廣州」當然以食居首，這樣，「食經」就成為每日連載的稿子。

六個月不算短的時間，讀者對特級校對先生所撰的「食經」愛護的熱忱，出乎我意料。每天接到很多很多讀者來函讚許與詢問，最近又有不少讀者要求編者轉達作者，把六個月來所發表的「食經」印成單行本，甚至有的預訂了本數，其中竟有一個人預訂了六本之多，由此足見讀者對「食經」是怎樣的一個印象了。

「食經」除了提供各種食品的製作方法外，還介紹給讀者們許多關於日常食的知識。就我本人來說，以前對於食是一個地道的門外漢，六個月的時間竟把我訓練成為一個內行人。以魚類為例，今天我不但對魚的種類瞭如指掌，而且對飯館裏的每一道菜都有了批評優劣的準則，至於製作的過程與方法，我也摸到了頭緒。有一天，我的太太對我說：「你對每一道菜的鑒賞力，一日千里，究竟從哪裏學來的？」我便指着娛樂版上的「食經」笑而不答，互作會心的微笑，表示六個月來我編娛樂版的收穫，我相信有不少讀者會和我有同樣的感覺的。

《食經》付印前，作者要我寫序，一時知從何說起，就東拉西扯以應。

一九五一年七月三十一日

寫在《食經》再版之前

鄭郁郎[1]

假如你有很多錢，而想做一點有益人類社會，甚至到千萬年後人類的事時，你不妨拿錢出來，成立一個基金委員會，專門研究中國菜的營養問題。

不要以為中國菜不夠科學，不要以為中國菜的營養價值低於外國菜。相反的，中國菜非常之合乎科學原理，且特別富有營養價值。

我和一個外國的食物營養專家研究過，發現：一般人以為中國菜太多油膩，以為這是不合科學，以為這是影響營養，其實一點也不對的。油多用點，很合科學，且足以增加營養價值。用油去炒青菜或肉類，油把菜包圍了，可以防止青菜的葉綠素和維他命揮發；油把肉類包圍了，亦可以防止維他命揮發，防止美味消

1　資深報人，曾任《星島日報》總編輯。

失。這是很科學的做法。

要認真研究起來，真是要花十年八年工夫，寫數千萬言也說不完。這裏不過舉其一端。

「食經」開始要寫時，作者問我值不值得寫下去，能不能寫下去，我說：「食之道亦大矣哉！怎不值得寫？寫起來，寫他三五百年也寫不完。當『食經』寫到完時，所有人類也宣告完了。」

結果竟不出我所料，《食經》一集二集地出版。現在一集且要再版，足見「口之於味，有同嗜焉」，喜歡研究《食經》的人，固大有人在。我們都知道，歐美最暢銷書就是《食經》一類教人家燒菜的書！以此例彼，將來《食經》出到一百幾十集，每集出至一百幾十版，亦顯非令人詫異的一回事呢！

粵菜特色

廣東菜和其他地方菜最大分別是清、鮮和保存食物的原味，濃和膩的菜在廣東菜譜中是不多見的。也許由於廣東人，尤其省會附近的數縣——南、番、東、順、中，少吃辛辣品，由是舌頭的味覺較多吃辛辣的其他地方人士為敏銳一些，自然對濇和膩的食品不大愛好。

廣東人對廣東菜的製法固肯研究，而於食物的產地也同樣重視，比如白鴿，各地皆有，而售賣燒乳鴿的酒家，必採用石岐的白鴿，原來其他地方的白鴿，無論炮製得如何好，其肉味都不及中山石岐的香、肥、嫩。

生活稍過得去的廣東人，大多高興自己弄烹飪（摩登的香港少爺和香港小姐除外）。酒家的菜，一般說來是比不上名公巨賈公館的廚師做得好，這不是說酒家的菜沒有好的，不過名公巨賈肯花錢僱用廚師，為的是要吃得好，一切不惜工本，而酒家則要計算盈虧，一樣菜的炮製，其效果自然就大有分別。

過去廣州大三元酒家的六十元大包翅，西園酒家的鼎湖上素，南園酒家的網鮑片，江太史的三蛇會，周生記太爺雞，黃埔炒蛋，大良的炒牛奶、野雞卷、煀水魚、佛山柱侯雞等皆有特異之處，這都是眾所周知的上好廣東菜。

惟是近來的廣東菜，比以前又多了很多變化了。有些菜採取了西洋的製法，也有滲入了外江菜的製法，而名之曰廣東菜。實際說來是廣東菜進步了呢，抑退化了呢？到是頗堪研究。

太平山下的大酒家的廣東菜，一般說來比不上廣州的酒家的好。要吃真正好的廣東菜，還是要到廣州去。

香港不及廣州

為甚麼香港的廣東菜不及廣州的好？

第一，香港難找充足地道的作料，比如吃一尾鯿魚，無論烹製方法如何盡善盡美，鮮美的味道則遜於廣州的。廣東各江雖多產鯿魚，也有活的運來香港，但都不及靠近珠江的佳。又如吃豆腐，香港就難買得山水泡製的豆腐，諸如此類的地道作料，在香港是不易獲得的。

第二，香港是洋氣最盛的地方，愛吃牛扒的同時又高興研究中國食製的人不很多，對於吃廣東菜大多是採馬虎主義。有些愛吃西餐的，甚而視廣東菜為不合衞生、不夠營養。這一類人哪裏懂得吃廣東菜？愚見以為，西餐的製法也未盡合乎營養的原則。如西菜中的蔬菜，十九煮至霉爛然後吃，實際等於吃蔬菜的渣滓，吃在胃裏雖易於消化，得到蔬菜的營養，未免不打了折扣。廣東菜的蔬菜吃法，大部分是煮至沒有草青味的僅熟狀態而吃。煮老了的蔬菜，在舌頭上的感覺不獨等同草根，而葉綠素的香味，已蒸發無存，在味覺和受用上都不算好吃。

第三，由於香港人愛研究吃的不及廣州多，酒家的製作也不太認真。比如在太平山下的酒家吃菜，要一樣腐竹豬肚湯，十九是用熟的豬肚和腐竹加入少許梳打粉以上湯煮數滾後便算是上桌。湯雖呈乳白色，但豬肚和腐竹特有的香味已經大大地減少了。

至於吃一味「玉蘭雞」，十九也以拖過湯盆的熟雞上碟，其味道自然與生的大不相同。（酒家為了工作省時，隨時備有熟雞，以應顧客需用各種雞的食製。）

如果你對於吃的門徑不大生疏，事先聲明，則香港酒家也有不敢欺瞞顧客的。惟廣州的有名大酒家，則輕易不敢在製作上偷工減料，為的是廣州食客的眼睛和舌頭似乎都比香港的食客們雪亮一些和敏銳一些。

滋陰補腎

廣東菜中燉品的製作比任何地方菜多，無論飛、潛、動、植，都有燉品的食製，燉品的製法固有特別的研究，而燉品中屬於滋陰補腎之類尤多，把古人所言「食色性也」混而變成存色於食，以食助色。

為甚麼粵菜會特別多滋補燉品呢？

這由於廣東地方大部分是熱帶的天氣，天熱時吃的自然多是瓜菜，廣東人又特別喜歡吃涼菜，到了秋涼時候，便又自然而然地要求肉類的滋補了。

肉類燉起來的價值，是比任何烹煮的都高，經驗上告訴了人們，吃了燉品，確實耐寒，動得火，一些富商巨賈，姬妾盈庭的，也就風氣所趨，無時不講究滋陰補腎了。於是求助藥物以外，在飲食上也積極講求滋補之方。宰貓燉狗的由來，也許是研究過貓狗確有滋補之效，據曾吃過貓狗者言，嚴寒天氣，吃了貓狗，身體上可增暖氣。

馳名遠近的太史蛇羹，固是補品中的上乘，在清末民初的時候，太史不但以擅長製蛇羹而聞名，姬妾之多而美亦為當時的羊城佳話。蓄姬妾以娛身心，吃蛇羹以為滋補。廣東菜燉品特多，也許是士大夫階級和富商巨賈所造成的。

吃燉品的季候是深秋和冬天，春末和盛夏之季，吃滋補燉品的很少。

久矣乎沒看見酒樓的「龍虎會」和「五蛇羹」的廣告了，因為夏天不是吃補品的季節。

特好的菜

好的菜是色、味、香俱佳。

有研究的食家吃菜，是以眼、鼻、口同時並用的。

怎樣叫作眼吃？一碟炒油菜，菜的顏色呈在眼底，是碧綠色的才是炒得夠色。

怎樣叫作鼻吃？比如吃清燉北菇，一開盅蓋，觸到上升的蒸氣要有北菇的香味，才是燉得夠香。

口吃，誰都是用口吃，不過好研究吃菜的人同時用眼鼻去鑒賞去批評一道菜製作的色與香外，還用舌頭小心地去鑒別它的味。

在香港酒家要吃一桌十全十美的好廣東菜，不是容易的事。蒸、煎、燒、炒、燉、燴、煲，所有酒家都懂得，也同樣會做各種菜式，但甲酒家有它的特別專長，乙酒家做某種菜未必有甲酒家的好。有精於蒸、燉者，也有以燒、炒見長的，更有以好湯水見稱的，所以說香港酒家要吃一桌十全十美的粵菜，雖非絕對沒有，但不是一件容易的事，有時在大亨們公館中的專廚還會吃到好菜。就我所知香港有些做得特好的菜的酒家，比如：

包翅（大三元酒家）
蒸海鮮（國民酒家）
炒熱葷（大金龍酒家）
豆豉雞（大元酒家）
炒牛奶（山光飯店）
鹽焗雞（九龍大華酒家）
脆皮雞（九龍金唐酒家）

以上所列，都是該酒家做得特好，而且經常做得好的，有些酒家做某種菜有時做得好，有時卻又完全不符理想。

一桌菜兼有各式的製法，煎炒得好的，未必同時擅於蒸燒，在酒家吃菜，各樣菜式都表滿意的甚難，假如你懂得吃的話。

廚師考試

往時，廣州老資格的食家，在僱用一名廚師前，高興作一番考試，待試過他的製作後，認為滿意才正式僱用。從前香港南北行街的大莊口僱用廚師，有經過一番考試的。

所謂考試，只是燒一頓飯，做幾樣菜，試試他的味道，又看看每種菜的斤兩和付出的菜錢對不對市情。通常有資格的食家對廚師考試的試題，起碼要廚師製作一湯和兩小菜，那菜單是：蛋花湯，炒牛肉，蒸肉餅。這三樣菜都是廣東人誰都曉得的、又誰都吃過的家常便菜，為甚麼要採這三種菜作試題呢？原來這三樣菜是最普通、而又最難製作得好的小菜。這三樣菜除了製作外，還講刀法和選料的好壞。韌牛肉不能炒，剁肉餅不能有砧板味，吃來鬆滑而不孱實。即使炮製得好，還要切得好和買得好。三樣做得都夠條件，才算是一個夠資格的廚師。

家家戶戶都會炒牛肉，炒得好的並不多見。就是酒家炒牛肉炒得好的也如鳳毛麟角，本地有些酒家自詡精於炒牛肉，嘗去一試，牛肉是鬆的，但是梳打粉味卻佔了百分八十，牛肉的原有香味卻不存在。原來所謂鬆，只是用梳打粉將牛肉醃過，炒起來自然有梳打粉味了。酒家靠售賣食製為營業，炒牛肉還炒得不好，由此可見炒牛肉似易炒而不易炒得好了。

炒牛肉

炒牛肉第一個問題是用甚麼牛肉？一隻牛的肉，很多部分是可炒的，但炒起來最滑的是腰脢肉和柳脢肉。一隻牛的柳脢不多，柳脢部分又比腰脢多。柳脢固然滑，腰脢更滑，要炒得好吃，則非用脢肉不可。

其次是牛肉的切法。誰都曉得切牛肉要切橫紋，但是要切得好也要講究刀法。懂者用薄刀，切得每一片的厚薄都差不多。如果一件太厚，一件太薄，則炒起來會發覺其中有些過老，又有些不夠熟。所以切牛肉也要講刀法。

切好的牛肉要加上少許雞蛋白撈勻，醃上兩三小時。或問為甚麼要用蛋白醃過？原來蛋白含有灰質，以之醃牛肉，作用是使牛肉增加鬆滑，而且蛋白本身有香味，炒起來更好吃。還有特別要注意的，牛肉還未下鑊之前，千萬不可加鹽或豉油，因為牛肉經鹽和豉油醃過之後，肉便會收縮，收縮的結果便是粗和韌。

最後說到炒的方法，如能先將牛肉在油鑊裏「泡嫩油」更佳，可惜家庭間的烹飪，不會常備油鑊（即弄炸的食製的油鑊）。炒牛肉之前要爐火夠紅，爐火不紅，難炒得好。傾油落鑊至滾，將牛肉放在鑊裏炒至七分熟，才加味和配以少許豉油豆粉水，再兜勻即可上碟。

此外還要注意的：豉油豆粉水不能用得過多，吃完牛肉碟上沒有豉油豆粉水留存方算合格。不然，就不是廚師們所講的「饍」，而變了蒸魚和蒸肉餅的汁了。

蒸肉餅

蒸豬肉餅是佐膳的好菜。

肉餅中有冬菜肉餅，有豆豉肉餅，有魚肉餅，小孩則高興吃醬瓜肉餅。製作好的肉餅，甘香、鬆、滑兼而有之。至於怎樣炮製才得甘、香、鬆、滑呢？那又有方法的。

蒸肉餅的肉料最好是半肥瘦的脢肉，肥的約佔三分一，瘦的佔二分一。有人說，過去有些精於肉餅製作的廚師，剁肉餅時是以豬肉皮放在砧板上面然後剁的，這樣才可隔開砧板的木屑滲入肉糜內。但我未嘗見過，且覺得這有困難，要吃一次肉餅，特別要多買一塊可以墊砧板豬肉皮，似乎不大合理。就我所知，肥肉要切小方粒，瘦的則剁成肉糜後，再將小方粒之肥肉，加上少許生油豆粉，與肉糜攪勻，最後加入配料蒸之即成。

若把肥瘦肉同剁成肉糜，其中肥肉已變爛漿，蒸熟以後，肥肉全部變了肥油浮在肉餅上，瘦肉糜沒有肥肉粒間在中間，吃到口上不特不甘香，而且韌實，當然更沒有鬆滑的感覺了。避去砧板味的辦法是當刀落砧板時要正，已嵌入砧板的肉糜不要。一般人的肉餅製作得不好，可以說大部分是肥瘦肉不分開切的緣故，就是酒家樓做這個家常小菜，也不見得都做得好。

各處好的雲吞麵檔，雲吞餡的肥肉都是切小粒的，瘦的都是肉糜。如果不信，不妨到好的雲吞麵檔去看看。

肉餅是佐膳佳品，吃時最好將肉餅放在飯裏撈勻，和飯同吃，更另有一番味道。

蛋花湯

蛋花湯分為有鮮味與無鮮味的；鮮味要論味的原料。現在不談有鮮味的，先談無鮮味的。

無鮮味的蛋花湯選料沒甚麼特別地方，經常一碗蛋花湯，中碗用兩隻雞蛋，大碗用三隻，只要新鮮而不散黃的雞蛋即可。

無鮮味蛋花湯原無特殊製作技巧，好的蛋花湯不會有雞蛋腥味，蛋花要散而不結成小塊。話雖如此，不慣於到廚房去的，也許未必懂得。老闆要拿這一個試題考廚師，目的也許是試探廚師是否真有相當經驗。

蛋花湯的製法是先將雞蛋破殼後，以碗盛之，加上熟油少許、葱花少許，用筷子打勻，以瓦煲盛一碗湯，煲至水滾，然後將瓦煲移離火爐，隔幾秒鐘始將打勻的蛋花，逐少傾入滾水內，同時以筷子將傾入煲內之雞蛋打勻，再加鹽與熟油，盛之碗上即成蛋花湯。

蛋花湯所以要加葱花，作用在辟除雞蛋的腥味，以熟油攪過雞蛋在於蛋花嫩滑，瓦煲離爐後才傾蛋下去，目的是避免煮老了蛋花。

炒牛肉、蒸肉餅和蛋花湯都是最普通的家常小菜，似乎誰都懂得做，但做得好這三樣家庭小菜，真是要費煞一番研究功夫的。廚師對於烹調製作不知其所以然的固多，就是知其所以然的也有限得很。從前廣州的大戶人家僱用廚師時出這三樣小菜做試題，說起來是大有道理的。

如何買菜

吃的製作做得好固不易，食製的原料採買，也大有研究。

大戶人家的廚師和精於此道的娘姨，每天未到市場買菜之前，他不能告訴你今天要買甚麼菜。除了老闆或老闆娘指定要吃甚麼外，他們或她們一定要到了菜市場後才能決定。

好的廚師和「煮飯」當然是跟隨季候的轉移而製作合時令的菜。就蔬菜來說，例如夏令合時當然是節瓜、苦瓜，惟是遇到連綿風雨，各地運來的苦瓜節瓜大大減少，供應頓失常態，瓜菜的價格自然高漲，在這時候要吃節瓜苦瓜，就要多付出若干代價了。又如連日大東風，或在颶風前後，漁船大部分都躲在避風塘裏，鮮魚鮮蝦的供應自然不及平日的多，物罕為奇，魚販自然也會看風駛舵，高抬售價，要吃鮮魚鮮蝦，不消說，這不是上算的事。

上面所說便是好的廚師在到魚菜市場之前不能告訴你這一回買甚麼菜的原因。

吃和穿一樣，各有癖好，有愛吃葷的，有愛吃素的，也有不吃魚腥的，性之所好，但聰明的老闆和主婦對於廚師和娘姨買菜是任由他們出主意的。比如近來牛肉太貴，且都是澳洲和印尼的「來路貨」，雪藏了好幾個月，吃來又不比新鮮的好味，一定要吃牛肉，那就不是聰明人的算盤了。舊式商店例有「做禡」、「做節」的，遇到了這一天，買菜錢是比平日增多的，但聰明的店寧在禡後節後才「做禡」、「做節」，為的是魚菜比禡日節日較平。

買菜雖是很小的事，實在也有聰明和笨伯之分。

一桌好菜

前文說過，香港的廣東菜不比廣州的好，在香港的酒家要吃一桌上好的廣東菜不易。愛吃的朋友因此向我提出一個問題，他說：「假如就夏天的季候，『發辦』三百元，要吃一桌符合理想的廣東菜，不管你向哪一家酒家，要一樣菜也好，要全桌的也好，想看看你所擬的菜單。」

幸而我早已聲明，我不是研究食的專家，但朋友既這麼高興要研究吃的問題，似乎也不能掃興，試將我所擬的菜單列下，然後再說明理由。

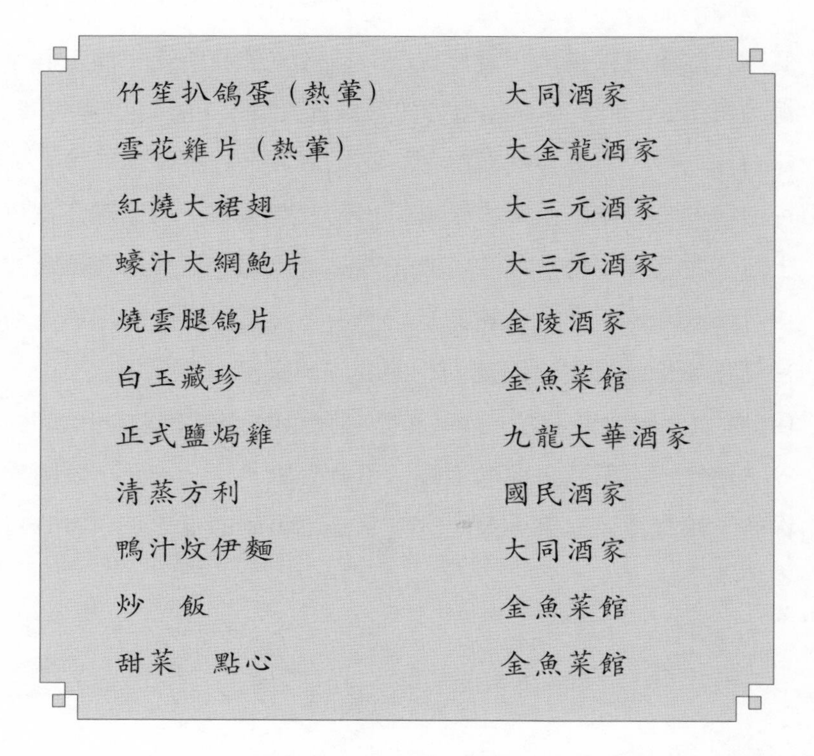

竹笙扒鴿蛋（熱葷）	大同酒家
雪花雞片（熱葷）	大金龍酒家
紅燒大裙翅	大三元酒家
蠔汁大網鮑片	大三元酒家
燒雲腿鴿片	金陵酒家
白玉藏珍	金魚菜館
正式鹽焗雞	九龍大華酒家
清蒸方利	國民酒家
鴨汁炆伊麵	大同酒家
炒　飯	金魚菜館
甜菜　點心	金魚菜館

上面所列的菜單，只就個人吃過的經驗所得而擬，或許有更好的，那就算我知道得不多了。

「竹笙扒鴿蛋」的竹笙和鴿蛋都是沒鮮味的，非要濃的上湯來扒製不可，而「大同」的上湯以濃見稱。「雪花雞片」便是螺片與雞片合炒，這是專講炒的功夫，大金龍的廚師對炒的製作甚有研究。「紅燒大裙翅」和「紅燒網鮑片」除了魚翅鮑魚要上選外，最主要是「扒」（酒樓製作的術語）的功夫。裙翅和鮑片最後的製作是「推饋」（也是酒樓術語）不能太稀薄，也不能太凝結，上碟後又不許卸下來，不能化水，這是似易做而又不易做的工作，此間大三元還保有廣州大三元的傳統，對這兩個菜，做得夠認真。「燒雲腿鴿片」為甚麼要吃金陵的，則由於金陵對這一道菜，火腿的選料一點不苟且。「白玉藏珍」是炸過的冬瓜，配上雞粒、燒鴨粒、鮮菇、蓮子、蟹肉、鮮腎等以上湯燉的。金魚的上湯味鮮而清，故選金魚製的。鹽焗雞則選大華的，因為大華對這一個菜，除雞身精選外，製作也很有研究。就我所知，島上酒家，做鹽焗雞做得好，而又經常做得好的，當推大華。「清蒸方利」，驟觀之似無特殊巧妙，只要方利新鮮便好吃，事實上並不如此簡單，原來魚鮮蒸得過老不好吃，魚肉未全離骨，則會有腥味，用厚碟蒸魚更時會有上熟下生之弊，會蒸魚的，必先蒸熱了魚碟，再放魚在碟裏才蒸，或以葱條放在魚下面，使熱氣易於滲入。國民對於此道堪稱夠功夫，經常蒸魚都恰到好處。因此內行的要吃清蒸海鮮都到國民去。「鴨汁炆伊麵」以大同做得最好。炒飯和點心金魚做得都不馬虎。

這樣一桌菜照目前的價錢，不會少過二百七十元，要酒家單獨為你做一兩樣這菜送到你府上，幾乎是不可能的事，那只有分日到各酒家去吃了。

高湯與上湯

談翅的食製，不能不先談談上湯。

「夥計，來一碗高湯！」在外江館吃飯，尤其是北方飯店，你會隨時聽到食客對伙記說這一句話。

「一碗高湯」用甚麼材料熬，一時未暇考究，不過顧客就算只吃一碗排骨麵，光顧僅兩塊錢，你要多吃一碗高湯，老闆是滿不在乎的。也許這是老闆們深得待客之道，但從另一方面來說，則這一碗高湯不會花很大成本。

在衡陽長沙的湖南菜館，櫥櫃裏除了放置食製的原料外，還有一罐罐的味精、味母等調味品，菜館固不以為礙眼，到菜館吃喝的顧客也視作平凡。

上述兩項雖然都是小事，但在廣東酒家和廣東顧客看來是不大順眼的。就味精來說，時下的廣東菜館都有採用，但卻不容顧客們曉得；如果讓顧客曉得，無異自承湯水不好。將味精陳列在窗櫥裏不但少見，且認為是一種恥辱！

說到要廣東酒家像北方館一樣經常送你一碗真正的上湯，實難於遵辦。大酒家的上湯，每一斤成本並不便宜，免費送一碗上湯，就是要他們送你十多塊錢。廣東菜最注意「湯水」，湯水不好的酒家，就算最有本領的廚師，也沒辦法做得好菜，因為廣東菜燉的製作固要好湯水，炒的製作也要用上湯「打饍」。

上湯與二湯

電車路的大同酒家一向最講究「湯水」，你可隨便批評大同的女職工招待未盡滿尊意，但是你說大同「湯水」不好，老闆馮儉生就不會放過你，而要向你領教了。由此可見廣東菜對「湯水」的重視。

上湯之外還有二湯，甚麼叫作上湯呢？下面是我所知上湯和二湯的製法。

上湯是用五十斤肉，熬成五十斤的湯。比如要三十斤上湯，則用五隻老雞（淨肉約十二斤）、十五斤瘦肉、兩斤火腿和四隻火腿腳（也有加上一二斤牛肉，因為加牛肉熬湯味較濃），合起來是三十斤，用四十五斤水慢火熬（約六七小時）成三十斤（火候過猛則肉類所含之蛋白質會浮出湯面，湯就濃濁不清），這三十斤便是上湯。就目前的價格言，五隻雞約四十元，十五斤上肉約六十元，兩斤火腿約十六元，火腿腳四隻約六元，合值約一百二十元，人工柴火還未計入。小酒家的成本計算是加四或加五，大酒家加八或對開計算，即是一百元原料以二百元成本計算。就上述的上湯肉料一百二十元加上一倍計算：三十斤湯的成本，每斤成本八元。所以要大酒家免費送一碗上湯，等於送你十元八塊，如果光顧得太少，酒家要虧本，虧本生意誰都不願做的。

二湯是將熬過上湯的肉渣加水再熬，其中也有加上其他如鴨殼豬骨之類。當然，二湯的成本比上湯平得多。

現在的酒家的上湯是否都照這個方法，那是酒家的營業秘密，這裏不便多說。時下二三十元一海碗爛雞翅，只是用二湯製作再加上味精調味，絕不會用真正上湯的。

特級校對所藏酒家菜譜之一：五十年代香港大同酒家。

家用上湯

《食經》提供的食製，其中很多必須要用上湯，有些食製如果沒有上湯炮製，任你是郇廚再生，恐怕也難做得好。雖然最方便的方法是用味精，要味濃至怎樣程度都可以，而且價錢廉宜，但懂得吃的人寧願鮮味不夠，也不肯用味精。一因吃過味精會口渴，二因吃慣味精，舌頭會痲木，就不易辨別食製的好壞。很多外江菜的味道很濃，實在是用味精，所以廣東人吃過外江菜後要飲大量茶水，就是菜裏味精過多，吃後口乾。因此島上的外江菜館，菜價雖很廉宜，但不能長期吸引廣東食客。有某食家嘗說：「外江菜不用味精，製作就沒有了師傅。」批評得似乎過火一些，實在也頗有道理。我以為酒家樓的食製，為減低成本，易於招徠顧客計，用味精原是未可厚非，但在家裏做菜最好不用。尤其家庭宴客，食製放了味精，很多人不愛吃，食家則更討厭味精。

李太太頃來信說：她的丈夫常常高興在家請客，食製中雖有鮮湯，惟是以普通鮮湯來製作，其他要用上湯的食製就感到毫無辦法。特別為一兩樣製作而熬一煲上湯，覺得太浪費，問我有甚麼補救方法。這的確是家裏做菜一個重要問題，現在提出一個補救辦法，答覆李太太。

請客一定會有鮮湯的食製，如有雞湯、鴨湯之類，先盛出一碗準備作上湯之用。以二兩淨慶湯腿（即較鹹的火腿，酒樓用作熬湯，價比上腿廉宜一些），切碎放在飯碗裏，加滿水，蒸二小時即成很濃鮮的火腿湯，將之傾在已準備好的一碗雞湯或鴨湯裏，就可作上湯用。其味濃鮮，雖比用真正材料熬的上湯差，但也比二湯好得多。家庭食製要用上湯，這是一個最廉宜而簡單的方法。

魚翅

魚翅在粵菜中是上品。

喜慶和大筵席，必有魚翅；也可以這麼說，沒有魚翅的筵席不夠闊，不夠排場。可是，這一席魚翅做得好不好卻大有研究，會鑒賞的人也不太多。有人認為魚翅做得不好是廚師的事，但事實並不如此。以三十元代價吃一碗好的蟹黃翅，並且要上品的，絕不可能。惟是中小酒家所售何嘗不是二三十元一碗蟹黃翅？不過你要曉得，他們所用的魚翅是經過硫磺焦燻的翅片翅堆，以二湯再加味精、鹹水蟹黃，還加上一些有色澤的橙黃粉炮製。如果要他們用「中鈎」翅、上湯、鹹淡水蟹的蟹黃來製作一海碗蟹黃翅，單是原料，二三十元也買不起，何況酒家還要賺錢？

魚翅人人會吃，但對魚翅會鑒賞及有研究的人卻不很多。因為魚翅價高，製作手續至為麻煩，大多數家常食製很少弄魚翅，自然對翅

七十多歲的特級校對經常到家居附近的阿拉美達海邊釣魚，圖為所釣獲之鯊魚，旁為幼年時的孫女。

的製作不大肯去研究了。做得夠水準一碗魚翅，單是柴火也要燒幾十斤，遑論原料的價值了。

有人認為鯊魚中的翅本身沒有鮮味，沒甚營養，且再要三蒸五熬，即使有些許好處，也被蒸發殆盡。對吃有研究的人就說魚翅最富營養，因為魚翅多膠質，有補腎、養顏、健髓的功效。不過魚翅一定要做得好；做得不好，火候不夠，不但不好吃，而且得不到益處。所以會吃魚翅的人對魚翅的製作，也要研究。

有很多人以為魚翅只是鯊魚的尾鰭，實則鯊魚的胸鰭、背鰭、臀鰭也是人們經常吃到的魚翅。

翅的種類

魚翅是正式的「來路貨」，香港海產雖然甚豐，卻少有可做魚翅的大鯊魚。

最好的魚翅來自墨西哥；所謂金山翅者，實在是墨西哥翅。墨西哥魚翅的翅身比其他地方的翅較為黃淨透明，其他地方的翅較為淤黑。為甚麼魚翅要經硫磺燻過？就是因為很多魚翅的翅身呈淤黑色，要經過硫磺焦燻後才見明淨。中小酒家用的都是經硫磺燻過的翅，因其價廉，但如果製作不好，吃時會有硫磺氣味。

鯊魚中的尾鰭、胸鰭、背鰭、臀鰭，都可做魚翅的食製，而以臀鰭為最上品，紅燒大裙翅的裙翅就是臀鰭。臀鰭在鯊魚腹後之下，有如裙形，故稱曰裙翅，而裙翅中又有大裙中裙，以大裙為最上品。其次是胸鰭，長在魚身兩面作撥水的翅，又稱曰鈎翅；鈎翅又有大鈎、中鈎、小鈎。有些酒家以大中鈎翅充裙翅，取顧客裙翅的價錢，而以小鈎充中、大鈎翅，向顧客取大鈎的價錢。背鰭、尾鰭不能用做裙翅的材料，爛雞生翅便是用這些翅身來製作；通常所稱散翅，即屬這一類。背鰭、尾鰭中有不少硬翅骨，是無法弄軟的，吃在胃裏也不能消化，所以必須先去翅骨，去骨後魚翅的組織解體，一經用水發開，就成了像綠豆牙菜大小一樣的翅，這就是散翅。

中小酒家通常所用的是散翅中的翅堆和翅片，都是經過售翅者炮製的。翅堆可以弄得很軟，但不很滑。大酒家做上等筵席則用生翅，是未經硫磺燻過的原隻乾翅。

揀翅與煨翅

要把一塊乾的生翅弄成一碗蟹黃翅或滑雞翅，必須經過數十小時火候和好幾道工序：

（一）把原塊乾翅頭部的翅肉斬去，備滾水一盆，把乾翅放進盆裏，盆上加蓋泡一小時，然後取出。

（二）用刀刮去魚翅外皮的細沙；刮淨後，再把魚翅煲二三小時，然後把魚翅裏的肉和骨揀出，而且要揀得乾淨。

（三）用軟水（即是熱水），切勿用生水，因為生水是硬水，有礦質，魚翅放在生水裏就發生所謂「過冷河」作用，翅身即使燉到極夠火候而極柔軟，吃來仍有爽口的感覺。翅要弄得軟滑方為合格，爽口的翅會被認為火候不夠。有些翅雖然經過足夠火候蒸燉，但仍覺爽口，就是因為忽略了硬水和軟水的關係。廣東雲吞麵為甚麼麵煮熟後再用冷水淋過，就是「過冷河」。「過冷河」的麵會爽口，爽口的東西易於下咽，且能吃得多，沒有「過冷河」的麵會帶黏漿性。魚翅則不應有爽口的感覺。用生薑、青蒜煲四五小時，烹調術語謂之「出水」。「出水」的作用是把魚翅的灰腥味漂去。有些酒家出水不夠時間，魚翅還留存有灰味，所以吃翅加浙醋，就是利用醋性中和鹼性的原理。

（四）把經「出水」的魚翅放在蒸籠裏，文火蒸十二小時，魚翅方夠火候而軟嫩。

（五）上項手續做完，才到煨翅的工序，方法是用豬油起鑊，薑少許及玫瑰露酒少許，爆香油鑊，放翅落鑊，加二湯及豬膏一塊，煨約一小時。等翅身已盡吸二湯鮮味，把魚翅兜起，將煨過翅的二湯倒去，傾入新鮮的二湯再煨一次，這樣才完成翅身的炮製。

至於弄蟹黃或爛雞翅，那是另一套製法了。

蟹黃翅

翅身的炮製已如上述，但有一點要注意，煨過二湯的魚翅不能保存很久，容易變壞的。如果不是要當天吃魚翅，就不必用二湯煨過，而以軟水（即凍滾水）浸着，切不可貪簡便用硬水浸翅，否則吃時就有爽硬的感覺，魚翅爽硬而不軟滑者，就是未夠標準。浸在水裏的翅，每天要換一次水，夏天兩次三次，以防魚翅變壞。到要吃之前才把軟水傾去，以二湯煨翅。

已煨魚翅的二湯不能再用，因湯的鮮味已為魚翅吸收殆盡。如果你要吃爛雞生翅，就用豬油起鑊，用少許玫瑰露酒倒入鑊裏增加香氣，再將適量上湯、魚翅、雞絲傾在鑊裏，煮滾以後，用馬蹄粉開「饋」，在鑊裏搞勻，先試少許，如不夠味，再加鹽少許，以碗盛之就是。

在魚翅食製製作中，爛雞生翅沒有甚麼特殊技巧，但蟹黃翅要做得好，就要講真功夫了。

所謂蟹黃，就是膏蟹裏的黃膏，一海碗蟹黃翅要用二兩蟹黃，中碗則用一兩半。先將蟹黃搗成粉屑，加馬蹄粉和上湯搞勻，成為一碗黃色的「饋」，上湯和魚翅煮滾之後，將魚翅連鑊移離火爐，待沒有滾泡時方將蟹黃「饋」逐少逐少傾入，同時以湯殼將蟹搞勻，以白瓷碗盛之，加上少許芫荽，這便是色、味、香俱佳的蟹黃翅。這樣說來，蟹黃翅似乎沒有甚麼特別的製作技巧，為甚麼會比爛雞翅難於製作得好呢？原來蟹黃煮得過老則粗，和軟滑的魚翅不相配合，不夠熟則有腥味。所以做蟹黃翅要將蟹黃煮至僅熟，沒有腥而不老方為合格。

夏天蟹瘦而膏不多，吃蟹黃翅不合時令，等到秋天蟹肥膏豐時，蟹黃翅才是合時食製。

紅燒大裙翅

紅燒大裙翅是魚翅食製中的上品，也是價錢最貴的，豪華筵席的魚翅，十九是紅燒大裙翅。每一海碗大裙翅的售價，大酒家是八九十元以上，中小酒家五六十元，如果不是用中鈎大鈎當裙翅而且用如假包換的真正上湯（不用味精調味的），一流廚師製作，則八九十元一海碗並不算過於濫取。因為裙翅的價格比散翅鈎翅都貴，製作也比其他魚翅食製為麻煩。紅燒大裙翅前半部的製作過程，和其他魚翅製作沒有甚麼分別，但「出水」和煀翅之後的十餘小時蒸燉，確是很花功夫。

上好的裙翅有如梳形，在煀和將裙翅蒸軟的時候，要用兩片竹笪夾着，使翅保存裙形，不致變成散翅。在用竹笪夾着之前，用生的老白鴿骨夾入裙翅內，老鴿肉則放在竹笪上面，還加上瘦火腿，然後用蒸籠蒸十至十二小時，再將火腿鴿骨鴿肉取去（有時吃大裙翅吃到有碎骨，就因廚師一時大意未盡將鴿骨取出）。吃時用豬油紹酒再煀（其法一如蟹黃翅），最後才加馬蹄粉「饍」，酒樓術語稱這一個「饍」叫作「推饍」，取意或許是將「饍」推進翅裏面，這是紅燒大裙翅最後的工序，也是最難做得理想，因為「饍」「推」要得不厚不薄，上碗後不會變水，至於味之濃淡，還算次要。

或問：為甚麼蒸翅時要插入老白鴿骨和加上鴿肉火腿？原來用老鴿骨蒸過的魚翅，容易吸收上湯鮮味，火腿則增加魚翅的香味。

鮑魚

廣東菜中，紅燒大裙翅固然是上菜，紅燒大網鮑片也是華貴筵席不能或缺的。

切成片的是鮑片，切成角形的叫鮑甫；上品的紅燒網鮑片多用大網鮑，紅燒鮑甫則用窩麻較多。不太內行的食客，或者非一流的酒家，做紅燒大網鮑片也有不少用窩麻和金山翅的。至於中小酒家，紅燒鮑片多用吉品甚至雙管；美國鮑用得最最普遍，窩麻則百不得一。

鮑魚中最大是金山鮑，最上品的要算日本產的大網鮑，而日本網鮑中又以澳戶產的色澤明淨而溏心的最佳。其次是窩麻，也來自日本。有些酒家在菜單上名之為「禾麻」，實在大錯特錯。為甚麼二等鮑魚稱之為「窩麻」？它的來源據說是這樣的：日本火山至多，爆發後，其熔液流進海裏，在海底結成了參差不齊的熔岩，在熔岩裏的鮑魚，用手不易捕捉，乃以長竿一支，上鑲銳利箭頭，捕魚人沉入海底，看見熔岩裏的鮑魚就用有箭頭的竹竿刺鮑魚，拿到魚艇上以麻繩貫之，「窩麻」的取義是指鮑魚有箭頭穿孔，又用麻繩穿過，故稱為「窩麻」。

市面所售的「窩麻」有真有假；真「窩麻」的窩孔是鮑魚活的時候窩穿的，窩孔必不齊整。假「窩麻」是後來才窩穿的，其窩孔平正齊整。選購時留意辨認，便會明白。

「窩麻」以下，還有「吉品」，「雙管」則是最普通的鮑魚。

紅燒鮑片

鮑魚也就是鰒魚，有殼無鱗，一面附石上，小孔很多，但最多不超過十二個，有滋陰養顏的好處。鮑魚雖有各種不同的做法，但鮑魚本身卻沒有甚麼特殊之處。鮑魚食製做得好不好，主要在於鮑魚好不好，如吉品、雙管、美鮑，無論製作得如何巧妙，吃起來都無法及得上「網鮑」和「窩麻」。因此，買鮑魚倒有奧妙的地方，平正滑淨的鮑魚是死鮑魚，因為活的鮑魚在被漁人開殼時，異常痛楚，一定掙扎反抗，肌肉收縮，離殼後還保持收縮的形狀，故樣子難看的鮑魚，十九是活時開殼，反之平正滑淨的就是死的鮑魚，開殼後仍能保持正常的模樣。活鮑魚和死鮑魚的鮮味自然不同，不過在海味店的鮑魚，死的活的都放在一起，懂門檻的會買得佳品，如取其平正，鮮味自然比不上原來活鮑開殼的好。

鮑魚要先放在滾水裏焗浸半小時，取出，以鮑魚刷刷淨鮑身的泥灰，再以清水煮二十分鐘，將水傾去，又再用清水滾十分鐘，這樣經過兩次「出水」後，便可用來製作各種食製。做紅燒鮑片用清水、肥豬肉一件與鮑魚放在瓦煲裏，將鮑魚煲至鬆軟不韌，然後以原汁「推饋」（像紅燒鮑魚一樣做法）。鮑魚燉雞或燉響螺則不必先行用豬肉將鮑魚煮至鬆軟。

海參燉雞

山珍海味中，鮑、參、翅、肚被認為名貴的上品。魚翅和鮑魚前文已述大概，現在該要談談海參和魚肚了。

在外江菜中，海參佔據着重要的位置，反而在廣東菜中卻不怎被重視。海參被認為有滋陰補腎之功，但廣東有研究的「食家」則否定海參有上述好處。海參在廣東菜中不被重視，也許基於此。海參來自墨西哥和非洲，而以墨西哥的產品為佳，其中又以豬婆參為上品，其次是石參，又其次是大烏參，刺參是最平常貨色。

豬婆參肚有不少黑豆點，經水浸發大後，黑豆點有如老母豬的乳頭，因此以豬婆參名。

上好的海參，參身要夠滑淨，夠重量，重量不夠的海參必非佳品，一經浸水發大後會變霉，因為是海參死後才曬乾的緣故。

海參的製法是：先以清水浸之，約兩天後，海參已發大到頂點。有一點要特別注意，發海參的清水絕對不能滲有油膩，如果不慎滲了肥油，海參就會發霉。第二步是將海參「出水」，即是用清水把海參滾過。第三步是燒紅鑊，以豬油薑汁、紹酒爆過海參，加進上湯煨一小時。

廣東菜的海參做法多是燉雞燉鴨，先將雞或鴨燉至夠七成火候，再將已煨過的海參放入再燉約半小時。因為海參要滑中帶爽才好吃，如燉成魚膠一樣，就不好了。

烏龍吐珠

三四十年前，廣州官場和富有人家，凡做喜慶筵席，都很高興有「烏龍吐珠」這一道菜，而當時的酒家也認為這是華貴上品菜。到而今，不但酒家的菜牌沒有這一道菜名，就是吃過的人恐怕也不會多。

「烏龍吐珠」是一個很典雅的菜名，頗能刺激人們的食慾，但就營養和食味，「烏龍吐珠」能否堪稱上品，那就見仁見智，各有不同了。當時的士大夫和有錢人家為甚麼喜歡吃這一道菜，則非筆者所能知了。「烏龍吐珠」實在是蝦膠釀海參。

做法：原條海參浸透，出水後用薑汁、紹酒爆過，以瓦器盛之，加上湯及火腿，放在蒸籠裏蒸至夠火候，然後將已製成的蝦膠放進參肚裏，再用蒸至僅熟，加上像紅燒鮑片的「饋」即成。蝦膠鮮爽，而海參則軟滑，這是數十年前最流行的上菜。海參烏黑色，蝦膠白色，因而名曰「烏龍吐珠」。

蝦膠的製法：蝦肉弄成泥漿，加進雞胸肉製成的雞茸，以打魚丸方法將蝦泥和雞茸打好，到海參蒸得八成熟時，才將蝦膠放進參肚裏。

鰵肚與魚鰾

魚肚是食製中的上品。甚麼清湯廣肚、水鴨廣肚，幾乎誰都吃過，可是吃過清湯廣肚的人，不知道廣肚究是甚麼東西的卻大有其人。大多數人認為肚是海中大魚的肚，卻不知道所謂肚實在並不是大魚的肚，而是魚肚裏的鰾，而魚鰾中又以鰵魚鰾為最上品。人們吃魚鰾由來已久，但魚鰾在甚麼時候成為上品則未暇查考了。

海味店裏售賣的金山鰵肚，最大的達六七斤，但最名貴的卻不是來路貨的金山鰵肚，而是本地貨大澳所產的鰵肚。真正大澳鰵肚的價格與金山鰵肚比較，幾乎是十與一之間，而大澳鰵肚的最大者又不超過一斤。太平山下，要在酒家食金山鰵肚已不是平常事，要食真正大澳鰵肚，簡直是不會有的事。

鰵魚肚裏的鰾為甚麼會被人這樣重視，又如此昂貴？（真正大澳鰵肚每斤時值約百二十元。）據世俗的傳說，有癆病的人最宜食鰵肚，因為鰵肚有滋陰、養顏、補腎、潤肺的益處，因此往時的權貴豪門之家，多以鰵肚為常食的補品，方法是用冰糖清燉。到後來卻又變了鹹的食製，秋冬天的大筵席幾都有鱉肚，且被許為上品。

鱉肚的食法由甜變鹹後，最普通的做法是清湯鱉肚和燉雞燉鴨。

花膠水鴨

水鴨燉鱉肚，如單靠水鴨，是無法使湯味夠鮮的。酒家的做法一定以上湯和水鴨一起燉，家庭因非經常備有上湯，在燉的時候同時加上瘦肉。燉雞可不必另加瘦肉，因為雞的重量和鮮味都比水鴨高一倍以上。至於清湯鱉肚，就是上湯滾鱉肚，最主要是上湯。如果沒有好的上湯，根本不會弄得好吃。

鱉肚的做法很簡單，先將鱉肚用凍水浸至「夠身」(即是用凍水將鱉肚浸發至最大），肚切件，用薑汁、紹酒、古月粉少許撈過，放在瓦器裏「出水」，一滾即可，其作用在除去鱉肚的腥味。再以上湯煨一次，然後與雞鴨同燉。至於清湯鱉肚，就不必多煨一次上湯了。

時下酒家售賣的清湯廣肚，不少人以為廣肚就是鱉肚，其實只是金山鱉肚，用大澳鱉肚的簡直萬中無一。

魚肚與花膠的色澤、形狀差不多，不少人一時間分辨不出哪是花膠，哪是魚肚。同是魚鰾，上品魚肚是鱉魚的魚鰾，花膠是白花魚的魚鰾。花膠的鰾身較薄，浸在凍水很容易發大，一般燉白鴿和水鴨的多用花膠，而少用鱉肚。據說花膠也很有益處，但酒家所用的花膠十九不是白花魚的魚鰾，而是鹹水大鱔的鱔鰾，有研究的食家則謂鱔肚毫無益處。經製作後的花膠和鱔肚，是無法分辨得出的。或問：酒家為甚麼以鱔肚作花膠？因為真正的花膠比鱔肚貴四五倍。為減低成本起見，用鱔肚作花膠是上算的，而吃的人又分辨不出。

鰣魚三鰳

鰣魚與三鰳一而二，二而一，江浙人稱為鰣魚，香港人叫三鰳，實則同是一種魚。在江浙人眼中，三鰳魚是名貴魚鮮，但在香港人眼中，三鰳魚僅是一種普通海鮮而已。

三鰳原是到處皆有的魚，屬於季候性的海鮮，但一游進了揚子江後就身價十倍，以鎮江一帶的為最名貴。三鰳每屆春季，必由鹹水海進入淡水江中產卵，華中地從揚子江入口，魚體肥滿，精力充沛，溯江而上直到鎮江，因焦山矗立江心，該處水流湍急，洲渦迴環，三鰳魚游到這裏，非盡全力不可，所以在這捕得的三鰳特別肥美。清代的鎮江，凡到三鰳季節，先要驛馳進貢，再由河帥分贈蘇浙兩省藩臬衙門，最後才在市上發售。鎮江三鰳以新柳葉遮蓋魚筐，以防陽光焦曬。鎮江金山與焦山之間的三鰳肥大鮮嫩，富春江嚴子陵釣台下的雖比鎮江的小，但鮮嫩過之，尤以季末時候，三鰳脣有紅色者（當地人謂此魚曾上嚴子陵之釣而脫鈎，故脣間有紅色），吃來尤覺鮮美。

三鰳魚的魚鱗豐腴，而且甘香可口。現在到七月還三鰳季節，中環街市售價每斤三元左右，好者不宜放過好機會。

苦瓜三鰳

未經冷藏的活三鰳，最好是清蒸，有三種方法。

（一）以鮮蓮葉包裹三鰳（不用去鱗），加薑二片以辟腥味，放在飯鑊裏蒸熟，加上鮮抽熟油，吃來味鮮而清。

（二）魚弄淨後搽少許熟鹽，以豬網油包裹，加上少許葱絲薑絲蒸熟，味鮮而香。

（三）搗爛蒜頭豆豉，加薑葱蒸，另有一番味道，愛吃味濃者此法較佳。

不過未經雪藏的活三黧，在香港恐怕千不得一，經過雪醃的清蒸起來或會使你失望。因此我認為在香港吃三黧，以苦瓜煮是好吃的製法。

三黧煮苦瓜的材料，少不了蒜頭豆豉。這一個家常的製作，誰都曉得，但是苦瓜要煮得好吃，就非先用鹽醃，而且將苦瓜所含苦汁擠掉，不然煮來苦瓜不能吸收魚的鮮味，就不好吃了。

煮法是：以兩粒蒜頭起鑊，以搗爛豆豉放進鑊裏爆香，傾入苦瓜及魚，加水蓋過苦瓜與魚，加鹽，煮至不再見水，則苦瓜已吸收了魚味，魚固好吃，苦瓜也鮮甘可口。

清蒸的魚鱗會嫌硬一些，煮過相當火後的魚鱗特別甘軟好吃，也富營養。三黧的甘美完全在魚鱗所含的大量膠脂。

燉霸王鴨

端午節是詩人節，可是作詩賀節的人不多，藉此機會大吃一頓的則比比皆是，名之曰「做節」。在香港，看龍舟吃粽子外，晚上一頓飯還會劏雞殺鴨，慶祝一年一度的佳節。

端午日多吃了鹹甜粽子，自然會影響晚飯的胃口，所以晚上的「做節」菜，過膩滯的固然不想吃，過清鮮又嫌味道不夠濃，想做一樣味道夠濃而不膩滯的菜，「霸王鴨」就頗符理想。

在香港很少見到這個菜，酒樓菜單更未發現。「霸王鴨」在中山一帶甚為流行，是否中山菜則未嘗調查，筲箕灣和香港仔的水上人家都很喜歡這一個菜，也許是「蜑家菜」也未可料。

「霸王鴨」是燉的，做法與「燉全鴨」差不多，不過「燉全鴨」味道較清，「霸王鴨」的味則較為香濃。它和「燉全鴨」不同的地方是鴨肚內多了四個鹹蛋黃，香濃便是鹹蛋黃的功勞。

製法是：蜑鴨去骨，將鮮蓮、百合、薏米、四個鹹蛋黃、半兩左右火腿絲、鹽少許，塞進鴨肚裏面，再將鴨身開口之處紮緊，放在油鑊裏炸至微黃，又以滾水淋去鴨身的油膩，然後以大碗盛鴨，加適量水，文火燉三四小時，至鴨肉可用筷子夾起，方合火候。

不用油鑊炸過亦可，但炸過的鴨較香，蓮子百合的味固佳，湯也清鮮可口，是一個濃香而不膩滯的菜。

脆皮雞

脆皮雞顧名思義，就是把雞皮弄脆，但如何才弄得皮脆，此中大有文章在！

太平山下的粵菜館，任何一家都會做脆皮雞，但是否每一次都做得滿意，卻成疑問。第一次做得不錯，第二次再吃這家菜館的脆皮雞卻變了燒雞，這是司空見慣的事。至於經常都做得好，皮脆而帶化者，就筆者所知，以九龍旺角的金唐酒家最佳。

酒家對於脆皮雞的製作，尚有早晚時價不同之弊。脆皮雞做法似易而實難，家庭間的娘姨、雲姐、彩姐等，這一個菜更不容易做得好。

脆皮雞的雞只是採用肥嫩的子雞。有些人認為炸得合火候便會皮脆，這實在是似是而非的理論。你如果不懂得其中奧秘，就算製作時如何小心，恐怕也難符理想。

普遍的脆皮雞製法：劏好了雞，吹爽雞皮後，搽上蜜糖，放在油鑊裏將雞皮炸至焦黃便是脆皮雞。但雞皮不一定脆或只有一部分脆。做得好的脆皮雞，奥秘之處是：將雞劏好之後，用大熱水將雞皮外面的脂肪漂去，又在當風處吹乾雞皮表面的水分，然後用蜜糖麥芽糖各一半，開水一半，將雞皮搽勻，放在慢火的油鑊裏將雞炸至焦黃，便是名實相符的脆皮雞了。

一般人都曉得炸脆皮雞是用蜜糖搽過雞皮，卻未必知道要蜜糖和麥芽糖搞勻，其中道理是只用蜜糖搽，雞皮只是會脆，如要脆皮雞的雞皮脆中帶化者，則非用上法不可。

生炒排骨

炒排骨也是最普通的家常菜，但酒家的菜牌卻寫上「生炒排骨」。

為甚麼炒排骨要加上一個「生」字呢？原來有些酒家為便於製作計，先將排骨炸好，等顧客要吃時，才在鑊裏兜過，打「甜酸饋」便拿出來。這在工作上的確省去不少時間，但排骨本身則缺少「鑊氣」，當然不會好吃。至於「生炒排骨」的由來，大概是酒家想表示它的排骨不是預先炸好的，而是要炒時才炸的。炒排骨的排骨炸得不透不好吃，有韌性不好吃，過老也不好吃。要做得好吃，則先要研究如何炸排骨。

通常的做法是：將排骨斬成碎件，用「澄麵」（已去澱粉質的麵粉，酒家廚師們稱之為「鄧麵」）將排骨撈過，慢火將排骨炸好，以紅青椒蒜子作配料，紅火起鑊，先炒蒜子辣椒，然後將排骨傾入鑊中，加「甜酸饋」兜勻即成。原理甚簡單，但這樣還不會好吃。如果要炒得好吃，一定要先將碎件排骨用大熱水拖過，以筲箕盛之放在當風處，讓排骨表面的水分吹乾後，再以「鄧麵」將排骨撈勻，然後慢火炸之，這樣才可以將排骨炸透。因為碎件排骨外面還有很多脂肪，如果不將外面的脂肪用熱水泡去，則炸的時候，有了脂肪阻隔，滾油要很久時候才能滲入排骨的內層。若非如此，排骨外面炸至焦黑，內層還未炸透，炸不透自然有韌性。有韌性的炸排骨，當然不會好吃。

炒排骨的味道是鹹、甜、酸、辣都有的，過甜或過酸都不合格。所以好廚師炒排骨的「甜酸饍」底味道要能做到鹹、甜、酸、辣的總和，「饍」的份量也要做到吃完排骨後就再沒有了，那才算合格。

酥炸生蠔

說起生炒排骨，我想到酥炸生蠔。吃生蠔澳門比香港好，因為生蠔生長在鹹淡水交流的地方，香港是純粹鹹水海，沒有生蠔，市場售賣的生蠔都是外地運來，尤以澳門為最多。所以說新鮮生蠔是澳門比香港好。

生蠔和其他食物一樣，有多種製作方法，但最為一般人愛好的是酥炸生蠔。酒家的酥炸生蠔，外面是蘸了一層麵粉雞蛋，外形份量比裏面的生蠔大一倍有多，顏色焦黃，看起來頗能刺激胃口。可是，送進嘴裏，外層香脆，但你底舌頭和生蠔接觸時，卻沒有油炸香味，甚而感覺到生蠔的腥味，所謂酥，更不知酥在何處！

為了外觀好看，酒家不能不將生蠔蘸滿麵粉雞蛋才炸，因此生蠔受到炸的成分實在甚少，有時還吃到腥味，即是生蠔本身受到熱力的壓迫還不夠，遑論酥了。

生蠔是硬殼海產，開殼後周圍仍纏着不少潺膠，對滾油有抵抗作用，再蘸澱粉蛋白質的雞蛋麵粉，滾油滲入生蠔要費相當時間，但炸得過久則外面焦黑。要外面好看，則裏面火候不夠，自然不會好吃了。

生蠔要用炸排骨的方法，先用鹽醃過，又以清水洗淨，其時外面的潺膠已去了一半，再用大熱水將生蠔的潺膠拖去，然後加薑汁酒再醃十分鐘。澄乾生蠔的水分，蘸上「澄麵」方放在油鑊裏，慢火炸至焦黃，才成酥炸生蠔。如果不把生蠔的潺膠用大熱水拖去，根本沒法炸得酥。

燉冬瓜盅

夏天蔬菜以瓜類較多，苦瓜、節瓜、青瓜、番瓜、絲瓜、冬瓜等，而以冬瓜為人們所喜愛，因為大暑天吃冬瓜可以辟暑。廣東人和香港人習慣在農曆大暑那天，以冬瓜荷葉煮粥或煲湯，據說吃過冬瓜粥或冬瓜湯就可以辟暑，而且不會患感暑病。因此夏天的瓜類中冬瓜地位最高，價錢又不貴。

夏天吃冬瓜，雖有各種製法，但在廣東菜中，燉冬瓜盅為冬瓜食製中的上品。

目前酒家的菜牌已列有燉冬瓜盅一項，但是要吃冬瓜盅，則酒家的不會好吃，除非你是內行和事先訂製，否則你所吃的冬瓜盅，一定是俗諺所謂「放水燈」。通常酒家底冬瓜盅，是先把冬瓜蒸至夠火候，等人客要吃時，才將冬瓜盅的配料煮好放入冬瓜裏，就算作「清燉冬瓜盅」，配料如不拌冬瓜同吃，則冬瓜沒有鮮味。所以要吃真正的「清燉冬瓜盅」，還是自己動手好。

冬瓜盅的配料是燒鴨粒、雞粒、絲瓜粒、鮮蓮、鮮鴨腎、陳鴨腎，再加上陳皮一片，放在已挖囊的冬瓜裏以文火燉四五小時，再加鹽少許調味。

冬瓜盅要好吃，一定要燉得火候夠，如火候不夠，則配料的鮮味難於滲進冬瓜裏面。還有一項秘密，那是燉冬瓜的配料多寡悉聽尊意，惟萬不能不放二至三隻陳鴨腎（即乾鴨腎），原來陳鴨腎在燉冬瓜當中，會有「帶頭作用」誘導其他肉類的鮮味滲入冬瓜肉裏面，不然，冬瓜的鮮味就不夠了。

炒鮮蝦仁

「炒鮮蝦仁」是很普通的家常菜，但炒得好也要有方法，炒得不好的會炒出半碟蝦汁，那就變了燴蝦仁而不是炒蝦仁了。

凡海鮮都含有很多水分，未煮熟的海鮮通常看不出它含有多少水量，但一經熱氣蒸炙，它底水量就會散放。蝦仁不易炒得好，就因為蝦傾在熱鑊裏，一邊炒一邊出水；將水完全煎乾，則蝦仁太老，又變了煎蝦仁而不是炒蝦仁了。

一般說來，外江館子的炒蝦仁比廣東館子的炒得好，但我最討厭的是他們連炒蝦仁都要放味精。蝦本身鮮味已足，加味精等於畫蛇添足，多此一舉。炒鮮蝦仁要炒得好，以我所知的辦法是這樣：

（一）以鮮蝦剝殼後，盛以筲箕，放入少許雞蛋白，拌勻醃過（但不宜用得太多）。

（二）用兩隻鑊，一隻用以泡蝦仁，一隻用以炒蝦仁。先將泡蝦仁的油鑊下油燒滾，連油移離火竈，放在竈邊，等滾油熱氣漸降，隨即把另一隻炒蝦仁的鑊，放在竈上燒紅，傾少許油在鑊裏，加入幾片薑花。這時竈邊泡油用的油鑊已不太滾，把蝦仁放在用銅絲製的「炸籬」，放入蝦仁，兜幾下至三分熟為標準，濾清滾油，再將蝦仁傾在正燒紅的、已有薑花的炒鑊裏，兜炒至七分熟，再加入極少豆粉「饡」，再兜幾下，蝦即全熟，就是鮮嫩適口的「炒鑊」蝦仁了。（三）炒蝦仁的「饡」不能加入有色的調味品，「饡」在碟上以見不到為佳。如果不喜歡蝦仁裏見到薑花，則用薑花「起鑊」後把薑花鏟起棄掉。薑花的作用在辟除蝦仁的腥味。

乾煎蝦碌

在香港，上酒家吃炒鮮蝦仁的少，吃乾煎蝦碌的較多，但在廣州，則吃炒鮮蝦仁的較多，因為廣州的鮮蝦是淡水蝦，本地貨，價錢平而鮮味好。雖然廣州的酒家菜單也有乾煎蝦碌，不過做蝦球的大蝦多是香港貨，價錢當然不會比本地淡水蝦便宜，新鮮也不及本地蝦。懂得吃的門檻者，在廣州自然吃炒鮮蝦仁，在香港則吃乾煎蝦碌，這是很明顯的道理。

乾煎蝦碌最重要的是大蝦要新鮮，否則製作如何好，也不會好吃，加上茄汁更會奪去蝦的鮮味。酒家的乾煎蝦碌十九的做法是：蝦切碌段，先「泡嫩油」，再放在紅鑊裏煎透，加「饍」即成，放「饍」時還加入些許橙黃粉，所以色特別紅，和家常製作的顏色完全不同。

上述蝦碌做法，我認為不大好吃。從前廣州某酒家的廚師，以擅製乾煎蝦碌飲譽。他的做法是將蝦碌「泡嫩油」後，再以上湯煨蝦，至蝦碌吸收了上湯鮮味，然後加「饍」上碟，所以他煎的蝦碌特別的鮮，殊不知他底奧妙是將蝦碌煨了上湯。

在家庭裏製作乾煎蝦碌，我以為以下方法會做得好吃：大蝦切碌，燒紅鑊，不用油而將蝦碌傾在鑊裏把蝦的水量烤乾。再用油起鑊，蝦碌煎透，以蝦殼有焦黃為合，最後以少許鹽、薑汁、紹酒灑在鑊裏增加香味，但不必加「饍」，因為加「饍」後會減低蝦碌底香味，失去了乾煎兩字的意義。

常備海鮮

港九各大酒家經常準備的海鮮，最多是石斑，其實石斑不過是香港很普通的海產。其中道理我以為是：

第一：石斑離海後，活的時間比其他海鮮較久，在蓄魚池裏也可多養幾天。就是不活的石斑，保存鮮味也較其他魚鮮為久。

第二：石斑週年都有，價錢不太貴，購入售出都方便相宜。

第三：外江食客多以為石斑是香港海鮮的上品，不吃海鮮則已，要吃則必吃石斑，由是而抬高了石斑的身價。

石斑有很多種類，一尾蘇鼠斑和一尾黑斑的食味和價錢，相差數倍；失魂的與不失魂的，活的和雪藏的又有很大分別；還有拖的和釣的，價值也不同。如要一一說明，非五七百字所能詳述。現在談談酒家的石斑製法。

酒家的石斑食製，不外是清蒸石斑、炒斑球、紅燒或炸斑塊，或仿西菜做法的白汁石斑，但「菜單」卻未曾見過「油浸石斑」。油浸石斑原是好吃的製法，為甚麼酒家的菜單沒有呢？

於吃稍有研究的人都知道，吃活海鮮最好是清蒸，一尾活的石斑如作炆燒是有點浪費。

然而就筆者愚見，活海鮮清蒸而外，最好的做法是油浸。有些海鮮不能用這樣方法的，但石斑油浸很適合。

油浸石斑

油浸石斑是好吃的製法，為甚麼酒樓的菜牌只有白汁石斑、清蒸石斑、豉油石斑和其它炆燒石斑，而沒有油浸石斑？其中道理，以我的猜測大概是：

一、油浸石斑要不少油，比其他做法增加成本。二、不是活的石斑和不夠新鮮的石斑，油浸不能藏拙。以其他方法可利用作料分散吃者的味覺，不慣吃海鮮的人就不易分辨出石斑是活的還是不活的了。三、油浸石斑，滾油排泄了水分，魚肉自然收縮，一斤生魚浸熟後最多不會超過十四兩，會引起顧客有斤兩不夠的感覺。因此，油浸石斑雖是好吃的做法，卻不列在「菜牌」裏。

油浸用的石斑，最好是兩斤以下，斤半以上的活石斑，過老過大的則不夠嫩滑。先用熱水泡過魚身，堅韌的魚鱗易於清除，又把魚肚裏的腸臟取出，以筲箕盛魚，俾魚水容易流去。

油浸的方法：燒滾一鑊可浸過石斑的油，將爐火完全熄掉，至油再沒有滾泡，才將石斑放在油鑊裏，魚頭先下，因魚頭大，難熟。一斤半魚浸四分鐘，兩斤以下的浸五分鐘；如浸得過久則魚肉太老，所以浸至魚肉僅可離骨，即把魚取出。上碟時加上葱白，吃時蘸最好的鮮抽。

這個做法的好處是能完全保存石斑的鮮味。或問：一斤魚經油浸後為甚麼僅得最多不過十四兩？因為魚身有不少血和水，滾油的熱力使血水排出，魚的重量自然就比原來減少了，而浸過石斑的油也很濁。

鮮筍凍肉

豬肉本來是很膩口的，除了對豬肉有特殊癖好的人，在炎熱的夏天吃豬肉，是不為一般人所喜的。但豬肉的食製，能夠不膩而爽，卻也大受歡迎。川菜裏的回鍋肉之被人喜愛，就因為製作得甘香可口而不膩。下面所說的鮮筍凍肉也是爽而不膩的夏令食製。

這一個菜，是酒家的菜牌所未見的，是對吃有研究的「食家」告訴我的，下面是鮮筍凍肉的製法：

用方條形的豬鬃肉，把肉皮切去，以青竹開片夾住，再以竹青裏紮，放在瓦器裏煲一小時，將豬肉取出，不必解去青竹，放在盆裏，以冷水（最好是山水）不斷地慢慢沖半小時，待豬肉滲透了冷水，放在瓦器裏煲半小時，再用冷水沖半小時，又再放在瓦器裏泡滾，然後取出切片，每件約一分之七五厚，待豬肉全凍時才吃。

在豬肉切好之後，將已煮熟的鮮筍切片，其形狀一如豬肉的大小，和豬肉間隔擺在碟上。又用小碗盛檸檬醬、芝麻醬各一半拌勻，以豬肉和鮮筍蘸醬吃之，豬肉裏有竹香味，甘香爽口。

如果嫌檸檬醬太甜，可用鹽少許放在醬裏拌勻。

這是「食家」獨出心裁的製作，愛吃豬肉的不妨一試。

荔荷燉鴨

「日啖荔枝三百顆，不辭長作嶺南人。」

嶺南的荔枝，固然是夏令時果中的上品，但自經東坡居士品題以後，更增聲價，使沒有到過廣東吃荔枝的人，讀到詩句也會悠然想到作嶺南人。五月荔枝紅，是吃荔枝的季節，這裏要說的，不是荔枝，而是用荔枝製作的「荔荷燉鴨」。

這是合時令的食製，特別處是鴨和湯都有荔枝和荷葉香味。

製法是：劏光鴨一隻，先「泡嫩油」，然後將鴨放在瓦器裏，加上荷葉一塊，適量的水，以文火燉至鴨肉可以用筷子夾起，然後將荔枝肉（每人一顆）放在盛鴨之瓦器裏，再燉五分鐘，則荔枝味已滲入鴨和湯裏，吃時將荷葉取去。有一點要注意，燉的荔枝最好是用黑葉，而不可用糯米糍，因糯米糍太甜而香味不及黑葉。

火腿冬瓜夾

「蟹黃鮮菇」和「火腿冬瓜夾」都是夏令菜。家常製作則以「火腿冬瓜夾」比較容易，因為這道菜不必用上湯。

現在先談「蟹黃鮮菇」。鮮菇用油炸約五分鐘，然後以上湯煨之，約二十分鐘後，再將鹹淡水蟹黃搗成粉漿備用。做這道菜，用酒家術語來說，是「扒」的製作。紅鑊加油，燒紅後，以少許紹酒濺在鑊裏，俾紅鑊增加香氣，然後將鮮菇傾進，加入約一個「饍」量的上湯，煮滾後才把蟹黃加進裏面，同時加油加饍兜勻上碟。惟蟹黃絕不能煮得過老，過老則粗而不滑。加油作用在辟去蟹黃的腥味。

「火腿冬瓜夾」先將冬瓜切成天九骨牌一樣，又開一度裂縫，瘦火腿切薄片，夾在冬瓜裂縫中，用紅鑊將冬瓜煎至微黃，以碟盛起，加少許上湯，放在飯鑊蒸過，待冬瓜吸收了上湯，冬瓜和火腿都很鮮甘可口。吃之前，蒸過冬瓜的少許上湯可以不要。

如果未備有上湯，不用上湯亦可，不過冬瓜則減了鮮味，仍是一樣可口。

這樣菜如要「一賣開二」的亦可，在將瓜冬煎至微黃後，再以上湯燉之，冬瓜就更可口，冬瓜湯也清鮮。但是家庭為方便計，可用「江瑤柱」和瘦肉熬湯，等到「江瑤柱」出味後，再放冬瓜夾在湯裏滾二十分鐘即可，那「江瑤柱」和瘦肉都可不要了。

夜香花

現在正是夜香花盛開的季節，夜香花的香味清而遠，夏天的廣東菜不少用夜香花做配料，如「夜香蝦仁」、「夜香雞丁」、「夜香蟹鉗竹笙湯」等，都是上好的夏天食製。

夜香花原係籐草，並非一顆樹。很多人都吃過夜香花的食製，不過不少人卻疏忽了吃夜香花的壞處。對於吃有研究的人，認為夜香花的壞處在它底花蕊，因為花蕊有糖味，招惹各種昆蟲爬進裏面吸吮糖汁，昆蟲有些是看不見的，如果有毒，吃進肚裏面就太危險了。原來夜香花在食製裏像芫荽，作用在增加食製的香味，不同於其他作料要煮熟才吃。所以吃夜香花一定先要把花蕊剪去，以免萬一發生意外。

夏天吃冬瓜盅，吃時放些夜香花，更特別好味。冬瓜盅的製法前已說過，但夜香蟹鉗竹笙湯的製法呢？那是用浸透的竹笙，絲瓜切片如欖形，都用清水滾過，將蟹鉗拆肉，瘦火腿切片，用少許油起鑊，爆過蟹鉗加進竹笙、火腿、上湯。一滾之後，再將已切成欖形的絲瓜片（只要瓜青）放進鑊裏，然後上碗，夜香花在上碗後吃之前才放進去，就是「夜香蟹鉗竹笙湯」。

如果未備有上湯，則要加進其他肉類，不然只用蟹鉗，則湯味不夠鮮。

夜香雞丁

夜香蝦仁的蝦仁，一如前文所述的做法，只是上碟後才加上夜香花。至於夜香雞丁，做法請參照下文：

雞起肉切粒，以少許雞蛋醃過，「泡嫩油」，作用在減去雞粒的水分，使之夠「鑊氣」。一般人在酒家吃菜，批評酒家的菜好不好，其中有一項就是夠不夠「鑊氣」，甚麼才是「鑊氣」呢？原來凡是炒的食製，以水分少為佳，作料水分少，炒鑊燒得紅，炒起來的東西格外香。所以酒家的肉類炒製都經過「泡嫩油」，使作料減少水分，增加香氣。

用出過水的嫩筍切粒，葱白切粒，去了衣及炸過的杏仁作配料。燒紅鑊，以薑片少許，把雞粒傾在鑊裏兜勻，再用少許紹酒灑進鑊裏，使炒鑊加紅，然後加進葱白粒、筍粒、杏仁，加少許饋兜勻即可上碟，最後將夜香花加在上面。

用杏仁炒就是夜香杏仁雞丁，不用杏仁用合桃，就是夜香合桃雞丁。要留意的是合桃或杏仁炒得起焦黑就不算炒得好。杏仁或合桃是否起焦黑色，就是炸得好不好的問題，有將杏仁炒香而後去衣，這一定不能避免有些杏仁變焦黑色，而且不及炸的香。炸得好的方法是先將合桃或杏仁用滾水浸過褪衣，以筲箕盛之吹至乾爽。將油燒滾，把鑊連油移離竈眼，才將合桃或杏仁傾倒於油鑊裏炸透，這樣就不怕過老和呈焦黑色了。

大元酒家

名貴架勢

實際精細

過製經濟

特級校對推薦

本酒家豆豉鷄

拿手名菜甚多

吃過便知好嘢

香港德付道西二零五號

正舖 電話：四二七三一

支店 電話：四二七二五

五十年代名店大元酒家的廣告，其中標榜特級校對曾評點的「豆豉雞」菜式。

豆豉雞

豆豉是家常最普通的食料，用來作食製配料的，尤其普遍。

在廣東，誰都曉得最佳的豆豉是羅定豆豉，其次是陽江豆豉，而四邑豆豉也是佳品，但不為一般人所知了。原來四邑人最愛吃豆豉，貧苦人家經常以豆豉佐膳，而各項食製，也多以豆豉配製，因此四邑的豆豉，也製作得極好。市面所售的豆豉，多數是抽了豉水的豆豉，羅定豆豉，固不易見。

豆豉的味道香濃而有刺激性，不但濃香可口，刺激食慾，且能幫助吸收和消化。

用豆豉作配料的食製不勝枚舉，現在要說的是「豆豉雞」。豆豉雞是很普通的食製，不過一般人所做的豆豉雞，味道會不錯，但雞肉有豉味、嫩滑而不老的，百不得一。

通常的豆豉雞做法是豆豉炆雞，用蒜頭起鑊，爆香豆豉後，將切成件的雞放在鑊裏加少許水煮至雞有豉味。雞肉雖有豆豉的香味，但過於粗老了。最理想的豆豉雞，要有豐富的豉味，而雞肉保持嫩滑。將雞肉製作得有豆豉的香味不難，保持雞肉嫩滑，那就不容易了。

太平山下，會做豆豉雞的酒家，不知凡幾，但食家獨推許大元酒家的豆豉雞。因為大元酒家的豆豉雞製作得有濃香的味，而雞肉嫩滑。豆豉的火候太少，不會出味，雞的火候過多就不好吃，困難的問題就在於雞要嫩滑而又夠味。

大元酒家的廚師，卻能克服了這些困難，製作得夠味而雞肉嫩滑。你看了下列的方法，曉得它的奧妙所在，就明白是用過一番心思的。它的做法是分為兩部分：（一）豆豉的製作。先用蒜頭、紫蘇，搗成蒜茸，燒紅鑊，以多油爆香，然後將洗淨的原油豆豉和蒜茸撈勻，放在一個有蓋的瓦盅內，以蒸籠蒸，要將豆豉蒸至軟化方算夠火候。這時的豉味和蒜茸紫蘇味已混為一片，一開盅蓋，就覺得豉蒜的濃香味。（二）豆豉雞的製作。用劏淨上雞一隻，切件，以少許馬蹄粉將切件的雞肉撈過，而後「泡嫩油」。又起紅鑊，將雞放在鑊裏，灑少許紹酒，使雞肉增加香氣，方把蒜茸豆豉傾在鑊裏的雞上面，再加上鑊蓋焗之約三分鐘，其時鑊內的豉味已滲進雞肉裏，然後再在鑊蓋四周淋進小半碗上湯（不用開鑊蓋），又焗兩分鐘，則雞肉已僅熟，而小半碗上湯也已煎乾，至是才揭開鑊蓋不用加饍上碟，就成豆豉雞。

它的巧妙處，是先製好豆豉。製作時不用水，使雞肉容易吸收豆豉的香味，又因為不用水，焗至三分鐘時要加些上湯，使雞肉不致被焗焦，而增加豉味，如用製作術語來說，這個做法是焗豆豉雞。但酒家菜牌，只寫上豆豉雞而不列明為豆豉焗雞，這是故弄玄虛，不想人家知道他的實在製法而知所仿效。一般人都以為豆豉雞是炆的製法，而不知道其中奧妙原來如此。家庭間的炮製，一時或未備有上湯，則用水淋進鑊裏亦可。至於蒜豉的份量，則每隻雞可用一兩，其中有二錢左右蒜頭和紫蘇茸。

炒鹹魚

炒鹹魚是淡中帶濃的菜，也是如廣東俗語所謂「可以送得酒，可以送得飯」的菜。

鹹魚可以炒，對吃不大留意的人或會驚奇！實則炒鹹魚這樣菜並不新穎，而是「久已有之」的家常菜。愛吃淡中而帶香濃食製的人，做得好的炒鹹魚確是「可以送得酒，可以送得飯」的。不過，這裏所說的不是炒霉香咸魚，而是炒淡口的「白鮹乾」。

這樣菜除了白鮹乾而外，還要用肥豬肉、大地魚和牙菜作配料。

炒鹹魚要用全肥的豬肉，洗淨後將肉切薄片，用鹽擦勻醃之，約二十分鐘，再用清水洗過，把鹹氣沖去，然後將薄片切成肥肉絲，以筲箕攤開吹乾。

其次，將牙菜洗淨，把頭尾去掉。又把大地魚烘香，搗成粉末。

在炒的時候，「白鮹乾」要經過「泡嫩油」，再起紅鑊，把肥肉絲炒香，然後加牙菜，兜至七分熟，才將「白鮹乾」傾進鑊裏兜勻上碟後，將大地魚末加上去，就是炒鹹魚。

這個菜不能加「饍」，也不用放鹽，因為肥肉已有鹽味。肥肉加鹽的作用是使肥肉加爽。這個菜做得好的有鮮、甘、香、爽的味道。用料的份量四份半「白鮹乾」，三份半肥肉，份半牙菜，半份大地魚末。

假燒鵝

燒鵝誰都吃過，但吃過假燒鵝的人我相信不會很多。把假燒鵝的做法寫在下面，也許為讀者所欲知吧？

假燒鵝是價錢最便宜的菜，做得好的，幾有真燒鵝的味道，於是有人便以假燒鵝名之，其實作料卻是最便宜的豬大腸頭。

製作假燒鵝，還有「一賣開三」的做法，就是：假燒鵝、湯、鹹菜炒豬腸。

用兩條整條豬大腸，腸頭做「假燒鵝」，腸尾留待作炒豬腸用。

做法是先用幼鹽將豬大腸頭擦過，洗淨，用大豆芽菜和大腸煲至夠火候（但要加入二兩左右生薑同煲）。將大腸頭取出，在當空處將大腸頭內外吹乾，不夠乾爽，做起來就不會有真燒鵝那麼脆皮。以時間計之，起碼要吹三四小時，以大腸頭外層有少許硬性為合度，腸的裏面也不能含有水分。

將大腸頭吹至乾爽後，以麥芽糖一羹開水三羹搽勻大腸的外層，以繩緊紮腸頭的兩端。因為在炸的時候，絕不能讓滾油滲進大腸頭裏面，否則腸的裏層就不會嫩滑，這是製作上萬不能忽略的手續。最後用文火油鑊炸至夠紅色，切開，蘸酸甜「饍」或淮鹽吃均可。

做得好的，假燒鵝外層夠脆，內層則爽嫩。

鹹菜炒豬腸

鹹菜炒豬腸是最普通的家常菜，也是誰都懂得做的菜，但豬腸炒

得爽、嫩、滑，則百不一見。炒得不好的，豬大腸則韌到用牙無法咬得開。《食經》曾談豬大腸頭做假燒鵝，剩下來的豬大腸尾，可用作炒鹹菜。

炒豬大腸要炒得不韌，說起來也是易過「借火」的事，方法是將豬大腸切成件後，用鹽擦過，以凍水漂去鹽味，再以梳打粉或白鹼水將豬大腸醃十五分鐘，又用清水漂去梳打粉或鹼水味，最後又用滾水將豬大腸漂過。炒的時候用蒜頭起鑊，先炒豬大腸，再加鹹酸菜，打甜酸「饋」即可上碟。

要注意的是：炒豬大腸的鹹酸菜也要經過一番製作，不然炒起來的鹹酸菜真是名符其實，鹹酸至不易入口。照我所知，鹹酸菜要這樣處理：將鹹酸菜放在洗菜盆裏，加兩匙鹽，以清水浸過，二十分鐘後才把鹹菜取出洗淨，菜葉和梗要分開切，葉切絲，梗切片，用白鑊（即不放油的意思）先把菜梗烤乾，再把菜烤乾，然後鏟起留作炒大腸時用。浸鹹菜時加鹽作用在減少鹹酸菜的鹹酸味。

至於與大腸頭大豆芽同煲過的水，加上生抽和鹽，就是好味的湯。通常所稱的「一腸三味」，就是這樣做法。

肉絲炒伊麵

有一天，中午在某大酒家飲茶，偶然想到要吃麵，而且想吃炒麵，但又不想吃炒的生麵，於是向侍者問：「有無肉絲炒伊麵？」那位侍者道：「我從未聽過有炒伊麵這一回事！」於是我說：「你可問問部長。」那位侍者去問過部長回來笑着說：「我們部長說伊麵是不能炒的。」他的笑容裏含有譏笑的成分，好像在譏笑我是個不常到酒家的「大鄉里」。其實，伊麵不但可炒，而且可以炒得好吃。

酒家裏售賣的伊麵，有炆的，有燴的，卻沒有炒的，那是事實。照這位侍者和他的部長的見解是：伊麵是用油炸成麵條餅，脆硬的麵條怎可以再炒？殊不知懂吃炒伊麵的，不獨不是「大鄉里」，而且是會得吃的內行人。

好的伊麵用全蛋製成，炸起來香而鬆，最普通吃法，是加上湯炆，用作料燴，用來炒的卻很少。不喜歡吃炆或燴的伊麵，又不喜歡吃不香不鬆的生麵，便要在伊麵本身想辦法。將炸好的伊麵，盛在銅絲的「炸籬」上面，以上湯淋過，等伊麵吸入少許上湯後，便已變軟（注意淋湯太多則黏，黏則難炒）。用紅鑊，多油，把已吸收上湯的伊麵，放在鑊裏炒至普通炒麵的火候，然後配以肉絲加「館」上碗，看來和其他炒麵無大分別，但吃來特別香，而麵本身又有鮮味，比其他炒麵好吃。但要知道炒得好不好的關鍵是淋湯，過多則難炒得好，過少則麵不夠鮮味。

灣仔道的美利堅餐室有這一項麵食出售，據說是一個食客要吃炒伊麵，並告訴他們炒的方法，後來他們自己如法炮製，成為佳作。

我吃過美利堅的炒伊麵，炒得還不錯，但泡伊麵的不是真正的上湯，最多是用二湯，如果用真正上湯，那就更好吃了。但話又得說回來，二元四毛一大碟炒伊麵，用真正上湯是要虧本的。

黃埔炒蛋

「黃埔炒蛋」實在就是普通的炒雞蛋。但是，炒蛋不被一般人認為食製的佳品，而「黃埔炒蛋」則婦孺皆知。「黃埔炒蛋」原是黃埔港上艇戶人家的家常菜，惟因製作的巧妙，炒起來的雞蛋有香、鬆、嫩、滑的好處，而普通的炒蛋炒得好的，會香、會嫩滑，而炒得鬆的，卻百不一見。「黃埔炒蛋」之所以能夠享負盛名而被一般人推認為佳品者，就是香、嫩、滑外還帶鬆。「黃埔炒蛋」的作料沒甚稀奇，只不過是幾隻新鮮的雞蛋，和一些葱花，不吃葱的連葱也不要，炒得好與炒得不好，完全是製作上的技巧。

真正的黃埔港艇戶人家所製作的「黃埔炒蛋」，我從未嚐過，倒是吃過不少有名廚師製作的「黃埔炒蛋」，下列方法是戰時梧州金鷹酒家老闆娘王媽所說的：

用四五隻新鮮雞蛋，在蛋一頭開小孔，把蛋裏的蛋白傾在碗上，以筷子將蛋白打至起了大泡，加豬油，再打至成泡沫，然後加入蛋黃，又打一番。然後起紅油鑊，把葱花爆香，以碟盛起，待葱花沒有滾氣時，才傾入已打好的雞蛋裏拌勻。在炒蛋之前，爐火要紅至頂點，放油落鑊時要比炒其他東西多一倍，等油滾到頂點，才將紅鑊移離竈邊。同時，把打好的雞蛋傾進紅鑊裏，用已蘸有滾油的紅鑊鏟把蛋兜勻，以碟盛之便是。

或問：為甚麼要將紅到頂點的鑊移離竈口？因為不將紅鑊移離竈口，以直接的火候炒蛋，則雞蛋難保不老。能夠香、嫩、滑的道理完全是在炒的時候能否將蛋炒得僅熟，精於此道，在炒的時候根本不用鑊鏟，而以手持鑊將蛋拋至僅熟。至於炒得鬆的原因是將蛋打成泡沫。如果明白雞蛋糕鬆不鬆的道理，就自然知道炒蛋為甚麼會鬆。

薑芽鴨片

在盛產子薑的季節，「酸子薑」正大行其道。以子薑作配料者，也是合時令的菜，「薑芽牛肉」，「薑芽鴨片」即為夏令佳品。

大暑過後的香港天氣通常仍然悶熱，佐膳食製中有些辛辣味，也是大多數人喜愛的。

「薑芽鴨片」主要的作料，當然是鴨片和薑芽，也有人加上仁面的，愛吃辣可加上紅辣椒。

用嫩鴨一隻，去骨，切件，用少許澄麵撈過鴨肉，「泡嫩油」。燒紅爐，用蒜子起鑊，爆香蒜子後，傾入已「泡嫩油」的鴨片，以鑊鏟兜勻，濺兩湯羹紹酒，增加鑊裏的熱力和鴨片的香氣，待酒氣發散後加進薑芽，兜勻之後加「甜酸饍」即成。

如吃辣椒的，在蒜子起鑊後先放辣椒，仁面也在這時加入，吃味濃的可加豉汁。

酒家做這個菜的子薑，切片後經過「出水」，當然會減少子薑的辣味，能吃辣的就不必將子薑「出水」。「薑芽鴨片」一般的製作實在是子薑鴨片，如真正用薑芽，則一斤子薑最多能用三分一，那就更好吃了。

有些廚師買一隻鴨做薑芽鴨片，喜歡做一鴨兩味，鴨頭鴨殼做冬瓜鴨湯，要湯好味當然還要加進些江瑤柱。

六十元六道菜

曾太太將於下週為她的婆婆做壽，並擬請客，賓主共十六人，到酒家去吃嫌太貴，每桌預算六十元左右買菜，她問筆者在夏天季節最好吃些甚麼菜，又六十元能買到些甚麼？

竊以為曾太太既是一片孝心為她底婆婆做壽，筆者似乎也有效勞的必要。試擬菜單如下，但未知她意下如何？這張菜單如果照上週魚菜市場的價格，五十元可以辦到。但據報載，因週來肉類來源不多，各樣肉類都在增價，則恐怕要六十元才可辦到。

下面所列是六十元的菜單：

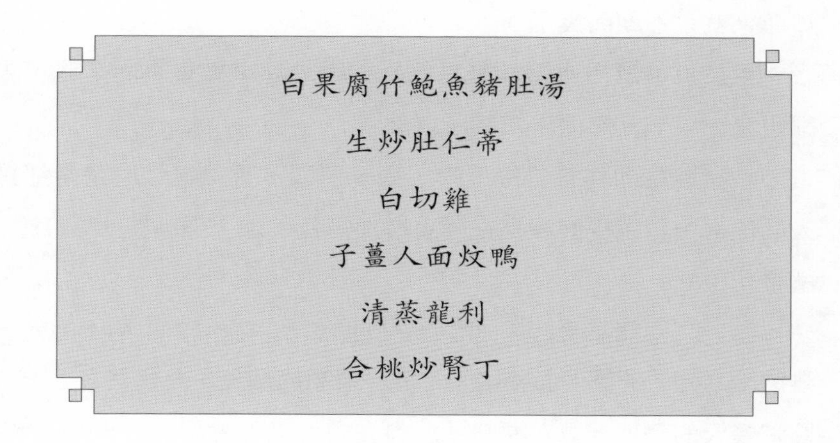
白果腐竹鮑魚豬肚湯
生炒肚仁蒂
白切雞
子薑人面炆鴨
清蒸龍利
合桃炒腎丁

上列六個菜，如果八個人的食量都不是特殊的，就可應付餘裕了。

第一個湯，除豬肚、腐竹、白果外，買五元三十頭一斤的「吉品」鮑魚煲湯，則很夠鮮味了，而煲過的豬肚鮑魚，可以碟盛之，蘸豉油也很好味。第二個生炒肚仁蒂（下面另述），第三個是白切雞，在湯裏浸至僅熟，切蘸薑葱蠔油。第四個子薑人面炆鴨，做法如「薑芽鴨片」。第五個是清蒸龍利，把魚洗淨後，先把蒸魚的碟蒸熱，才將魚放碟上，加薑葱絲蒸。熟後，將碟裏之魚汁傾去（魚肉僅熟原味實未外泄，碟裏的汁不過血腥水而已），再加油和鹹味，如果先放鹽，則魚肉不夠滑。第六個是合桃炒腎丁，製法前已談過，作料是一雞一鴨的「扶翅」，買菜時還要多買一副「扶翅」，三副炒一碟腎丁，就很夠斤兩了。如果不高興用合桃，用杏仁炒也可。

比較難做的是炒肚仁蒂。如果炒得不爽而韌，那就大煞風景。不曉得其中奧妙，將豬肚蒂切開就炒，就是最高明的廚師都不會炒得爽。炒得爽的豬肚蒂一定在事前經過一番製作，這就是廚師們認為秘密的方法。

那是：將豬肚蒂洗淨切成花形後，用生水蟹一隻，去蓋，將肉連殼爪搗爛，取其汁，以之醃肚仁蒂二小時，然後用冷水沖約二小時，炒起來就會不韌而爽了。

至於為甚麼用水蟹汁醃過的肚仁蒂炒起來就會爽呢？我也未暇詳細研究，只知其然而未知其所以然。

炒豬肚蒂的作料是絲瓜青、筍、葱頭、香信。炒時是用紅鑊，傾入肚仁蒂，再以少許酒濺在鑊裏增加鑊氣，加上作料後，「打饋」加味就是。

第一二兩個菜合起來（兩個豬肚鮑魚及其他作料）約十七元，白切雞約十六元，子薑人面鴨約十二元，龍利約八元，合起來為五十八元，照這幾天的時值計算，原料連配料在內，是不會超過六十元的。

白切雞

昨日所說六十元六個菜中的「白切雞」要做得好，也有方法，以前未談過，不妨在這裏一說。「白切雞」誰都曉得用嫩雞和菜市場上所賣的「上雞」，老雞和老母雞都少有用來做白切雞的。「白切雞」要保持雞肉嫩滑為合理想，老母雞的肉本身已粗老，用來製作需要極少火候的白切雞，恐怕要牙齒尖銳而有力的人才可咬得開。所以做「白切雞」的雞一定要嫩雞，不過有些不大留意的，雖用嫩雞，做起來也未得嫩滑，就因為未知做「白切雞」也有一套方法。

上面說過，做「白切雞」的雞一定要用嫩雞和上雞。浸熟這隻雞一定要在有鮮味的湯裏，如果用滾水浸雞，雞的鮮味就會減少。浸時要僅熟，但是僅熟不一定就能保持嫩滑。要雞胸也保持不粗老，切開時雞皮不收縮，那就要採用這個方法：用紅鑊，少許油，爆香少許薑葱芫荽，加水煮滾，水的份量以能將雞浸過為合，並要放入兩茶羹鹽。待這一鑊薑葱水滾後以盆盛之，等復凍後作「白切雞」的「過冷河」用。將雞在有味的鮮湯浸至僅熟即取出，立即放在已凍的薑葱水裏浸一分鐘才將雞取起切之，則雞皮不會收縮，雞胸肉也能保持嫩滑。吃時蘸蠔油和薑葱汁。一斤雞肉用這方法製作，起碼會比原來多出八錢重量，因為滾熟的雞肉放在凍薑葱水裏浸過就會吸入了凍的薑葱水，同時已收縮的雞肉也會鬆弛。

此間某酒家零售的散碟鹽焗雞，就是採用這方法，雞肉還帶有桂花味，原來在煮薑葱水時加進桂花蟬鹽。

蒸水蛋

同事的友人鄭郁君，喜歡吃蒸水蛋撈飯，但他家裏的「煮飯」阿七做蒸水蛋總做得不好吃，不滑不香，有時太實，有時又不成塊，有時更有腥味，總不及他祖母所製的蒸雞蛋好吃。他底祖母已去世三年，每吃蒸雞蛋就想到他底祖母，愈想到他底祖母，就愈想吃蒸雞蛋。因此要同事問我，蒸雞蛋是不是也有奧妙？

蒸雞蛋原是最廉宜方便的佐膳食製，懂得將生米燒成飯的，都會蒸雞蛋，實在沒有甚麼奧妙的地方。話雖如此，蒸得好與不好，也有它起碼的簡單道理。如果說將新鮮蛋破開，打勻加水蒸之就是，那又未見得。

蒸雞蛋最要緊的是用不散黃的新鮮雞蛋，已散黃的雞蛋蒸之必不會好吃，因散黃雞蛋的味道總有多少變化。其次是將蛋破開後，放在碗裏，以筷子打之成大泡，加進少許熟油，再以筷子打之約兩分鐘，然後加水。每隻蛋加倍半水，少許鹽，蒸之即成；如要蒸得稀些，則加兩倍水蒸之。用軟水（即熟水）更佳。

要將雞蛋打成大泡沫，作用在使雞蛋鬆嫩；加油再以筷子打之在使雞蛋加滑，另辟去雞蛋本身的腥味。但不可先將蛋開水再加油，因為先放水將蛋開好，油與蛋就沒法混合起來，那就失去了要加油打蛋的作用了。

雪耳杏汁白肺

「人逢喜事精神爽」，我也未能免俗，趁在今天本報十三週年紀念日，特為天天熬夜，晚晚通宵的新聞工作者介紹一味滋陰養顏、降虛火、培元氣的名菜，使大家在工作時間內，精神振作。

據醫學家說，人們在夜間工作如果過了凌晨三時以後，最傷身體，壞元氣，腦、肺、肝、腎都受很大的虧損。這些人除要增多睡眠時間外，營養的元素也要比正常工作的多加一倍。如果睡眠和營養都不夠，那就不堪設想了，最低限度會容易衰老，容易頹唐。所以按多數女性擇夫的標準，深夜工作的新聞記者就沒有資格入選了。這些「虧佬」們，連娶老婆都發生問題，除改行外，是沒辦法改變的。為他們設想，貢獻這個增加滋養的辦法，如果能夠經常食用，填補腦、肺、肝、腎各部的虧損，就可除虧健體。謂予不信，姑嘗試之！

這味名菜是二十年前，廣州西關文園大酒家的特製上品，據當時的「食家」言，這味菜確有滋陰養顏之功。製作的方法是：用豬肺一個，在肺喉裏灌滿清水，才將肺裏的潺水和血水揸出，如是者數次，揸至豬肺呈乳白色，然後放在鑊裏，加水滾之，肺喉則要放在鑊邊外，等滾起來讓肺裏面的潺水向外流清，然後以白鑊將豬肺四周煎至微黃，才用上湯和銀耳清燉至白肺將可用筷子夾開時，才把杏汁從肺喉裏傾進去，再燉半小時，豬肺就已吸進了杏仁的香味，但燉得太久，則杏汁的香味就會被蒸發殆盡。這是以形補形的上菜，能培元養陰而外，湯固清、鮮、香，豬肺也十分可口。

杏汁的做法是用南杏搗成漿水，去渣用汁。

明火白粥

讀者雷傑民先生來函云：

(一)「晨早白粥之粥底」如何熬法方能夠香，白米及水用若干份量方能稀結得宜？

(二)「揚州炒飯」如何炒法，飯身方能夠軟夠味？炒飯雖易，個個會做，推酒樓所炒其好吃者十無一二。鄙人曾請某酒家到會，其「頭鑊」所做之「炒飯」，生米兼臭煙，可知炒飯雖小品，亦非個個大廚師所能為。

傑民先生：白粥和炒飯是誰都懂得做的食製，你竟會注意製作方法，可知你對此道也研究有素。售賣白粥的都以明火白粥作號召，煲白粥要用明火自無疑問。就筆者所知，煲白粥除明火才煲得好外，作料也有很大的關係。用油黏米煲粥就難煲得好吃，一定要用金風雪等白米才易煲得好，甚而用暹羅米亦可。每斤水約用一兩米，每一兩米用一錢半未發過（即未翻曬過）的腐竹，使增加香味，白果多些少些無大關係，腐竹則絕不能多，過多就會有豆腥味。煲時要滾水落米，煲粥的米要先浸過二三十分鐘，再以油少許將米拌勻然後傾進已滾水裏，要將白粥煲至有黏質，起碼要四個鐘頭。

炒飯不能用太多油，將飯炒爽後，要灑少許上湯，等鑊裏的炒飯吸收了上湯復呈爽身後，再灑少許上湯，再炒至不硬身為合度，將飯鏟起。再炒好叉燒，鮮蝦等作配料，然後將飯傾進鑊裏兜勻，最後才放雞蛋，但炒飯裏的雞蛋炒成有蛋塊的就不算炒得好。

冬瓜煲鴨

香港天氣一到酷熱的時候，坐在辦公室裏風扇底下，有時還不斷流汗，除了冷飲，吃的胃口大概也會受到影響。吃量固然減少，肥膩的東西更不感興味。但有些菜能上碟又能上碗，頗受所歡迎；上碗的可飲，上碟的可吃，這樣的夏天家庭食製最為上算。冬瓜煲鴨就是上碗又能上碟的菜，冬瓜和鴨肉都不膩，湯又清而夠鮮味，在炎夏季候可算最普遍而最受歡迎。

這是很普通的家常菜，但很多人會犯上一種錯誤：把鴨湯弄膩，並帶有少許黏性。為甚麼呢？原來很多人做冬瓜煲鴨時，將鴨在鑊裏煎香，即將水傾入鑊裏，未及留意鑊裏還有不少油，鴨身也油膩，因此鴨湯混濁不清。膩的食製既不為人愛吃，膩而有黏性的湯就更不好飲了。為避免鴨湯膩口，我以為做法宜於這樣：

割淨鴨一隻（最好是老鴨），用薑汁酒將鴨搽過一遍，醃約半小時，等鴨肉吸收酒和薑汁味。燒紅鑊，用少許油，將鴨煎至微黃後，以滾水將黏在鴨身的油淋去，放在煲裏，加上紅棗四個，陳皮半邊，乾貝一兩（即江瑤柱）和水煲至六成火候，然後加進冬瓜（冬瓜如果和鴨同時煲，則冬瓜煲至霉爛鴨尚未夠火候）。冬瓜在未落煲之前要「泡嫩油」，作用在辟去青味增加香氣。

還有要注意的，湯煲好前切勿落鹹味，尤其不能放豉油或生抽，不然會有酸味。吃之前加鹽即成。

芋頭蒸豬頭肉

過了乞巧節，接踵而來的是盂蘭節（農曆七月十四日），也就是祭鬼節，香港人通稱之為「燒衣」。

做祭鬼節的人，除祭鬼外，自己也得乘機祭五臟，劏雞殺鴨，大吃一頓。習俗相沿，做祭鬼節的人家，在這節日十九喜歡吃一道「芋頭蒸鴨」或「芋頭蒸豬頭肉」。「芋頭蒸鴨」是濃味的菜，食指眾多的更合乎經濟原則。很多人做「芋頭蒸鴨」喜歡用香料粉，竊意以為用香料粉蒸炆太刺喉而味不高，還不如下列方法可口，未審同嗜的讀者有無一試的興趣？

方法是：鴨一隻，劏淨，「泡嫩油」，用頂豉（未擠過醬油的豆豉）、蒜茸、果皮末少許、芝麻醬、糖半茶羹，混合搗爛成醬，用紅鑊爆香（注意不能炒老，焦味的醬不好吃），加水，放鴨落鑊，猛火蒸之至七成火候，才加進芋頭，添水再蒸之至芋頭夠火候即可。

蒸豬肉也用這個方法，但要蒸出來的豬肉爽而不膩，就要用豬臉肉、豬嘴或豬鬃肉，豬脷也可。先將豬肉稍出水（意即一滾即可），又用冷水不斷沖之約半小時，才放在鑊裏蒸。用冷水（即硬水）將豬肉沖過，作用在使豬肉變爽。

佛山「柱侯」

讀者葉魯義先生來函云：

特級校對先生：

足下在《星島日報》登載之大作「食經」，確能引人入勝，並經將數款如法炮製，亦稱成績不差。該文登載完畢之後，望將之付梓，發行一冊單行本，必能一紙風行也。據本人所知，許多伙頭大叔亟欲剪存先生之大作，惜未得全豹，多數認為比之《美味求真》一書，猶為切實者。望先生祈垂注之。

茲有關於食製問題數則奉問，便希賜答。

（一）豬大腸頭以何法洗清它的尿味？

（二）甚麼叫作雁落梅林？

（三）炒豬肚怎樣弄得爽？

（四）白雲豬手如何炮製？

（五）何謂佛山「柱侯」？

（六）大良之炒牛奶如何做法？

答：（一）病豬腸頭絕無辦法去清其尿味，如果正常的豬的腸頭用鹽擦之即可去清其尿味。（二）甚麼菜叫甚麼名稱，原無一定的。戰時重慶有一個菜叫作「轟炸東京」，實在就是四川菜的「鍋巴魚脣」。將炸過的飯焦，淋上燴好的魚脣。燒臘店售賣的酸梅蒸鵝，名之為「雁落梅林」，大概是喜歡這個名稱有些風雅氣。（三）豬肚如何炒得爽，上文已說過，請參閱。（五）「柱侯」是人名，佛山籍，做了一種醬，以「柱侯」名之。佛山柱侯雞就是用柱侯醬炆雞。「柱侯醬」的材料是用未抽過豉油的原豉再曬，加蒜蓉、果皮、蔴醬等製作而成。（四）、（六）兩項容後另述。

蝦米煮細粉

「蝦米煮細粉」是廣東台山人最喜歡吃的家常菜。蝦米就是普通的蝦米，細粉就是粉絲（津絲）。細粉是台山人的稱謂，其意或為粉中之小者。照廣州話來說，蝦米煮細粉就是蝦米煮粉絲，是不膩口的夏天家常菜，做得好的也很可口，做得不好，則粉絲既無鮮味，蝦米也有韌性。懶「伙頭」和娘姨做這個菜時是洗淨蝦米，用紅鑊炒過，再放粉絲下去，加水，將粉絲煮將夠火候時，才把韭菜或節瓜放下去，待瓜煮熟即上碟。這樣的製作，是不會好吃的。

要煮得好吃的辦法是怎樣呢？我以為是：先將有吋二至吋半的中蝦米洗淨後，用滾水浸二三小時，等蝦米發大，取出，以薑汁、古月粉醃過，起紅鑊把蝦米炒香，浸蝦米的水留待後用。節瓜現在合時令，可加入節瓜絲兜勻，然後將浸過蝦米的滾水傾進鑊裏，節瓜煮至夠火候，才把粉絲放入與蝦米節瓜同煮，至粉絲將蝦米汁完全吸收為合，不必加「饍」就可上碟。

浸蝦米的水如不夠粉絲吸收，可以加水，一定要使粉絲吸收水量發大至夠身為止，有時對火候或會估計錯誤，則多煮一些時間亦無大礙。

近來魚菜市場各項食料價格都在上漲，食指浩繁的店舖和家庭，加菜錢會影響預算，每日要與「竈君老爺」見面的「伙頭」和娘姨，間中不妨出這一個菜，原料不會過貴，又合時令而不膩口。粉絲如果煮得有蝦米的鮮味，則店裏的「頭櫃」和家裏的少奶都不會不下箸的。

鮮菇扒節瓜

某日，應友好之邀，在大道中某酒家吃飯，至座，但見濟濟有眾，盡皆「老細」，且均為擁有「肺針」若干、「格林」或「西林」若干萬萬單位的人物。寒暄既罷，三杯入肚，談笑風生，自不在話下。酬酢場所，原無可記，尚值一談的，當然還是「食經」。那一晚的「鮮菇扒節瓜」，確予人不好印象。

鮮菇扒節瓜，是當時得令的菜，在不愛吃油膩的季節裏，吃鮮菇扒節瓜，原不背乎時令的，但它的製作實在不敢恭維，鮮菇不但毫無鮮味，節瓜則連鹽味也不夠，要不是鮮菇還黏着少許「饍」的鮮味，真會使人懷疑這道菜是正經酒家的製作。

照我所知的「鮮菇扒節瓜」，它的做法是這樣的：

(一)把鮮菇泡過嫩油，再以上湯煨過。(二)節瓜刨毛皮後，也「泡嫩油」(除增加香氣外，還使節瓜的外層加硬，不然到用上湯煨的時候，節瓜就不能用筷子夾了)，再用上湯煨之，如果要節瓜仍保持有碧綠色，在落鑊前還要用清水加蘇打粉煮過一滾。(三)起紅鑊，用蒜子爆過鮮菇，再放節瓜到鑊裏去，最後用凍湯開鷹粟粉，加鹽推「白饍」，然後上碟。這是「鮮菇扒節瓜」的一般做法。

那一晚的「鮮菇扒節瓜」，不但不夠鮮，不夠鹽味，而且還有些許酸味，難怪在座的客人都吃得不高興了。我懷疑製作這味菜的廚師，不是真正的內行。

川菜必辣

報載青年會因應婦女們的請求，將於下月增辦川菜研究班，並請某酒家的首席廚師擔任教授。這羣太太小姐不去研究最摩登的化妝術、竹戰新術或十三張的擺法，而到廚房去「學習」烹飪，且要學的是川菜，真是懂得生活的趣味。家庭裏有人會做四川菜，是可喜的一樁事。筆者喜歡吃，而今多了研究吃的同志，更是十分高興的事。她們既愛學習川菜，不妨在這裏談談川菜。

該酒家的第一號廚師是否四川人，固未暇細查他底族譜，但該酒家所供應的並非正宗川菜，而是兼京、滬、川、粵菜的。到該酒家吃一桌菜，如果你是吃的內行人，就會發覺一席菜的特式是：非京、非滬、非川、非粵、亦京、亦滬、亦川、亦粵。他們的冷盤做法介乎揚、川之間，蝦的製作介乎粵、錫之間，點心兼有西菜和粵菜的風味，紅燒魚脣又頗近本地味道。如要請這一位大廚師教授川菜，倒不如請他教授外江菜來得名實相符。

在廣東人的眼底裏，不會說廣東話的便是「外江佬」，而第一號廚師主持的酒家除川菜外，兼會做山東菜、河南菜、湖州菜、寧波菜、無錫菜、紹興菜、蘇州菜、揚州菜，甚而西菜中的粵菜、粵菜中的西菜，故可以稱之為掛川菜招牌的外江菜。

說到川菜，很多人有這麼一個觀念：有辣味的就是川菜，凡川菜必辣。事實上川菜並非以辣見長，更非每菜必辣。以為凡有辣味的就是川菜，就太冤枉川菜了。

正宗川菜

正宗的川菜固然有辣的，但並不是凡菜皆有辣味。

川菜的調味與製作自有其獨特的好處，所以各大都會都有川菜館，且能與當地的地方菜分庭抗禮，香港有很多其他地方菜的菜館招牌，都加上川菜字樣，藉作號召，由此可見四川菜確有其聲價。雖然這裏有第一號大廚師的菜館也有做川菜，但不是正宗川菜的口味。

正宗川菜蒸、燉、燻、燒、烤、煎、炒、炸、燴等種類的製作無不具備，而製作上且能綜合各省之長。這樣說來會使人懷疑：為甚麼川菜會綜合各省之長呢？其間是有一段歷史的。原來明末戰亂，劫後餘生的地道四川人已所餘無幾，今日的四川人，多是由各省遷去的。最初對食製的口味，仍保持其一向習慣，菜式烹調，也是沿着故鄉的方法，積時既久，地道的四川人和外來的四川人融會綜合，便形成今日的四川菜。說四川菜兼有各省製法之長，也就是這個道理。

真正的川菜的製作，有一點和廣東菜相同的，是保持食物的原味。而製作的方式也要看一樣原料的品質如何而後決定其製作方式。

四川多山，瘴濕之氣很盛，常吃辛辣之物，可以避瘴祛濕，這是由於地理環境使然，積久就成了習慣，家庭便菜，如沒有辣椒便感到不甚適口，但筵宴之菜，除炒品以外，很少用辣椒的。

川菜中最膾炙人口的是白片肉、回鍋肉，然而做得好的也是煞費工夫。

回鍋肉

四川菜中的回鍋肉，等於廣東菜中的炒牛肉，是至平常的家庭小菜。回鍋肉因為製法特別，吃起來甘香爽脆，所以獲得各省人士喜愛。時下非川菜館的外江菜館也都售賣這一個菜，由此可見它的號召力了。

回鍋肉的特別處不是在炒得特別，而是這樣菜的豬肉不膩而爽，下面是回鍋肉的製法：

採用豬肉中的實肉肉，肥的佔五分三，瘦的五分二，將肉皮割去，在開水裏里拖至僅熟，懸之當風處吹兩三個鐘頭（在冰箱裏藏之亦可），然後切之。如果要趕時間，則等熟肉凍後切之，每片切至半分薄，逐件攤開，放在筲箕上，當風處再吹半小時。這樣做法，作用在將每片豬肉上面的水分弄乾。

炒回鍋肉的配料是用豆板醬、青辣椒（不吃辣椒的用其他青菜配料亦可）、蒜子。

炒法：先用紅火油鑊爆香蒜子，然後加入青椒，炒至七分熟，將蒜子、青椒鏟起，再爆豆板醬，將豬肉傾入鑊中兜勻，最後加入蒜子、青椒，兜勻以碟盛之即成。

最主要的是豬肉不能烹得過老，過老則減少甘香甜味，豬肉吹得不夠爽就不會脆。嫌青椒不夠辣，可加兩三隻紅辣椒，但辣椒炒得過熟就會有韌性，過生則有青味，如果豬肉炒得脆而青椒炒得韌也不好吃。

炒得好的回鍋肉是甘香可口的，要製作得好，也得講究選料、刀法、炒法，戰前中環電車路的遠來川菜館，做這一個菜做得有正宗川菜味。

有川味的川菜

愛吃「三六[1]」的朋友，絕不會在窗明几淨的地方。吃盛大的筵席，也絕沒有「三六」一道菜。他們認為吃「三六」應在橫街陋巷的所在。尤其是冬天，製作的時候，加柴添火還要自己動手，才吃得起勁，才覺得美味無窮，才算是夠情調。

吃地方菜也要有地方菜所特有的色、味、香，再考究些還要有地方的情調。在香港，要吃上海菜、杭州菜、山東菜或四川菜，無論製作得如何精巧，也不及在原地方的好，最主要的原因是作料困難。就鰣魚（三黎）來說，香港也有，但無論如何都及不上嚴子陵釣台前的，因為鰣魚自大海裏游到嚴子陵釣台前時才最肥美，而香港的鰣魚都是漁船拖的，且在冷艙裏藏了數天也說不定，鮮味自然就不及在江上釣的了。地方菜中川菜向負盛名，但香港掛川菜招牌的外江菜館所做的川菜，十九都不倫不類，徒有其名，很難吃得到真正有川味的四川菜。

去週末，應編者之邀，往半島柯士甸道竹林餐室吃川菜，算是吃到了貨真價實的有川味的川菜。原來主人是四川人，也愛研究食製，而廚師則出身自成都最有名的「姑姑筵」，難怪它的製作有地道的川味。六個菜中，僅兩個菜有辣味，而葷菜素菜中的濃淡，都有明顯的分野，和其他所謂川菜館所製作的川菜——味濃、夠辣、多油者完全不同。其中有一樣名喚作「刷巴頭」的點心，更堪稱為未曾有的佳品，樣式如廣東點心的「燒賣」，但我從未吃過這樣好的「燒賣」，鮮、爽、

1　「狗」的戲稱，因三加六等於九，「九」粵音同「狗」。

嫩、滑兼而有之，皮薄，所含的餡，葷素勻稱，剖視之，作料切得極精細，由此可見，川廚對於刀法也肯用工夫。

姑姑筵

「姑姑筵」在四川菜中獨樹一幟。「姑姑筵」以製作精巧馳名，講究吃的人到四川成都，很少不去光顧。當年張學良到成都，震於「姑姑筵」的盛名而訂菜，誰曉得黃老板竟拒絕「張少帥」，致少帥留蓉期間，始終未嚐過「姑姑筵」。據黃老板當時向人表示：「連東北也丟了，我為甚麼要賣菜給他吃！」這老板可算是一個奇人。

這家菜館為甚麼叫作「姑姑筵」？這也有一個很有趣的故事。東主黃老板是一名對吃頗有研究的食家，清末做過知縣大老爺。辛亥革命後，沒有再做官，息影家園，致力於食製的研究與改革。他做出甚麼新菜式認為好的，便請親友嘗試，久而久之，他底親友都知道這位過氣大老爺精於燒菜。後來親友間有做喜事的，會請他情商客串代辦一兩桌筵席，吃過的人都公認精巧。漸漸請他代辦的人愈來愈多，他窮於應付，索性開了一家菜館。過去他的製作是自己動手的，開起菜館後就要請伙計廚師，但外面的廚師不懂得他的製法，而生意前途難料，考慮結果還是由家人協助。所以洗菜候鑊都是他的太太、女兒和妹妹做的，而自己則指揮和監督。因為下廚做菜都是女人，因名之「姑姑筵」。

「姑姑筵」與其他菜館不同的地方，是初時每日限賣兩桌菜，必須預定，據他的意見，多做人手不夠，也難於做得好。「姑姑筵」的菜確也做得好：色、味、香俱佳。竹林飯店的川菜廚師就是黃老板的徒弟，師宗「姑姑筵」。

龍蝦沙律

吃是一種享受，也是一種藝術。從前有人說過：日本人對於吃，着重視覺。日本菜的製作，做得極為精緻奪目，但並不怎樣好吃，因此，有人批評日本人對於吃，是「眼吃」。

又有人批評外國人對於吃，是「鼻吃」。牛排儘管煎得如何香氣撲鼻，實在並不怎樣好吃。

中國人對於吃，則用口，這由來已久，聖人之言曰：「口之於味，有同嗜焉。」而廣東人對於吃更有講究，廣東菜之能夠名馳遐邇，並非無因。

惟是，時下的廣東菜也變了，且變得出奇，愈變愈壞，每況愈下，真不禁為廣東菜哀！

日昨應朋友邀約宴於皇后道某酒家，上第一個菜是「沙律龍蝦」，一看「豪華七彩」煞是美觀，誰曉得竟是中看不中吃的東西。我自沉思：既是大酒家，為甚麼連吃的道理都不懂，從新聞的觀點而言，這不能不算是新聞了。

「龍蝦沙律」原是西菜，為表示「摩登」起見，一席粵菜中弄一個「沙律龍蝦」未嘗不可，但西菜中的「龍蝦沙律」，除了沙律汁外，還有的配料是番茄片、馬鈴薯片、胡蘿蔔片、露筍、洋葱片，有時還加上洋芫荽，可是從沒見過有以外國的罐頭甜桃作配料的。也沒有見過有人吃一席廣東菜，第一道菜就有甜的。先吃了甜的東西，舌頭和口腔被糖味佔據了，以後再吃神仙調味的山珍海錯，也不曾覺得美味。先吃鹹後吃甜，這是吃的最普通的常識，做酒家的連這一點都不懂，則該酒家的生意好極也有限了。而就龍蝦來說，好在龍蝦之名，和龍蝦的模樣，肉粗味濃，實在並不怎樣好吃。先吃了龍蝦然後再吃其他較為清鮮的菜，就算製作得極好，吃味也要打個折扣。何況龍蝦的配料還加上甜桃，其他東西更感不到美味了。所謂大酒家而有這樣的廣東菜，真不禁為廣東菜哀！

蠔油柚皮

食柚皮最好是在四月，因為這個時候的柚肉很少，柚皮嫩而不發艮，過了端午後的綠柚皮就漸漸開始艮了，六月柚皮多艮而老了。不過在香港，要食一個不艮的柚皮，似乎是不大容易的事。

在香港所食得到的柚皮是廢物利用，生果檔賣了柚肉，將柚皮賣給酒家，經過製作後，又用來做菜的作料，在這時候食「柚皮扒鴨」之類，是被認為「時令菜」的。家庭間的主婦也很高興食完了柚子後，以柚皮做佐膳的菜。做得好的，真是「可以送飯」。

酒家的柚皮製作是先以玻璃片刮柚皮最上層的皮青，用清水將柚皮浸至夠身，才把柚皮所含的水分榨出，因為浸過柚皮的清水有苦澀味，然後又以清水將柚皮煲二十分鐘。但別忘記，在煲柚皮時要放進少許可吃的蘇打粉，原來放蘇打粉煲柚皮有兩種作用：一是使柚皮快些腍軟，二是保存柚皮的碧綠色，酒家的柚皮製作得不會淤黑而有綠色，就是這個道理。煲過以後又將柚皮揸乾，再以清水泡一次，則柚皮裏的苦澀味就完全沒有了。再把柚皮所含水分揸出，用生豬油爆過柚皮，以二湯煨之，最後又以上湯煨，如做「柚皮鴨」，就把柚皮加進去，打一個「饍」就是。

但是家庭間如未備有二湯和上湯的話，就在經過泡的程序完成後，用蒜頭起鑊，以生豬油爆過柚皮，以布袋裝上烘香的大地魚、豬骨、瘦肉煨過，到食時加「饍」，如要做蠔油柚皮，則在「饍」裏加上蠔油。

上湯去膩

頃接讀者安斎先生來函云：

不佞是貴報長期讀者，對於尊者「食經」一欄尤感興趣，良以大作所述烹飪方法，郇廚餘緒，研究有素，令人心折也。玆有三事敬詢左右，希賜詳覆，刊於貴報，不勝翹企！

（一）烹製上湯欲將其濁膩濾清有何方法？聞有用鴨血及西芹菜吸收濁膩者，此法可靠否？（二）以鴨為選，任何製法亦多帶腥味，有何方法去其臊？（三）通常用瓦罉煲雞飯，每覺略帶酸味，其故安在，有何方法可免此弊？以上三則，敢請分別加以示導，則易勝厚幸矣。諸費清神，感紉感紉。

安齋先生過譽，愧不敢當。因生性愛吃，由是對此道略識皮毛，而非真有研究之「食家」。大函所列問題，足見先生對於烹飪有湛深研究，堪稱為真正的「食家」。奉答所問如下，當否尚望賜教。

（一）酒家樓熬好的上湯，大多數用布濾過，又用草紙拖去湯面的油膩，浮在湯面的油膩為蛋白質與脂肪質。如想減少湯麵的油膩，則要於熬湯前，先燒水至滾，然後放肉料，而熬湯的爐火，經常要保持在文火以下，如爐火作文作武，則肉類的蛋白質與脂肪質會被熬出更多。鴨血和西芹菜有吸收濁膩的效用，鄙意則以為無多大用處，製上湯用熬法而非用煲法就可免去膩濁。

（二）把鴨尾的兩粒東西割去，用薑汁、紹酒將鴨醃過，再「泡嫩油」就不會有臊味。有人最喜歡吃鴨尾，認為是天下的奇味；也有人一嗅到鴨味，尤其是臘鴨尾的味就食不下嘸。可見鴨的臊味是在鴨尾。

（三）通常的瓦罉煲雞飯，喜歡用豉油、豬油和鹽塗在雞肉上，殊不知豉油裏有「豉水」（製作豉油用的）和橘水成份，自然帶有酸味，如不用豉油而用上好的生抽，就可免除此弊了。

炒石斑球

花園街八十九號讀者李珠先生來函稱：

特級校對先生：

我是貴報的長期讀者，尤其是我對於「食經」這一欄最感興趣，良以尊作所述各種菜式，研究有素，令人欽佩。

今有兩味菜式無法製作得好，懇請先生代為指示。

（一）炒石斑球；（二）白汁石斑。有何方法使這兩味製得好，希詳覆刊登貴報，不勝佇盼！

大函所提關於「炒石斑球」和「白汁石斑」做得好的方法，茲奉答如下：

（一）「炒石斑球」第一要看用甚麼石斑？如果在魚市場買的大石斑肉，即使再有郇廚也不會炒得好，這種大石斑如用來炸，還可以藏拙，因為這種石斑肉本身已太粗實，又經過若干時日的冷藏，鮮味當然是大打了折扣，用來炒球，是不會好吃的。至於用二斤左右的活鮮石斑炒球，製作得不大好，也很鮮爽可口。炒的方法，鄙意以為：活石斑起魚肉後，切成方球形，以少許雞蛋白醃過石斑肉，經過「泡嫩油」後，用紅鑊，以薑、蒜起鑊，傾石斑在鑊裏，加上兩羹紹酒，使熱氣增加，兜勻後以凍上湯開鷹粟粉打「白饋」便是。鹽味也加在饋裏，如在魚裏加鹽，就會使石斑爽而不滑。「饋」的份量又要在吃完了石斑後沒有剩餘才算合格。

「白汁石斑」有人用薑、葱清蒸後起紅鑊加「白饋」，也有人浸至僅熟後紅鑊加「白饋」。兩種方法都可用。做得合火候就會鮮、嫩、爽、滑，過多火候就不會嫩滑。

在香港，石斑是二等海鮮，吃「炒青衣球」要較石斑好味得多。

鳳果田雞腿

「鳳果田雞腿」的「鳳果」，就是蘋婆果，亦有稱之曰「鳳眼果」。蘋婆果春日開花，夏秋之間才成果實，果殼紅色，小孩子最喜用來裝成小老鼠。

自從酒家採用蘋婆果做食製作料後，就稱之為「鳳果」。盂蘭節前後，鳳果最好吃，味甘而鬆，但一過了農曆八月初一後，就不好吃了，果肉全變了粉質。如要做鳳果的食製，現在還算合時令，再遲半月，吃來滿口是粉，以之做食製材料，是不大適當的。

鳳果雖可做多種食製的材料，竊意以為「鳳果炒田雞腿」較做其他的食製的材料更佳。

要做得好吃的鳳果，用滾水泡熟去衣後，先用上湯煨過。

田雞的製作則先用大田雞數隻，只要田雞腿，用少許雞蛋醃過，「泡嫩油」，以薑片起紅鑊，將已「泡嫩油」的田雞傾下鑊裏兜勻，加進少許紹酒，辟去田雞的腥味，才加進鳳果，打「白饋」同時加味，即可上碟。

炒田雞腿更有去骨後才炒的，那就非多用幾隻田雞不可了。不過，炒田雞僅吃田雞的四條腿，未免過於浪費，請客時要講排場，未嘗不可，家常食製如果要這樣，則近乎奢侈了。

燴烏魚蛋

讀者止廠先生來函云：

先生所寫「食經」，實從經驗所得而成，廠亦好吃，且時常下廚，但總不得法。今有下列問題請加解答：

（一）牛肉如何炒得嫩。（二）牛排要嫩且夠熟。（三）豬排恰到好處怎樣做法。（四）煙魚之手續及材料。（五）烏魚蛋何種方法燴得鮮嫩。（六）牛肝煎來好吃否。（七）牛胃如何炒法。請於「食經」賜釋至感。

來函敬悉。茲奉答如下：

（一）牛肉的炒法，前文已談過。（二）、（三）西菜既非盡屬科學方法，亦無藝術意味，更無哲學氣息，我對西菜向來不感興味，雖本港大小餐館所做的西菜嚐過不少，絕不覺得有甚麼好處，近年來更厭惡吃西菜，故對西菜無研究，所提牛扒、豬扒做法，恕不奉告，希諒！（四）煙魚做法是以鹽將魚醃過，以石壓之一夜，以竹筐盛之放在竈上，又以蓋蓋之使不泄氣，在竈裏用蔗渣燻之至熟。製作得好的燻魚是有甘味的。沒有竈的設備，做起來很麻煩。（五）用滾水（水滾後移離竈口）先將烏魚蛋浸至七成熟才燴，各項材料落齊後，加「饍」之前才將烏魚蛋傾在鑊裏，「饍」好而蛋也僅熟，就不會粗老。（六）牛肝的臊味很大，用薑汁、酒、古月粉醃過，紅鑊煎至僅熟的做法較佳，煎得過老不好吃，過生則還有血水，在煎的時候切要注意火候。（七）牛胃用蒜蓉、豆豉炆之較佳。

西湖鴨

時序上的紀錄，又已過了立秋。日來的天氣，仍是那麼苦熱，毫沒有秋的氣息。但是秋天的菜蔬卻已在魚菜市場出現了。菜攤上日來最惹人注目的是新白菜。

提起新白菜，不禁想起了「西湖鴨」，因為「西湖鴨」主要作料是新白菜。

「西湖鴨」的「西湖」是浙江的西湖，抑是廣東惠州的西湖，一時難於查考，惟「西湖鴨」是廣東有名的菜式，倒是事實。

當清末，張之洞做兩廣總督的時候，最喜歡吃「西湖鴨」。由於兩廣總督喜歡吃這個菜，「西湖鴨」的聲價更增十倍，成為當時的上品。近十餘年來，卻很少見到這個菜了。

「西湖鴨」有人做燉的製作，但不及煲的夠香味。做得好的「西湖鴨」清香而不膩。節令當前，新白菜上市，做節的一頓飯，何妨一試「西湖鴨」？

這個菜的做法是：劏淨鴨一隻，以薑汁、酒搽過鴨身，「泡嫩油」，又用滾水將鴨身的油膩淋去，放在企身瓦煲裏，加進雙蒸酒四兩、芫荽十五棵、白胡椒十粒（勿磨爛）、水半煲，煲至七分火候，才把白菜放進煲裏，又煲至鴨肉可用筷子夾起為合，菜鴨都可吃，湯尤其清香。

煲一隻鴨用斤半新白菜即可，只要梗，不要葉，落煲之前還要泡過油，又要把菜身的油膩淋去，以免鴨湯膩喉。

五柳鯇魚

立秋後的天氣，依然這麼悶熱，秋行夏令，在香港並不算是反常，所謂「秋風拂拂」的天氣，怕要過了中秋才可見到。

氣候上既是秋行夏令，飲食上又何嘗不可秋行夏令？

「五柳鯇魚」原是夏季的佳饌，以這幾天的氣候來說，吃「五柳鯇魚」還不算失時。

做「五柳鯇魚」的鯇魚，最好是在斤半與斤十二兩之間，一般人的做法是把鯇魚劏淨後，在滾的水裏或湯裏浸熟，用酸薑絲、瓜纓等打「甜酸饍」加味就是。有時吃到些不夠嫩滑和帶腥味的五柳魚，就因為在製作上不講究方法。

據有經驗者言，斤半以下的魷魚，鮮味不及斤半以上的佳，而斤十二以上的鯇魚，又不及斤十二以下的嫩滑。要夠鮮而又嫩滑的鯇魚，最好用斤半至斤十二兩之間的。至於浸熟鯇魚的方法是起紅鑊，爆香薑葱絲，鹽小許加進可浸過鯇魚的水，煮至大滾後，把鑊連大滾的薑葱水移離竈口，才把鯇魚放進薑葱水裏（以魚頭先放進水裏為合），浸至筷子可插入魚肉即可將魚取出以碟盛之。這樣的浸法，則魚肉不會腥而又能保持鮮嫩。把魚浸熟後才用酸薑絲、蒜頭絲及瓜纓，起紅鑊打「甜酸饍」加鹽味即成。此外還要淋上少許蔴油，最好還放進一些檸檬葉絲，更覺美味可口。

吃甚麼火腿？

火腿是食製中的上品，也是食製中為用很廣的作料。你要吃甚麼火腿？又甚麼火腿才好吃？好研究吃的人是應該要知道的。

倘若你到連卡喇佛或牛奶公司去買火腿，那位店員問你：「買哪一部分？」你也許會目瞪口呆。

除了你用手指櫥窗裏的火腿外，我告訴你一個辦法。

現在用杭州火腿（其實不是杭州產生的）作例，杭州人所謂上肪，外國火腿則是“Shank End”，腰肪則是“Middle Cut”，琵琶頭叫作“Butt End”（意譯就是「香煙的頭」）。

比如整隻火腿每磅三元六角，則上肪是三元八角，腰肪是四元三角，琵琶頭是三元二角，這樣一解釋，我想你就明白吧。

在香港，吃火腿，外國式火腿有三種：本港、英倫、澳洲。本港最貴，英倫次之，澳洲最廉。中國式為兩種，雲南與杭州。

就味道來講，杭州火腿當然首屈一指。但到過杭州的人一定要說：香港的杭州火腿遠不若在杭州所吃到的。這句話是對的。但要說得明白，我要分兩層來講：

第一，杭州火腿不但不是杭州的，也不是金華的，而是東陽的，或義烏的（這正與雲南火腿實在應該說宣化火腿一樣）。

杭州是浙江省的省城，又是風景區，名聞全球；金華是府城（清末民初均有府治），東陽與義烏是兩個小縣，隸屬於金華府的，現在說來，鄰近於金華市的。金華火腿中的大而味平平者為義烏貨，小而名貴者則屬東陽的，杭州一間著名的火腿店就叫作「大東陽」。

抗戰時期，我在南平（閩北小城，當年儼然為「東南小上海」也）遇到幾位東陽人（浙東與閩北相近，所以有東陽人逃到南平），據他們告訴我：「奇怪得很，我們在這裏曬火腿，永遠曬不黃，這裏的太陽與我們東陽的太陽不同。」

不必奇怪，東陽火腿是僅醃一天，曬兩天，藏一星期的；所以他們不叫「醃火腿」，而叫「曬火腿」，因為從一塊醃的豬腿而變成火腿，歸功於太陽光，而東陽的太陽光可以把白的豬腿，在兩天之內，曬成黃的火腿。事實上，據科學解釋，決不是東陽的太陽與別處不同，正與美國的月亮決不會比調景嶺來得美麗的一樣，而是地氣不同。所謂「地氣」，就是土質不同。就是以東陽而言，曬火腿的東陽也只限於南城，而蔣姓大祠堂空地上所曬的為最佳，那就是「蔣腿」所由來。

不過東陽人製火腿不僅僅靠地氣，他們所豢養的豬也經過選擇的，東陽火腿每隻不過在四斤半到七斤之間，七斤以上的就是義烏的了。換一句話來說，他們選擇介乎乳豬與大豬之間的豬來宰割做火腿的原料的。他們用大泥缸作為醃腿之用，每缸約有三四十隻豬腿，其中還嵌一隻狗腿（俗稱「金腿」）。東陽的城廂難得看到一條狗，原因在此。

然而火腿經過醃一天，曬兩天，藏七天之後，色是黃了，但沒有亮光，也就是脂肪未曾浮到面上來。在火腿從東陽運到金華後，火腿才發亮；再從金華，經錢塘江，而到杭州，才有香味。換一句話來說，火腿在東陽只有味，到了杭州，色香味三者俱全了。

所以，杭州火腿之名播全國了。

第二，杭州吃東陽火腿，要吃新鮮的，而且吃得到新鮮的。醃的曬的火腿還要吃新鮮？這並不奇怪，我所說的新鮮是剛開缸，剛從包紮好的缸裏開出來的。

這種貯火腿的泥缸，上面是用組茶葉鋪滿作蓋的，這就是「茶腿」命名的由來。在杭州，你可以買得到今天開缸的火腿。

杭州有一間著名賣熟火腿的店：萬隆。倘若你預備買了萬隆的火腿帶到上海，中間只經過五六小時的火車，清明時節就走了味。

任何食品，鮮味一足，就容易發酸，萬隆的熟火腿就是一例。

在杭州，燉金銀蹄（即鮮豬蹄與火腿蹄合燉）煮透後，裝在碗裏，你分不出哪一塊是火腿，哪一塊是鮮肉，嚐到嘴裏才辨出滋味。

請問：東陽火腿，經過杭州，浙贛路轉粵漢路，再從廣州到香港，過多少日子？蔣腿當然不能保存蔣腿的滋味了。

第二集

食經·上卷

二集弁言

前已說過，《星島日報》娛樂版之有「食經」，是偶然的事，我之寫「食經」，也是興之所至，偶爾湊湊熱鬧而已，初無繼續寫下去的存心，故寫來雜亂無章。一因「食」是很廣泛的，而我所知的不過一點點；二因我不但不是飯店裏的廚師或夥計，而且紅筆糙糊的熬夜生活，幾令人難保胃口，除了兩頓飯而外，很少機會廁身與食有關的場合；三來我雖不是一個忙人，但作息都有一定時間的限制，環境不容許我對食這一門去專心探討。有不少讀者覺得我所寫的不無一得之見，迭函獎飾，讀到這些懇摯而熱情的信，益增我的愧恧！

過去二十年來，浪跡四方，由於好食和爛食，雖吃過百數十種不同的地方菜，茶餘酒後，雖也稍作探討，惟未敢謂已盡悉其竅要。在無數讀者的來信中，不少有關及其他的地方菜的，其中雖有不少已知其然，而未盡知其所以然，因此未敢隨便盡為讀者告，謹致歉意。

承讀者的推許，第一集刊行後，未及半月，就已銷去過半數，正擬再版的時候，市面就發現了兩種偽本。現在第二集面世，也許再被冒印（正本封底、內頁都刊有廣告）。在這裏鄭重聲明，作者絕非擔心「專利受頓」，只為偽本錯誤太多，讀者根據書本實驗時，「炒」變成「炸」，會弄得更糟，未免太不值了吧！

謹祝福諸君飲和食德！

近山知鳥性　近水識魚名

甚麼是時魚？甚麼是花魚？這裏給你一個粗淺的解答。

香港四面是海，盛產海鮮，海鮮多到說不盡，記不清，也因此人們便很少會小心辨認。「近山知鳥性，近水識魚名」，話雖這麼說，有時未必都是事實。這裏談談香港的海上鮮，讓近水的人們，名副知魚之實。

居住在香港的人，除不吃海鮮者外，誰都會吃環繞香島海裏的魚鮮，但是吃了甚麼未必全都記得清，也不容易記得清，因為林林總總，魚確實多到不可勝計。其次，吃魚鮮也要懂得門檻，甚麼魚味美，甚麼魚肉嫩而滑，怎樣選購才是合乎價廉物美，諸如此類的吃魚道理，要是不懂，吃了虧也不明不白。

吃海鮮也有門檻　不懂得就會上當

比如到香港仔去吃海鮮，要一尾「青衣」開兩味，半炒半炆，如果不曉得「青衣」中有「牙衣」、「冧蚌」、「石蚌」，當中復有深水與淺水之分，就不明白哪是最好吃的上品，哪是廉宜的二等貨色，只能任由賣魚人做主動，吃了虧也全不曉得。

「青衣」中以「牙衣」為最上品，千中不得其一；其次是冧蚌和石蚌，深水的嫩滑中帶爽，比淺水的價錢較貴。所謂「逢商必奸」，雖未必盡然，但售賣魚鮮食製的人中也有狡獪的，不懂得吃海鮮門檻的人要一尾「青衣」，他們就會偷天換日，以「紅頭」頂替。

原來「紅頭」和青衣模樣差不多，只是「紅頭」的嘴像鸚哥，亦名「鸚哥鯉」，燒熟後就不易分辨孰是「紅頭」，孰為「青衣」。「紅頭」價錢平均比「青衣」平三分一，以青衣價錢賣出，而以「紅頭」頂替，是最如意的生意算盤。懂得吃海鮮的就不易被欺騙，青衣肉嫩滑而鮮，「紅頭」的肉不及「青衣」鮮嫩，還帶有極稀少的「人中白」味。

香港的海鮮雖多，做漁業的人將之分為兩大類：時魚與花魚。黃澤、黃花、馬鮫、三黧等是時魚，也就是隨季候游來的魚，例如正月至三月的黃澤，二月至五月的鰽白，三月至五月的馬鮫，四月至七月的三黧（即鰣魚），九月至來年正月的黃花等。當某一類魚盛產的季節，滿佈港海四周，過了它們的季節，想找一尾也不知何處尋。夏天即使有人願付千元代價吃一尾新鮮的「黃花」，恐怕也沒有辦法。

「龍利」、「方利」、「石斑」、「青衣」、「鯧魚」、「七日鮮」、「牙帶」、「三刀」、「左口」、「牛抄」、「馬頭」、「地保」、「三鬚」、「花帆布」、「青鱸」、「泥黃」、「紅鱲」，「波鱲」、「頭鱸」、「紅魚」、「火點鰽」、「雞籠鯧」、「黃臘鯧」和「黑白鯧」等，都是週年有的，算作花魚類。

花魚類中最為普通人賞識的是「石斑」、「青衣」、「鱲魚」、「鯧魚」等，而愛吃「石斑」的人最多，原因是：一，「石斑」離海後活得最久，而又易於養活。二，產量頗豐，週年都有。三，酒家售賣的海鮮經常以「石斑」應客。以食家的口味言，「石斑」鮮味不及「方利」、「七日鮮」、「青衣」，嫩滑不及「白鯧」，而二斤以上的「石斑」爽中帶實，尤為食家所不喜。活的「石斑」到處可得，要吃一尾活的「方利」和「白鯧」，就不大容易了。

「石斑」類中也有「蘇鼠斑」、「七星斑」、「花狗斑」、「黃釘斑」、「紅斑」（即硃砂斑）、「黑斑」（即泥斑）、「廉魚斑」，中以蘇鼠斑為最上品，「泥斑」價值則在「紅斑」之下。

到香港仔去吃的海鮮，除石斑外，常見的是「青衣」，中以「牙衣」最名貴（賣魚的一般以黃衣作牙衣），其次才算「石蚌」、「秌蚌」。至於「三鬚」、「三刀」、「火點」、「盲鰽」、「黃蚼」、「黃龍」、「廉尖」也是常見的，但間中會見到一二尾活的「方利」和「七日鮮」，惟不被普通食客所注意。

以言鮮味，除「方利」、「七日鮮」、「青衣」、「黃腳魿」等外，「盲鰽」、「石斑」、「三鬚」、「火點」等都不錯，如要詳細分析起來，那就比一疋布更長，非這裏所能詳述了。至於花魚類中所稱什魚，鮮味大都沒有特別之處。

老香港都知道有一句吃海鮮的老話：「第一鯧，第二鰽，第三馬家郎」。「口之於味，有同嗜焉」。自廣義言之，這是對的。但也未必盡然。就從海鮮而言，即使公認是最好的，也有人不愛吃。更有不吃海鮮的，看見魚就討厭。

就筆者個人吃過而認為最好的海鮮，是在福州的「清湯蚌」，味鮮無比，蚌肉嫩滑而無絲毫腥味。又十餘年前過山東孔廟，在洙泗橋畔的小飯館吃過一尾桂魚，鮮美味道至今再未再嚐過。又曾在綏遠包頭吃過一尾黃河鯉，鮮、甘、嫩、滑，到今也未能忘懷，後來在開封也吃過黃河鯉，絕不覺得有其好處。某年西上潼關，在風陵渡畔也吃過黃河鯉，又覺得比在開封吃的好得多，但不及包頭的好。

在香港吃海上鮮，竊以為深水「青衣」宜作炒魚球。清蒸最好是「黃腳鱲」。石斑最好以薑葱水浸熟打「白饍」。「七日鮮」宜於與「鰽白」鹹魚同蒸。「方利」最好用油浸。「龍蔓」肉宜於炒球，頭尾則炆。「白鱲」用蒜頭豆豉蒸，味最佳。

上面不過是香港海鮮的一個大概，香港人對這一個大概也要知道的。據香港仔某海鮮「艇王」說：「懂得魚籠中所有魚名的顧客，一千人中會有一人。懂得怎樣吃海鮮的，則一百名顧客中也許會有一個『內行』的。」這話如果可靠，則香港人對於海鮮的知識，也有限得很。

「近山知鳥性，近水識魚名」，多知幾樣魚名和各種魚的模樣，以及一些粗淺的海鮮製作法，方算得是香港人罷。

魚類的營養價值

住居在江海遠隔的人，談到香港海鮮，都羨慕不已！抗戰時期，重慶做了陪都，孔二小姐自香港乘飛機帶了一隻大龍蝦到重慶，馬上就成了街談巷議的大新聞。有些地方做酒請客，最後一道菜擺上一尾堆砌美觀的木製魚，可見內陸的人對於海上魚鮮是如何心焉嚮往！

住在香港而不吃海上鮮，是生活享受和營養上的損失，不過不吃魚鮮的人不會很多。魚鮮不但好吃，而且滋養價值甚大，有些肉類的營養且比不上它。據「食家」研究，尤其鹹水海的魚鮮，所含營養素至豐。魚類肌肉含蛋白質百分之十三至廿八，和其他禽畜肉相等，且魚類蛋白質消化量又高，平均在百分之九十以上。人的食物不能沒有脂肪，魚類所含的脂肪最易消化。比目魚類脂肪雖僅佔百分之一，但肝含的脂肪就很豐富；「黃澤」和馬鮫脂肪約佔百分之三至百分之七，「三黎」最多，約佔百分之十一。

魚類肝臟和肉裏的脂肪，都含有相當的維他命 D。以米為主要食物的南方人，經常不吃些魚肉，體內就會缺少維他命 A 和 D。誰都曉得維他命 A 是抵抗疾病侵襲的主要元素，能夠增強肺、眼和腸胃的抵抗力。維他命 D 可以幫助磷和鈣的吸收，如果要骨骼和牙齒有較好的發育和保存，就更要多吃含有維他命 D 的肉類。居住海邊的人宜多吃魚鮮，一因魚鮮含有維他命 A 和 D，二因價錢平均比其他肉類廉宜。魚鮮還含有磷質和碘質，都是人們營養的重要元素。住在內陸有些地方的人會患「大頸泡」，原因是食物裏碘的份量不夠。香港絕少有人患「大頸泡」，正因為香港人普遍吃魚鮮，而魚肉裏的碘抵抗了。

清湯蝦扇

淡水蝦味鮮而清，鹹水蝦味鮮而濃，所以愛吃魚鮮的人，同時也愛吃蝦。

在香港吃海蝦，廉宜而方便，有大蝦、中蝦、細蝦，更有活的和死的，當然活的比死的價貴而味高，每斤由幾毫到六七元。醞釀颶風的時候，漁船不敢出海，活大蝦有時要賣到十餘元一斤。

除了吃活蝦外，不活而鮮的蝦也可以，但買蝦就有研究了。香港的精明廚師很少在上午做蝦食製的，原來最多海鮮運到魚市場的時間多在下午，剛從冷庫搬到魚枱上，未受過市場上的炭氣蒸炙，自然新鮮。市場未賣完的蝦，仍以雪藏留諸翌日再賣，這些蝦雖不一定會變味，但鮮的程度就打折扣了。所以精明的廚師，做午前的菜很少用蝦，精於選購的又當別論。

蝦很少用來做湯，但這裏且談一個以蝦做湯的食製，名為清湯蝦扇。

用約二吋大的中蝦，去殼留尾（即是保留蝦尾的殼），以刀面壓薄，蘸上乾澄麵，再用刀壓之，又蘸澄麵。如是者五六次，然後用二湯滾熟，此二湯不要，因有很多澄麵渣滓而變濁。最後用上湯一滾即成，上碗前碗底墊芫荽梗，上加芫荽葉、火腿茸，為增加香味最好還放入少許古月粉和蔴油。

蒸羔蟹

在「清湯蝦扇」中略談過買蝦，蟹也是老饕所喜的東西，談蟹的食製也應由買蟹說起。蟹的選購要得其方，怎樣才是頂角羔蟹，又怎樣才是肉蟹？不懂得就很容易買到無羔的和無肉的蟹。無羔的羔蟹，無肉的肉蟹，就算有很好的製作技巧，也不會好吃。所以要研究吃蟹，應先研究買蟹，是毫無疑問的事。

真正頂角羔蟹，無論大小，用照雞蛋的方法一看即知，如蟹角多羔的，則蟹殼不會現得很透明。例如成人手掌一樣大的蟹，有八九兩的重量，則一定不是水蟹，蟹鉗豐滿的又必是肥蟹。外殼骯髒的是老蟹，老蟹必肥，這是購蟹起碼的常識。

蟹最普通而簡單的吃法是清蒸。很多人蒸蟹是將先蟹弄死，洗淨，開蓋後才放在鑊裏蒸，但這樣到蟹肉僅熟時，蟹膏就過了火，若蒸得蟹羔不老，則蟹肉未熟。

陳耀華先生前函並問蒸蟹如何才蒸得好？我認為最方便而簡單的方法是用清水將蟹淋淨，刷去蟹身污泥，原隻的放在鑊裏，不加油不加水焗之至僅熟，然後開殼，蘸浙醋、薑汁、蔴油至佳。

蟹蓋是至厚至硬的地方，利用蟹蓋阻隔，使熱力不至煎迫蟹羔太厲害，則蟹肉蒸至僅熟，蟹羔也恰到火候，吃來就不會覺得粗糙了。

不足為訓

《滕王閣序》裏面所說的「鐘鳴鼎食之家」，就字面上解釋是吃的人眾和吃的量多、吃得豪、吃得闊，但不能算是懂得吃和吃得精。吃得豪、吃得闊的，到處皆有，懂得吃和吃得精的，真如「鳳毛麟角」。

吃是藝術，懂得吃和吃得精是對的，但吃得奢侈和浪費就不敢投贊成票了。下面的故事是我所見到最懂得吃和吃得精的一個人，也是吃得最浪費和最奢侈的一個，到後來竟因吃而至傾家蕩產。他的懂得吃和精，是值得「大力學習」的，但他的奢侈和浪費就不足為訓了。

這個世好是民初廣州西關的巨富，宅內有魚塘，大的酒房，經常藏有數百種舊酒，僱用一個男廚，一個女廚，自然有關於食的器具和材料，更有充足的儲備。他所吃的雞是從清遠運來，每次運一百隻，放在雞欄中飼養半個月或二十日，方從一百隻雞中選十隻至十五隻，其餘的就留給家人享用。所吃的鴨也是自己飼養，在吃前廿天的鴨就不許走動，放在一隻小籠裏，每日用米碎填飽，至鴨皮由微黃的顏色變了白色才劏吃。他的早飯是在下午四時才吃的，吃豬肉的一天，要肉店在下午二時半劏一隻八十斤以上，一百斤以下的豬，但他不是吃全隻豬，只吃豬的某部分一二斤。他說豬肉要即劏即吃，過了四個鐘頭的豬肉就不夠鮮味。吃魚生的時候，先把作料弄妥，然後網魚殺之，切片拌作料而吃。他認為這樣吃的魚不會失魂，才夠鮮味。他所做的食製，就是炒一碟油菜，也有想不到的吃味。我的堂伯是他的上賓，常隨堂伯去吃過他的食製。島上有某名流，自稱吃得精和吃得闊，和我談起時，我微笑不言，因為他的闊和精，和這個故事的主人比較，真是小巫見大巫了。

「有同嗜焉」

娛樂版自從刊載《食經》以後，使朋友們對食的興趣提高了不少。他們有沒有如我底世姪女的同學梁小姐一樣，眼在看《食經》，同時持鑊鏟在廚房裏「如法炮製」，就非我所知。惟對食味的領略和製作得好與不好，卻有一番宏論。看「食經」到底給他們有好處還是有壞處，我且不管，但寫《食經》的人卻獲得了壞的報應。

書生紙上談兵，已被人家訕笑。在紙上談食，同樣也被同事和友好揶揄。他們有一個共通的意見：在紙上談食，比「話梅止渴」更空洞而抽象，應該來一次實驗，才使我們得到理論和實際的領會！為了使他們得到「實際的領會」，乃於去週某日做了一次「實驗」，與他們作大食會於德輔道西之大元酒家。

該晚的菜是：炒鮮蝦仁、鳳肝螺片（熱葷）、紅燒包翅、紅燒鮑片、豆豉雞、掛爐鴨、白玉藏珍、炆龍躉翅。兩個熱葷，六個大菜，其中以包翅最大，用二十四兩中羣翅。老闆姚九叔曉得我們之來是有多少打擂台性質，因此特別到廚房監製。

我們一行中有「本地佬」，也有「外江佬」，有一個「外江佬」說：「我來廣東兩年多，今天才吃到真正的廣東菜。」又另一「外江佬」說：「炒蝦仁這個菜騙不了我，但從未吃過炒得這樣爽口的蝦仁。」一個「本地佬」說：「螺片炒得極嫩，蝦仁和鮑片為全桌菜的最佳者。」

鄙意則以為：最粗的一個菜是炆龍躉翅，但製作得最恰可。包翅的翅身不錯，味嫌過濃一些。鮑片是窩麻中的上乘貨，製作和味道確無可疵議之處。豆豉雞做得合水準，但豆豉則未敢恭維。奉告九叔，要做豆豉雞的豆豉，請到醬料店定購未抽過豉水的豆豉才佳。

炒桂花翅

讀者犖添先生頃來信，提出四項問題：一、炒如意鴨掌的鴨掌如何拆骨？應配甚麼材料？二、怎樣炒鳳肝螺片？三、白玉藏珍如何做法？四、怎樣炒桂花翅？

犖添先生問的四個菜，其中三個是宴會筵席的熱葷，茲答覆如下：

（一）如意鴨掌不是炒的，而是扒的菜。鴨掌脫骨，多是以口咬着有鴨骨的一邊，用手將鴨掌脫出。也有人以小鉗夾着去鴨骨，一邊又用手將鴨掌脫出。「如意」就是榆耳，鴨掌和榆耳都沒有鮮味，鴨掌出水後要用上湯煨過，榆耳也是。之後的做法是用紅鑊兜過榆耳和鴨掌後，以上湯推「紅饋」就是。

（二）鳳肝螺片無特殊之處，紅鑊將鳳肝螺片炒熟後，加上幾乎見不到的「白饋」；也有人先將鳳肝炸過，吃起來鳳肝較香。

（三）白玉藏珍已在前文談過，不再贅述。

（四）炒桂花翅普通是用散翅，每兩翅用一隻雞蛋炒。配料是牙菜、蟹肉絲、火腿絲，但切不可用叉燒，因為大多數叉燒都染有顏色，炒起來魚翅有色就不好看了。方法是先煨魚翅，炒時要分次灑以上湯，等翅身吸入足量上湯後，方加入配料同炒。先將翅身用上湯煨過，炒起來鮮味更佳。炒桂花翅的雞蛋破開後用筷子打勻，到最後才加進鑊裏炒。不用加饋，也不能有汁。

炒生魚球連湯

在酒家吃飯，點炒生魚球連湯就不被歡迎，因為這是一賣開二的菜，賬單絕不可能開出二三十元。而且你要了這樣平菜，你就不會點其他賺錢較多的菜了。

這是一個一賣開二的家常菜，稍會弄菜的人都懂得，酒家飯館會自不在話下，但炒生魚球連皮炒的卻不多見。大部分酒家炒的生魚球都去了皮，但生魚皮並非不可吃，只是火候難以掌握——把魚肉炒至合火候，魚皮就韌；如把魚皮也炒到合火候，魚肉就會粗而不滑。不懂得其法的寧削足就履，把好吃的魚皮也不要，未免暴殄天物。

照我所知，炒生魚球連皮的方法是劏生魚起肉後，用白鑊將帶魚皮的一面放在鑊裏稍煎，大約七成熟為度，然後將魚連皮切成方球，以少許蛋白醃，「泡嫩油」，以薑片蒜茸起紅鑊，加入少許古月粉才傾魚到鑊裏，兜勻，再加少許紹酒，最後打「白饋」加鹽即成。連皮炒的生魚球，一定要將魚皮煎過，炒時才合火候。

大生魚可以炒球，小生魚炒片較佳，炒魚片就不必用蛋白醃和泡嫩油了。

至於「連湯」的湯是用生魚頭和骨熬，方法是生魚頭和骨用薑片紅鑊煎過，加水熬之，夠火候前，方加上時菜。

紅燒生魚

寫完「炒生魚球連湯」，又想到「紅燒生魚」。

一般吃魚鮮紅燒的多是「紅燒石斑」、「紅燒青衣」等，「紅燒生魚」卻很少見。酒家菜牌上沒有「紅燒生魚」，我推測是生魚比青衣、石斑的價錢平很多，紅燒青衣或石斑可索價數十元，生魚就不能賣得高價；就生意算盤來說，「紅燒生魚」不是聰明一着。

一般人口眾多的店舖和家庭，「紅燒生魚」價廉味美。嚴格說，生魚當然比不上石斑和青衣，但紅燒後也不見得和青衣、石斑相差很遠，價錢卻比青衣、石斑便宜三分之二。

作法是是將生魚從背上開邊，洗淨後蘸上生粉，放在油鑊裏炸熟，盛碟備用。

紅燒的作料是豬肉絲、葱白絲、冬菇絲。用紅鑊，蒜頭起鑊，炒香豬肉絲、葱白絲、冬菇絲，然後以酒、糖、豉油打紅饋，鏟起鋪在已炸熟的生魚上。要注意炸熟的生魚不要再放進炒鑊裏。

世俗人說生魚會變化骨龍，誤吃化骨龍死後連骨頭都化為灰燼，因此很多人在劏生魚前先把魚摔死，這只是傳說，我就沒見過有人吃生魚而吃到化骨龍。如果你認為傳說不無根據，可在劏生魚前用刀背向生魚頭一拍，既可驗出是否化骨龍，魚肉也不致太受損。

魚魂羹

粵劇名伶馬師曾之父，已是「古來稀」的公公，但他底精神和體魄，還十分充沛康健，友好看見這位精神體魄好像中年人的老公公，不勝健羡，或問他經常吃的甚麼「不老」的東西，他就不假思索的答道：「我經常愛吃的是：『魚頭魂湯』。」雖然，保持長春不老，還有其他的因素，不僅多吃「魚頭魂湯」就可獲致，但魚頭魂湯有豐富的營養料，倒是無可置疑的。

說起魚頭魂湯，就聯想到魚魂羹。

本港的餐館有以魚魂羹作號召的，惟就筆者的口舌經歷而言，這家餐館的魚魂羹的製作難及得上廣州第十甫新遠來所做得佳。一因香港的淡水魚不及廣州的好，二因製作上未得其要竅。

做魚魂羹的魚頭魂是淡水魚中的大頭魚的魚頭。大頭魚的魚魂很腥，做得不好的魚魂羹，腥到不能入口。原來大頭魚的魚魂所以腥得厲害，就因為附在魚魂上面有一層黃色的膠質，如果不把黃色的膠質弄去，就是加很多薑葱，也沒法盡辟去它的腥味。所以要做魚魂羹的魚頭，開邊後，一定要先將黃色的膠質弄去。

製作的過程是這樣：將已開兩邊去黃膠洗淨的魚頭用慢火兩面煎至微黃，加上古月粉，薑絲，將魚頭蒸熟，魚的汁是奶白色的，然後將魚頭拆肉，加上豬肝，豬腦，半肥瘦的肉絲，冬菇，煮熟後加上少許紹酒、鹽即成。吃時多加一些芫荽。

蒸鯇魚腸

豬、牛、鵝、鴨的價格都在上漲聲中，要不超過買菜錢的預算，蒸鯇魚腸是價廉味美的佐膳佳品。

提起蒸魚腸，馬上就會予人一個太腥的印象。很多人愛吃蒸魚腸，但又怕腥。吃過魚腸，口腔有時竟日還有腥氣也是事實。除了腥味太濃外，蒸魚腸常常蒸出半碗油，膩喉膠口，也會影響到食慾。如果有方法辟去魚腸腥味，蒸起來不會出油，那真是甘香可口的佳餚。

蒸魚腸通常用大而肥的鯇魚腸。辟腥和不出油的辦法是先將魚腸削開洗淨，把緊貼腸裏的黃衣撕去，用白醋將魚腸醃過，然後切開放在碗裏，加上雞蛋、用水浸過的粉絲、古月粉、芫荽和鹽同蒸即成。

上海菜也有這道菜，名之曰「紅燒托肺」，但比不上蒸的甘香。廣東人有時還喜歡磨芋頭茸加入魚腸裏蒸，又另是一番味道。魚腸不只是佐膳佳品，且富營養，鯇魚肝更含有極豐富的維他命 D。

元蹄煀乳鴿

今天是被人們稱為「無冕皇帝」的記者底「記者節」。

當今之世，皇帝不易做，何況是「無冕皇帝」？一般人稱頌做記者的，說他們對國家社會有巨大的貢獻，可是從記者們辛勞的所得來說，對他們稱頌的詞語，也可說是揶揄。

不管稱頌也好，揶揄也好，暫且不談，當興高采烈地慶祝「記者節」的今天，愛吃「爛」吃的如我，也來提供一樣名菜，聊作對他們致敬的賀禮。

這菜是酒家菜牌上所未見的，據說是前清御廚的製作，乾隆皇帝最喜歡吃的一個菜。

請我吃這樣菜的主人只知道它的做法，但不曉得它原來的名稱，姑暫名之曰「生扣元蹄」和「元蹄煀乳鴿」，或問既然定了兩個菜名，為甚麼又說是一樣菜？究其實，是一而二，二而一，可以一次吃，也可分做兩次吃，但精於吃的，就先吃乳鴿，再吃元蹄，因為元蹄的味濃，先吃了元蹄再吃乳鴿，就會覺得乳鴿不及元蹄好吃了。

現在先談「元蹄煀乳鴿」，再說「生扣元蹄」的做法。

「元蹄煀乳鴿」是先把元蹄燉至八成火候，再將劏清的兩隻乳鴿，放在燉盅裏元蹄的下面，將乳鴿燉熟，然後取出，切件，又以元蹄的汁，去肥油，打「紅饋」淋在乳鴿上面，就是元蹄煀乳鴿。焗、燒、炸的乳鴿，都不比用元蹄煀的好吃，它有豬肉的甘香味而不膩，鴿肉也能保持嫩滑。

生扣元蹄

燒、焗、炸的乳鴿，既不比用元蹄煀的好吃，那麼煀乳鴿的元蹄，做法又怎樣呢？

普通燉元蹄，是先將元蹄炸過方燉的，但是煀乳鴿的元蹄就不必炸過，因而名之為「生扣元蹄」。

用來做煀乳鴿的元蹄，要用斤半重、且是後蹄的豬髀肉，因為如用前蹄髀肉，脂肪比後蹄多，而肉又不及後髀的鮮和結實，燉起來容易出油。

把豬髀肉弄淨後，蘸勻生抽，煎至微黃，放在有蓋的燉器裏，加入適量的鹽、半茶羹糖、兩湯羹紹酒、小許陳皮末、兩湯羹老抽油、半飯碗水，同其他配料拌勻，加蓋，燉八成火候，其時元蹄已吸收了配料的味道，燉器裏的水，也已變成濃鮮的汁。這時才將豬髀肉取出，把已弄淨的一對乳鴿，放在燉器底，再把已燉至八成火候的豬髀肉，加在乳鴿上面，放回蒸鑊裏，將乳鴿燉至僅熟即成。

用這方法炮製，乳鴿吸收了燉汁的味和元蹄的香氣，而鴿肉也能保持嫩滑和不老。

但切勿疏忽的一件事：豬髀肉不可燉得太腍才放乳鴿下去，不然將豬髀肉取出放進之間會把豬髀肉弄爛，上碗時就不容易保持完整，以至不好看。又吃元蹄之前，還要加上時菜在元蹄下面，時菜吸進了元蹄汁，也十分好吃。

燉元蹄出油

文浩先生來函提出下列問題：

(一) 通常炆肥肉或元蹄等火候不足固不可，但火候較久，則脂肪盡出，滿碗肥油，未知用何法可免此弊？有謂先將水燒沸放在肉上及不加蓋等等，但均未臻滿意。

(二) 昨閱有謂「文火以下」者未知是否最慢火，大約文火指熱度達若干度，武火若干度？

(三) 余曾有一次在友家食筍蝦，其味甘永爽口，據說只用蝦子炆成，但屢試均未能滿意，未知有何善法可使筍蝦好吃？

答文浩先生所問如下：

（一）燉豬肉或元蹄最忌用前蹄和前蹄左右的豬肉，因該部分的肉最易出油。後蹄和左右的豬肉比較不易出肥油。燉豬肉燉出滿碗肥油的另一原因，是未將豬肉用油炸過。如果用豬的後蹄再經過泡油，燉起來就不會滿碗脂肪了。

（二）所謂文火武火之分，先要看爐竈之大小而定，比如圓周一英呎的爐面，假定八條圓徑六分的柴燒至中間部分，則爐火最紅，是為武火。四條柴燒至中間的時候就是文火，三條柴便是文火以下，這不過是一個假定。濕柴與乾柴也不同，柴頭與柴尾也有別，電爐與煤爐則不同計算；鑊之大小，煎炒材料之多寡又是另一問題。圓徑一呎大的鑊，要炒五盤七寸碟的菜，就是用一擔柴燒成的紅火也沒法炒得好。食的製作固可用科學方法，但不一定用科學方法就獲得美滿效果。比如煲嫩鴨，半小時火候即可，但煲老鴨是否三刻鐘或一小時方合火候？如要獲得這個準確時間的答案，即非清楚鴨的年齡不可，又非知道鴨的生長地和飼料不可。這是科學方法的研究，但市場既無法解決這問題，而且恐怕超出了食製的範圍和興趣。所以食的製作可用科學方法，惟不能絕對偏於科學方法。又如有些廚師精於做甲菜，卻拙於做乙菜，就是因為對甲菜的研究和技巧有心得而少做乙菜，或對乙菜不感到興趣。

（三）你以前吃過的筍蝦必為北江筍蝦，無論怎樣做法都好吃，後來吃到的恐怕是福建或台灣的筍蝦。不妨設法找清遠的筍蝦試試，一定會使你滿意。

南乳扣肉

一九三六年轟動一時的百靈廟抗日戰役結束後，我在晉、綏各地旅行。到一九三七年初，又從平綏路上的重鎮平地泉赴綏東的陶林，

做了該縣縣長的一個極短時間的遠客。其時正當冬盡春初，但塞外的春天，到處依然是霜雪和風沙的世界，完全看不見有像江南一般的春天的氣息。生活過得無聊，一過晚飯，就和縣府裏的人們聊天。有一夜，話題談到「食在廣東」，縣長和當時負責守土的將領，都因未吃過廣東菜為憾，他們要我做幾道廣東菜給他們嘗試。為了生活得無聊，和不想辜負了他們的一番誠意，雖然在材料缺乏的情形下，也胡亂的做了幾樣有廣東味的菜，初不料他們吃得津津有味，並大加讚賞。使我難於忘懷的，他們最喜愛的是一大碗扣肉。而今事隔十餘年，對於他們的豪飲大吃還留有印象。昨承友人召吃，其中有一味甚覺可口的南乳扣肉，觸起上面的一段往事，順此一談南乳扣肉的製作。

做扣肉的豬肉，最好用五花腩當中的一塊，用水煲至可用筷子插入，豬皮上面以豉油或蜜糖水搽勻，放在油鑊裏炸至夠紅色，然後把豬肉切成天九牌形，用普洱茶浸之約二十分鐘，才取出豬肉，以清水洗去茶味，然後用切成橫紋天九牌形的粉葛或芋頭，一件件的和豬肉間開放在大碗裏，加上南乳，燉二三小時即成。這樣做法的扣肉，腍香而不膩，吃量最少的，也可吃上五六件。上面所說，是燉的做法，但好吃不好吃，就在乎調味的適當與否。據我的經驗，一斤豬肉用小型南乳二分之一，一平湯羹頂豉，半茶羹糖，一湯羹紹酒，蒜頭四粒，一茶羹五分之一陳皮末，均放入碗內，用刀頭搗爛成醬，平均傾在扣肉上面，然後放在蒸鑊裏燉至夠火候即成。

白雲豬手

「白雲豬手」是廣州流行的食製，香港的酒家也有出售。「白雲豬手」也者，以煲腍的豬手再浸糖醋，做得好吃的軟腍而爽，做得不好

的爽而帶硬，牙齒不健全的人不會喜歡爽而帶硬的白雲豬手。

脸豬手再浸糖醋，是「甜酸豬手」，為甚麼又叫作白雲豬手？實在說來，香港到處都有「白雲豬手」出售，但並無名實相符的，只可稱之為「甜酸豬手」。香港的所謂「白雲豬手」，一般都是把豬手弄淨煲脸，再放在適味的糖醋裏浸之，即稱為「白雲豬手」。也有少數人未明為甚甜酸豬手要加上「白雲」二字？未到過廣東的人，或來香港日子甚短的「外江佬」，就更莫名其妙了。我說香港的「白雲豬手」是甜酸豬手，其中的道理是「白雲豬手」只有廣州的才算貨真價實的，因為做得好的白雲豬手，是要用白雲山的水沖過的。據有經驗的人說：用其他水來沖豬手，雖也能爽，但白雲山水沖過的豬手不但爽，而且毫無膩的感覺。白雲豬手所以久負盛名就因為白雲山的水底關係，香港沒有白雲山，更沒有白雲山水，哪會有白雲豬手呢？

據我所知白雲豬手的製法是先將豬手煲脸，以白雲山水沖二三小時，其時豬手已不膩，再煲半小時，然後又以山水沖半小時，才放在甜酸味的糖醋缸裏浸。據說不用山水沖之再煲，煲之再沖，一經糖醋浸過就會爽中帶硬，而不是爽中帶軟。

炒雁腎

在香港，吃禽畜類的腎最多是雞腎、鴨腎、鵝腎、白鴿腎等，要吃雁腎就不容易。

讀者黃大偉先生來信說：「去冬道經岳陽，見市上野鴨店很多鮮雁腎出售，購其二枚找該地酒家炒之以佐膳，奈其炒法不工，味雖美而不大爽脆，不甚可口。今讀閱貴報『食經』，極覺興趣，故有請於先生指示一切為荷。（一）炒雁腎之火候？（二）用何配料為佳？（三）何法使它爽脆？」

黃先生問雁腎的炒法，我倒很生疏，一則吃得少，二因未有研究。惟就個人所知，黃先生所吃過的鮮雁腎，很懷疑未夠新鮮，不鮮的腎，要炒得爽，我尚未知它的方法。就常識判斷，雁腎很難有如菜市場上的雞鴨腎那樣新鮮。因為湘省濱湖各縣如沅江、安鄉、湘陰、南縣等打雁維生的很多，但打雁經常在夜間進行。原來雁羣夜間棲宿在蘆葦叢中，打雁的一到晚上，就先用久經訓練的犬，指定在一處蘆葦叢中，叫牠在這一處蘆葦叢中慢泳，從大的圓周游過幾次，又縮成小圓周，把雁羣所在的蘆葦叢縮至火網所及的範圍，因雁羣聽見水裏有聲，就從邊緣走到以為安全的當中，打雁人待雁羣集中一處後，才向蘆葦叢上空一丈上下的高度放槍，槍聲一響，雁羣就自蘆葦叢中飛起，彈沙就會及時打中起飛的雁羣，受傷的馬上就跌下蘆葦中，打雁人帶去的犬，就會游進蘆葦叢中把傷或死的雁銜了回來，到第二天或三五天才拿到市場去售賣，賣不出去的就用煙燻。湖南賣雁不以斤計，而以對算，十斤為一對，一對中有三隻的、五隻的、七隻的，都稱為一對。這是湖南濱湖各縣打雁的一個大概。照上所述，似不易得鮮雁腎，我懷疑黃先生所吃過的雁腎的新鮮程度會有問題。不然沒有炒不爽的道理。

山斑豆腐泥

愛吃魚的人都懂得山斑魚最滋陰，做法多是「山斑魚豆腐湯」，湯乳白，味清鮮，但湯裏的山斑魚滾老了不好吃，又和魚骨混在一起，要從骨堆裏揀出魚肉，誰願意花費這些時間？

吃「山斑魚豆腐湯」有湯無魚肉是美中不足的事，現在提供「山斑豆腐泥」則是能吃魚肉底做法。就營養上說，這比「山斑魚豆腐湯」好得多，不妨按法一試。

做法是：山斑魚一斤劏開洗淨後，以少許陳皮、一兩紅棗和一湯碗水，與山斑魚同熬至小半湯碗水左右，將陳皮、紅棗、山斑魚取出，揀出山斑魚肉，以銅殼或刀頭將魚肉壓成醬狀備用。魚骨、紅棗、陳皮都不要。

用比湯多一倍之郊外嫩豆腐（即山水豆腐，在九龍城或新界可以吃到，在市區就不易買到了），小半碗的魚湯同放在煲裏，以筷子將嫩豆腐打爛，煮約二十分鐘，然後將已壓成醬狀的魚肉放進拌勻，加入火腿茸，稍滾再加入古月粉少許、生抽、熟生油拌勻，以碗盛之，最後加上些少火腿茸。

從前廣州寶華坊留春館的金師爺最喜歡做這道菜，而且做得好。

八珍豆腐

「八珍豆腐」是筵席上的熱葷。

外江菜中的「八珍豆腐」加上一些豬腦，又名之曰「鴨腦鍋炸」。

一般少到廚房去的人，多以為八珍豆腐就是用豆腐做的食製，其實「八珍豆腐」根本不是豆腐，與豆腐絕無關係。據我所知，「八珍豆腐」是簡單不過的食製，對於牙齒不健全的和喜歡吃素中有葷的菜的人，這道菜比豆腐好吃得多，因為它既有鮮味，而又嫩滑。

廣東菜的八珍豆腐是用上湯（指大酒家而言）煮鷹粟粉成糊狀，等它涼後（或在冰箱冷藏）凝結成糕狀，用薄刀切成欖形，直約二英吋，橫約一英吋，蘸上生粉，放在油鑊裏炸至微黃色，以碟盛之即成。

外江館子做這個菜用水煮鷹粟粉時加上適量的味精，也有再加入一些切碎的熟豬腦，美其名曰「鴨腦鍋炸」，其實既沒有鴨腦，也不是豆腐。食製的名稱，有些是很動聽的，但一說穿，就有「不過如是」之感了。

一雞三味

沿黃河流域各地的鯉魚做法，一魚三味最流行。在廣東和香港，吃雞而做一雞三味的也很普遍。讀者雷祝乾先生來函問：（一）一雞三味的做法是否分為蒸、煲、炒？（二）鹽焗雞如何製法？

茲先說一雞三味，鹽焗雞另文再述。

一雞三味最容易的做法是：扶翅加時菜做湯，半隻做白切雞，另半隻做碎蒸滑雞。現在用乾草菇蒸，冬天則用臘腸。

用來做下酒物的做法是這樣：半邊做炸子雞，半邊加時菜炒雞片或炒雞球，扶翅做湯或炒皆可。

第三個做法是：草菇炆雞，用薑汁、酒醃過雞肉，煎香，用草菇、正菜、紅棗、生葱炆之。其餘半邊做蠔油手撕雞，做法是先將雞起肉，切粗條，用蛋白醃過，「泡嫩油」，以薑片起紅鑊，灑少許紹酒，然後炒雞絲，用蠔油、生粉打大「饋」，雞骨則蘸生粉用油炸香，墊在碟底，還須加上少許時菜。

這樣做法的一雞三味比前兩個做法較佳，自然做起來也比前為麻煩。

如採用第三種做法，則扶翅用來做湯較好。

古老鹽焗雞

據說鹽焗雞是最佳的補品，因此在秋冬季候吃雞食製，很多人愛吃鹽焗雞。究竟鹽焗雞是否最佳補品？留待需要多吃補品的人們去研究好了。這裏我只提供鹽焗雞的做法。

說起做法，又有多種，有古老做法，有瓦罉做法，更有客家做法和「化學」做法。現在先談古老的做法。所謂古老做法是我的假定，也許還有人採用這種做法也未可知。不過這方法現在已不大流行，因稱之為古老的做法。

距今十多年前，最流行的古老鹽焗雞做法是將雞劏清，以布抹乾雞身，用白沙紙將雞裹好備用。製作時將生鹽放在鑊裏，用鑊將生鹽炒香，然後把用沙紙包裹的雞放在炒香的鹽裏，焗之至熟。將雞取出，去沙紙切件上碟，這便是古老做法的鹽焗雞。

《食經》內有關鹽焗雞的廣告。

為甚麼近來很少採用這方法而筆者謂之古老呢？這是有由來的。據說過去吃這種鹽焗雞的人有時吃後會牙痛，不明其中道理，說是太補而至牙痛。原來用鐵鑊將生鹽炒香，鹽和鐵鑊的熱度很高，鹽被熱力蒸至若干熱度後就會爆出化學上一種叫作氯氣的東西，雞肉吸收了這種氯氣，人們吃了雞肉就會牙痛，因此用這種方法做鹽焗雞的就逐漸少了，原因就是吃後會牙痛。

客家鹽焗雞

上面說過做鹽焗雞的古老方法，現在說的是客家鹽焗雞，也就是「東江鹽焗雞」。

客家鹽焗雞的特別處是夠肥和五香味很厚，愛吃濃味和高興飲兩杯酒的人，頗為稱賞。要說這種做法的鹽焗雞味道甚佳固可，但「鹽焗雞」三字應改為「五香鹽油雞」才算名實相符。或問：為甚麼？為何名之曰「鹽焗雞」就不對呢？如要明白其中底細，請看下面「東江鹽焗雞」的做法：

將嫩雞洗淨，抹乾，把雞放在燉盅裏，加蓋，用沙紙封固盅口，放在蒸鑊裏蒸熟。開盅蓋，取出熱氣騰騰的熟雞，立即放在有五香鹽的凍豬油盆裏浸數分鐘，待滾過的雞吸收五香鹽味和豬油才取出切開，擺回一隻雞的形狀，以碟盛之，這就是一般「客家鹽焗雞」的做法。試問：如照上述的製作過程言，算不算名實相符的鹽焗雞？

鹽是鹹的，豬油盆裏的鹽為甚麼又叫作五香鹽？原來五香鹽是將鹽炒香後才加進五香粉末，再兜一過，放在豬油盆裏；因鹽裏有五香味，故稱為五香鹽。五香作料是花椒、八角、大茴、小茴、沙薑，研成的粉末。

瓦罉鹽焗雞

除了「東江鹽焗雞」外，還有「化學鹽焗雞」，是食店的「客貨」。做得皮色肥潤焦黃，有時會獲得不大懂吃的顧客稱賞，究其實只是「蘸鹽水焗雞」，故我稱之為「化學鹽焗雞」。做法：將白雞蒸熟，放在足味的鹽水裏一浸，待雞肉蘸夠鹹味後取出，雞皮搽上豬油，以鐵碟盛之，放在焗爐裏焗至雞皮焦黃取出，以手撕成塊即成，不明其中底細者還以為焗得夠火候。

然而，我要吃的鹽焗雞，都不用上面三種做法，而用下列方法炮製：

上雞一隻，去毛，由背開邊取出腸臟，內外洗淨，以布抹乾，搽上生薑葱白搗爛的汁和玫瑰露酒，吊在當空處吹爽（約一小時）備用。用舊瓦罉一個，先放進一吋半生鹽，才將雞張開放在瓦罉裏鹽面上，再鋪上約一吋的生鹽，加罉蓋後，將濕透水的玉扣紙兩張，鋪在罉蓋上，然後把瓦罉放置爐眼上，以猛火焗之，待瓦罉蓋上的玉扣紙乾後，則罉裏的雞也就夠火候了，這就是瓦罉鹽焗雞。

至要注意：（一）瓦罉裏的雞，雞皮要向上（靠罉蓋的一面），弄錯了，雞肉就會鹹至不能入口。（二）焗好後須將瓦罉移離竈口，再焗五分鐘方可開蓋。

江南百花雞

轉眼又屆月圓節，慶祝佳節，除了美酒還要佳餚，特在這裏提供幾樣做節享用的菜。一，「江南百花雞」；二，「合浦珠還」；三，「荔

蓉鴨」；四，「包羅萬象」；五，「花好月圓」。

先談「江南百花雞」。在香港吃到的江南百花雞，實在完全沒有江南風味，只可稱之為百花雞。百花雞是蝦膠釀雞，原來江南各地所產白蝦肉甚爽，是鹹水蝦和珠江各地的淡水蝦所不及者，因名之為「江南百花雞」。做法是用嫩雞劏開去骨，把打好的蝦膠釀在雞肉上，以蒸鑊裏蒸熟，切之加上「白饍」即成。

蝦膠的做法是將蝦去殼，蝦肉壓成茸，用打魚丸的方法打成蝦膠，再釀在雞肉裏。從前廣州文園酒家做的蝦膠還加上雞胸肉茸，所以蝦膠裏有雞味。目前酒家所做的蝦膠就是蝦膠，若非與雞肉同時吃，只吃到蝦味而沒有雞味。正當做法蝦膠要加雞茸，然而廚師們為了簡便，大多數在製作蝦膠時沒有加進雞茸。

這道菜最重要的是要用鮮蝦，活蝦更佳，因為蝦味至鮮，但鮮的東西容易變味，不夠新鮮的蝦做起來就連雞肉也會不好吃。

合浦珠還

「合浦珠還」喻失了的東西而復得，食製中為甚麼會有這樣的名稱，留待喜歡考據者去研究，這裏不加以詳述。

「合浦珠還」的作料是鮮蝦。香港喜歡吃蝦的，大多數的做法是：活蝦清蒸，在魚市場買的則作煎蝦碌或吉列。中秋節的一席菜如要吃蝦，不妨一試這菜名典雅而又好吃的「合浦珠還」。

除蝦外，其他配料是合桃和肥豬肉。

選用夠鮮的中蝦，活的更佳，全隻去殼，以刀開成薄片，包裹合桃仁一粒，和合桃仁一樣大小的肥豬肉一粒，捲成球形，蘸勻雞蛋白，再蘸生粉，以紅鑊炸至黃色，以碟盛之，加上少許芫荽，吃時再蘸喼汁、五香鹽。這是別開生面的蝦製作，蝦夠鮮香，咬到合桃和肥肉時更別饒風味，是一道「撚家」菜。合桃仁須要去衣炸過才夠香脆。

包羅萬象

菜名叫作「包羅萬象」，也許會有人覺得新奇！它是過去有些「撚手」廚師想出來討食客高興的菜。至於誰是發明這個菜名的祖先，就無從稽考了。

「包羅萬象」究竟包羅了甚麼？下面會告訴你。

作料是鮑魚、響螺和雞腳。菜名雖很空洞和抽象，卻是名貴和「一賣開二」的菜。

菜名雖頗為名貴，製作卻很簡單：六兩窩麻鮑魚（廉宜些用吉品也可）、十對雞腳、半斤瘦豬肉、四斤響螺（連殼算，只要頭，嫩的部分留待後用）一同放在湯煲裏，加進少許陳皮，將鮑魚煲至夠火，湯以大碗盛之，鮑魚和雞腳等則以碟盛，這是包羅萬象「一賣開二」菜之一。

四斤響螺的嫩肉，切片用來做油泡螺片。

油泡法是將油燒滾後，把鑊連油移離竈口，待滾油再沒有滾泡時，方把螺片放入油裏浸至僅熟，以碟盛之，吃時蘸蠔油及蝦醬，這是「一賣開二」菜之二。

鮑魚螺片都好吃而滋陰，湯也夠鮮。

荔蓉鴨

現在是吃芋的季節，芋有多種，也有大小，最佳的當然是廣西荔浦出產的荔浦芋，香而鬆，為他種芋頭所不及。往時港梧水運暢通，要吃正宗荔浦芋不難，而今似乎不很容易了。

荔蓉鴨的主要配料是芋頭，如果找不到真正的荔浦芋，檳榔芋也可，但一定要選夠鬆的，白芋就不大好了，因為不夠香。

做法：（一）肥鴨一隻，在鴨尾處割開小孔，取出內臟後洗淨起骨，用薑汁、酒和抽油將鴨醃透後，放在燉鑊裏燉至夠腍。

（二）把已做好的荔蓉填滿在燉好的鴨肚，用線緊紮鴨尾，將雞蛋白搽勻全隻鴨身，蘸上麵包糠，放在油鑊裏炸至夠身即成。上碟之前切件，吃時蘸淮鹽，這是味濃而香的食製。

（三）荔蓉的做法是先將芋頭煲至夠腍，去皮，將芋壓成芋茸，加上幼冬菇粒、叉燒粒拌勻，放進鴨肚裏。

吃膩了掛爐鴨、燉鴨和八珍鴨，中秋節晚上要吃鴨，「荔茸鴨」可稱得佳品。

花好月圓

偶憶東坡居士的：「人有悲歡離合，月有陰晴圓缺！此事古難全；但願人長久，千里共嬋娟！」感喟無已！花好月圓之夕，舉杯邀月之際，緬懷此宋代文豪的豪情，尤增老饕情趣。

廣州淪陷前的某年，因事做客廣州，時值中秋節，友好以我旅邸寂寥，特假荔枝灣的紫洞艇上，設筵召飲，共慶佳節。這一夜開懷暢飲，幾至於醉。所吃饌餚，其中有一樣「花好月圓」，至今仍未忘懷，爰就記憶所及，奉獻「花好月圓」的做法，聊作向讀者們致賀節之禮。

「花好月圓」是一個着重欣賞顏色的菜式，製作也着重技巧，原料是雞、蝦肉、肥豬肉。配料是鮮蓮葉、紅白蓮花、麵包糠、嫩西洋菜葉、白糖、玫瑰露酒、火腿茸。

做法是肥肉切片，圈成一個像茶杯大的圓形，約十件（以每人一件為度）。以白糖玫瑰露酒醃之數小時後，用水洗去肉面的糖，留待後用。雞起肉做茸，雞皮則圈成如肥肉一樣大的圓形，蝦則去殼壓成茸，加上雞茸打成蝦膠，釀在雞皮上面，再蓋上已醃過的肥肉塊，塗上雞蛋白，蘸上麵包糠，放在油鑊裏炸至焦黃色。這件東西是象徵月亮，上碟時先以滾水拖過的鮮蓮葉墊底，才放上炸好的蝦膠釀雞，每件下托紅蓮花瓣，上蓋白蓮花瓣，瓣上插嫩西洋菜葉一小株，最後再放進少許火腿茸，這就是豪華七彩的「花好月圓」，是舊日荔灣名廚阿財的特製。

肥豬肉用酒糖醃過，就會甘、爽，化而不膩。

鼎湖上素

葷菜吃得多，偶然吃個素菜也未嘗不可。就是請客的筵席，其中有一兩個素菜，被請的客人也不會說主人有「寒酸氣」。反之，做得好的素菜，有時比葷菜更刺激食慾。

素菜中最受人歡迎的是「鼎湖上素」，這因為「鼎湖上素」是素菜中的「大雜會」，顏色十分奪目，如果製作得好，調味夠水準，未必遜於葷菜。時下酒家樓的菜牌，都有「鼎湖上素」的菜名，但是做得好，而又真的名實相符的素菜，恐怕千中無一。

通常所見的「鼎湖上素」的內容是芽菜、青豆、鮮菇、榆耳、銀杏（即白果），用肉類熬的上湯滾熟加「饍」，就算作鼎湖上素。這樣做法的素菜，試問怎有素味？一碗素菜最少要索二十或三十元，雖然太平山下芸芸眾生，有不少「老襯」要吃這樣的素菜，但我卻不願花錢在這了。

真正有素味而值得二三十元一碟的「鼎湖上素」，作料和做法應該這樣：用黃耳（即有桂花味的黃木耳）、雪耳、竹笙、乾草菇、北菇（不能用日本菇，因日本菇不夠香味）、筍尖（冬天用冬筍）、時菜薳（青豆粉質多，不能用）。

做法是用大豆芽菜，草菇熬湯，還須加進生紅棗和鮮風栗。一海碗上素的湯，作料要用大豆芽斤半，草菇一兩，鮮栗六七粒，生紅棗四五個，用以上作料熬成的濃湯來燴透竹笙、黃耳、雪耳等原料，方加「白饍」，這就是頂品的「鼎湖上素」。

素中如果要吃到有葷味的，則作料還須加進口外磨菇。

雞茸雪蛤

上海人稱為「哈士蛤」的，廣東人叫作「蝦士孖」，實在同是一樣東西，海味店都有出售。

「蝦士孖」是屬於蛤類，產於東北，嚴寒季候在雪裏捕得，又稱之為雪蛤。蛤肚裏有一粒膠，在雪地裏沒有可吃的東西時，就靠這一粒膠來延續生命，一般人認為有滋陰養顏之功。吃雪蛤只吃這一粒膠，其他都不要。

乾蛤身長約四五吋，製作時用水浸至發大，然後割開蛤肚，取出裏面的一粒膠。再以水浸之，發漲至有兩隻手指那麼大，長約二吋，以薑汁紹酒撈過，又經「出水」，最後才將蛤膠切粒，以上湯滾之，名曰「清湯雪蛤」。做一海碗大概要用二十隻「蝦士孖」，也有加上雞茸做「雞茸雪蛤」的。很多酒家的雞茸做得很馬虎，真的雞茸做法，請看下面：

用嫩雞的胸肉，以生豬肉皮一塊墊在砧板上，以刀背將雞胸剁成泥狀。放在碗裏，加上雞蛋白，用筷子打之，雞肉裏的筋絲就會纏着筷子，棄掉筋絲。打至沒有筋絲，即為幼嫩的雞茸。待上湯和「蝦士孖」煮滾後，連鑊移離火竈，才把雞茸慢慢地傾在碗裏，同時用筷子打勻即成。吃時放火腿茸，加上少許芫荽俾增加美感。

本地田雞

讀者止廠先生來函云：「……（一）欖仁如何製法？加入何種肉類為宜？（二）椒鹽核桃肉或甜的核桃肉怎樣炒得好？肉上苦衣以何法剝去？（三）潮州人製之豆腐花極嫩，是否完全是黃豆，有無攙入其他粉類，吾人能仿作否？（四）弄了幾次田雞，總不好吃，不是肉老，就是味腥，如何做得好？乞示至禱。」

答：（一）炒蛋、炒蝦仁、雞丁、肉丁都可加入欖仁。

（二）以滾水浸過即可剝去核桃衣，然後曬乾或焙乾。椒鹽核桃是用鹽水煮熟，弄乾再以油炸，未嘗見過做椒鹽核桃是炸後才放椒鹽在核桃上面的。據說吃鹹的核桃對腎部有殊益。甜的核桃是炸後才加進麥芽糖。

（三）磨得幼是先決條件，凝結成為豆腐的石膏裏可能有已開水的馬蹄粉。

（四）如果不是炒得過老，就是買不到本地田雞。所謂本地田雞指東江和珠江三角洲的，如吃到汕頭、梧州或廣東南路的，就很難會炒得嫩滑了。去腥的方法是先用薑汁酒醃過。

大豆芽炒豬肉鬆

最近先後接到不少讀者的信，要求多寫點家常菜式。我十分誠意接受讀者們這意見。就我自己來說，經常所吃的，百分之九十九是廉宜易做的家常菜，今後將盡可能多寫一些家常菜式的做法給讀者們作參考。

現在要說的是平凡不過的「大豆芽炒豬肉鬆」。這是「伙頭」的學徒也會做的菜。不過，雖是十分平凡的菜，做得不好，不但滿碟子豆芽湯，更劣的吃起來滿口豆青味，好像吃生黃豆。

「大豆芽炒豬肉鬆」要炒得不見豆芽湯和沒有青豆味，請看下列方法：

作料是大豆芽、半肥瘦豬肉、香芹或葱。先將瘦豬肉剁成肉糜，肥豬肉切成小粒加進少許豉油豆粉拌勻備用。大豆芽菜的尾不要，梗則切成分半長，頭則另剁糜。用白鑊先把芽菜頭烘乾，然後起紅油鑊炒香豆芽頭，才加進豆芽梗，同時灑上少許薑汁酒，把芽菜的梗炒至七分熟，以碟盛起，再起紅鑊爆香少許蒜頭，才傾進豬肉糜炒至僅熟，再加進豆芽頭和梗，最後加少許「饋」兜勻上碟，並加上香芹菜。如沒有香芹，炒豬肉時加葱花亦可。照上面的做法，炒起來的大豆芽就不會有湯和豆青味了。

煎琵琶蛋

煎蛋角是普通的家常菜，煎琵琶蛋也是易做的家常菜，不過做法和所用的作料同普通的煎蛋角大有出入。

普通煎蛋角，很多人的做法是：將雞蛋破開，以碗盛之，加進葱花、叉燒冬菇等拌勻，放在鑊裏煎之，以鑊鏟摺之成半圓角形，便是煎蛋角。

這裏所說的「煎琵琶蛋」和上面的煎蛋角不同，且比「煎蛋角」好吃得多。

用鯇魚肉或土鯪魚肉，剁之成為肉糜，加進剁好的半肥瘦豬肉糜，拌勻後加進冬菇粒、筍粒或馬蹄少許，又攪一過備用。

將雞蛋破開後，加適量油、鹽，將雞蛋打至成大泡，才加進已做好的肉糜，攪勻煎之即成。

所謂琵琶蛋就是以做好的蛋和肉糜放進鑊裏煎，並將之弄成如琵琶形的模樣，煎好了一面再煎另一面。

所用肉和魚的比例，以魚肉佔六成，豬肉佔四成。至於雞蛋多少，則以夠攪勻肉糜為度。吃時可蘸五香鹽、淮鹽或豉油和辣椒醬均可。

煲豬肉湯

「煲豬肉湯」誰都吃過，又幾乎誰都會做的。

香港舊式商店凡初二、十六「做禡」，飯菜錢都特別增加，「伙頭將軍」在這一頓菜上起碼必有「有味湯」，近二十年來商店也很多在星期日的早飯或晚飯特別增加「有味湯」。除了「大字號」外，普通商號所煲的「有味湯」大多數是「煲豬肉湯」。

豬肉湯的湯味固清鮮（用一斤豬肉煲十斤湯的當然不會有甚鮮味），煲湯的豬肉蘸靚豉油或蠔油吃，也是甘香可口的佐膳菜。

不過豬肉湯不能吃得太多，更有人飲了豬肉湯會感到胃裏不舒服，有人說豬肉湯太寒，也有人謂豬肉湯太膩，究竟是甚麼原因？留待懂得醫學的去研究。據一個愛吃豬肉湯的老饕告訴我，煲豬肉湯加三分一的豬粉腸同煲，吃後就不會感到胃不舒服。不會煲豬肉湯的會煲出半碗豬油來。現在將我所知煲豬肉湯不會出油的方法寫在下面，好此道者不妨按法一試。

「不見天」豬肉一斤、粉腸六兩、淮山、肇實、蓮子、百合、（總值約五毛至八毛）紅棗五個、陳皮一片同煲約兩小時半就夠火候。要煲得不出油，方法是水滾才落豬肉，要用明火，一俟煲夠火候即將豬肉取出，這就不會煲出很多肥油。如果用乍明乍暗的火候煲豬肉，煲夠火候的豬肉又不即時取出，就無法避免湯面浮起很多肥油了。

粉腸只可洗去黃潺，如果連粉刷去，就失去用粉腸同煲的作用了。

鹹魚汁炆豬肉

鄭志淑小姐來信說：她最喜歡吃浸油漕白鹹魚佐膳，但是每次買了漕白鹹魚回來浸油時，把鹹魚頭和鹹魚肚切去，每條鹹魚實在只吃三分之二，鹹魚頭煲豆腐湯還有用處，鹹魚肚薄又鹹而且骨多，不知如何吃法，棄掉它又覺得可惜。敢問：（一）鹹魚頭除用作煲豆腐外，還有無其他吃法？（二）鹹魚肚既不想棄掉，又用甚麼法子炮製，才能成為佐膳的菜？

依照鄭小姐所說的，確是愛吃油浸鹹魚的一個頗費思量的問題，用來浸油的鹹魚平均僅三分二，魚頭可用作煲豆腐，魚肚（特別是澧白，肉薄而骨多，大多數是把魚肚切去不要）。就不知有甚麼用處，棄之既可惜，留之又無用。我從前也曾因這個問題而煞費思量，後來妙想天開，嘗試下列方法，結果甚覺滿意。

那是將切出的澧白鹹魚肚用水浸過兩小時，把魚肚的重鹹味漂去後，又復曬之至乾，用油炸之，吃起來的味道真有意想不到的好處，經炸過的魚骨，吃來也極甘脆。

鹹魚頭除煲豆腐湯外，也有用來蒸豬肉的，但澧白魚的頭沒甚麼肉，偶一不慎吃進了魚骨，就會引起麻煩和危險，尤其是小孩，最易誤吃魚骨。為了避免吃魚骨的麻煩，先將鹹魚頭用水煲成濃汁，以濾器濾過，然後以鹹魚汁炆豬肉。豬肉裏有極濃的鹹魚味，愛吃鹹魚的都會高興吃鹹魚汁炆豬肉的，但一定要多放些薑。鄭小姐既是此道同志，敢請按法一試。

煲牛腩湯

日昨所說「煲豬肉湯」固為大部分人愛吃，而「煲牛白腩」也是普遍受歡迎的有味湯。其中道理我以為是：一來因為過去牛腩比豬肉平（現在生牛來源少，牛肉價貴，牛白腩當然也不會平。要吃有味湯，相信豬肉湯的比牛腩湯便宜的多），二來牛白腩湯比豬肉湯香濃。

以前談過「煲豬肉湯」，「牛白腩湯」既是普遍被歡迎的食製，似乎也有一談的必要。

牛腩分為坑腩和白腩（即筋腩），吃牛腩如以湯為主以肉為輔的，則用坑腩為佳；以吃肉為主其次才是湯的，就吃白腩了。因為坑腩瘦肉多，煲起來湯味夠鮮濃，肉則粗；白腩的瘦肉較少，同是一斤肉煲湯，煲起來的湯味就不及坑腩好，但滑則非坑腩所可及了。

《食經》曾談過「將軍牛腩」，是炆的食製而非湯的做法，實則炆和湯的做法都差不多，經過「出水」，又用生薑紅鑊爆過，所不同的是炆用少量的水，煲則用多水，時間也較炆為久。這樣說來，聽起來煲和炆的做法只是水多和水少，除了炆的要用醬料外，其他毫無分別。但事實上又不盡如此。

懂得煲牛腩的，煲二三小時就夠火候，不曉得其中奧妙的就要煲四五小時才算夠火。據我所知道的方法是：煲一斤牛腩加上「蟬褪」四個，就可加速牛腩的腍度，煲的時候中間還要停火二三次，仿如韓戰的「打、談、打、談、打」，這樣牛腩就更易腍了。

煲過湯的牛腩，通常蘸辣椒醬和豉油吃，也有將牛腩湯用醬料將牛腩再炆的。

豉汁龍蝦

讀者黎問明君來函問焗龍蝦的製法，茲奉答如下：

焗龍蝦甚易，焗得好與不好則視乎火候控制熟練與否而定。焗起的龍蝦要夠香，蝦肉夠嫩，方為合格。做法是：

（一）生龍蝦一隻，用銅絲或削尖的竹，從龍蝦尾的尿道插入，蝦尿由尿道排出，將殼面污物洗去，開殼，斬成若干件備用。

（二）蒜茸爆香，傾下龍蝦兜勻，炒的時候一定要多油。加入豉汁、辣椒、紫蘇、少許糖和鹽，兜勻蓋上鑊蓋，焗至僅熟即成。也有人將龍蝦焗至八成熟，加甜酸「饍」，我則以為豉汁龍蝦較甜酸的好吃。

八珍鴨

普通的筵席，常有「八珍鴨」的一道菜，讀者陳耀華先生來函問「八珍鴨」的做法，這裏不妨一談，並藉以答覆陳先生。

「八珍鴨」的作料，除了鴨以外，還有蝦、腎、冬菇、海參、魚肚、肥燒腩、時菜（尚欠其一），八珍所用的作料也有和上面所述的有出入的，但配足八樣就是。

做法是先將鴨劏淨，用薑汁酒搽過鴨身，待吸收薑酒味後，又搽上老抽，放在油鑊裏「泡老油」，之後放在燉盅裏，加上酒少許，和足夠「打饋」用的水燉至鴨身夠脸備用。

在未吃前，將八珍先後炒熟，用鴨汁「打饋」，上碟時鴨放於當中，以八珍伴鴨。

八珍鴨的八珍製作很麻煩瑣屑，家庭間做這個菜似不大適宜，就我個人的口味言，在鴨類食製中並非味高的菜。

有些酒家的「八珍鴨」售價甚廉，鴨肉吃來沒甚鮮味，其中道理不是鴨肉本身沒有鮮味，而是鴨身的鮮味被抽去了一部分或大部分做了上湯的原料。但大的酒家未必如此。出錢不多而吃到一隻全鴨，在量來說是對的，在質而言，就不是上算的事。我很少見到懂得吃的人，在酒家吃菜而要八珍鴨的。

雞絲魚滑

魚滑和魚生不同，魚生是完全生吃，魚滑則配有熟的作料，做法也有多種。廣州十八甫的新遠來酒家就以擅製魚滑馳名。

在若干種魚滑食製中，我認為最好吃的是「雞絲魚滑」。現在就我所知的「雞絲魚滑」做法寫在下面，讓好吃半生食製底讀者一試。

（一）活鯇魚一尾，最好在二斤以上，三斤以下；超過三斤就嫌不夠爽而帶粗實。將魚劏開，割出脊肉，黏附魚肉上的血勿用生水洗滌，而以乾布抹淨，否則魚肉容易發霉。用薄刀切魚肉片備用。

（二）將酸薑、茶瓜、蕎頭、葱白、青紅辣椒、芫荽、檸檬葉切絲，備用。

（三）用乾沙河粉或生麵，以油炸脆，備用（有人用薄脆，但微嫌脆中帶硬，不為食家所喜）。

（四）雞肉切絲，並預備筍絲、韭黃。

（五）先將已切好之魚片用熟油、古月粉、蔴油及炒香之芝蔴把魚片撈過。

（六）備錫兜一隻，錫兜底盛上大滾的水。

（七）用紅鑊把雞絲、筍絲炒至七分熟，才加入韭黃，最後加鹽、糖、浙醋混合的饍（在落饍前要先試過味道）。兜勻，在鏟起雞絲前，先將魚片放進錫盤裏，再把炒好的雞絲蓋在魚片上（其時魚被上下的熱氣蒸壓，已經熟了三四成）。約兩分鐘後加入酸薑絲、茶瓜絲、辣椒絲等，用筷子撈勻，加上已炸脆的乾沙河粉即成。

何謂「甜酸饍」？

讀者黃慕蘇先生曾函問：「泡嫩油」、「出水」、「澄麵」、「打饍」的詳義。頃又接到讀者藍丹先生來函，亦提出如上述一類的問題。

茲將黃、藍兩先生的疑問簡單答覆：（一）「泡嫩油」是酒家廚師們的術語，炒雞球、炒魚球等都經過「泡嫩油」才炒的。做法是將油煮滾，用炸籬盛着雞或魚肉，放在滾油裏搪幾下即取出，僅使雞或魚肉熟二三成。(二)「出水」是在製作前將原料用水滾過，做魚翅、牛腩等都要經過這一番手續，酒樓術語謂之「出水」。(三)「澄麵」是已沒有膠質的麵粉，是「根麵」(即做麵包用的麵粉) 取去了做素菜用的所謂「麵筋」後剩下的渣滓，澄清後去水曬乾的就是「澄麵」。炸生蠔要用「澄麵」就因為「澄麵」已沒有了膠質的阻隔，滾油容易滲進裏面，使物體能直接遭遇到滾油的煎迫。(四)「饍」的主要原料是豉油、豆粉或馬蹄粉，也有些食製在「打饍」時配味的，這要看哪一種食製而定。(五) 做「紅燒包翅」和「紅燒鮑脯」的「饍」是要濃和多的，故謂之「推饍」，也是酒樓術語。炒牛肉、炒蝦仁所用的饍是少到幾乎在碟上看不見的，是普通「饍」。「白饍」是用豆粉並加少許沒有色素的調味品，如生抽等，炒魚球等就是用「白饍」。「甜酸獒」是豆粉外還加進糖、醋、鹽，外江菜的「糖醋排骨」，所吃到的甜酸味就是「甜酸饍」。

「鄧麵」的由來

徐文新先生頃來函提出下列問題：

粵點所用麵粉有澄麵，根麵 (或係筋麵) 的不同，如做蝦餃，必用澄麵，做薩騎馬必用根麵。請問澄麵根麵與普通麵粉，性質有何不同？能否不用市售，自己將普通麵粉製成澄麵根麵？如何製法，請詳加答覆……。

答：麵粉中有根麵和白麵。根麵是有發酵力的，做麵包用根麵，做餅而要酥皮則用白麵，另有非根非白，亦根亦白的麵粉，稱之為根白麵，是不太好的麵粉。

澄麵是根麵做的。廣東的食店通稱澄麵為「鄧麵」。澄麵是從根麵中抽去了麵筋，也即是說，抽去了麵筋的麵粉謂之澄麵。炸生蠔就蘸澄麵，因為已去筋的麵粉不易阻擋滾油滲入生蠔裏，如蘸根麵炸生蠔，炸了很多時候仍覺生蠔還有潺和腥味，就是麵筋作祟，阻延了熱力滲入的緣故。

「鄧麵」的來由據傳是廣州一個姓鄧的人發明的，因名之「鄧麵」。廣州河南的「義和」專做「鄧麵」，友人曾告我「鄧麵」的故事，但現在已經忘記了。

「鄧麵」的製造過程是用根麵開水搓勻後，又再加水搓之，再將麵搓至有筋與無筋分離，沒有筋的麵粉就混在水裏，等待沉澱後，去水將之曬乾，就成「鄧麵」。

做素菜用的「麵粉」就是用來做「鄧麵」的根麵。

又點心滷味等，留待日後再談。

龍王鳳肝卷

有酒癖的人不管菜好不好，有沒有菜，每一頓飯一定要飲兩杯，才會吃得高興。

但是很多菜宜於下酒，卻不宜佐膳；宜佐膳的又未必可作下酒物。為方便可酒可飯的朋友起見，想起一個兩者都合商的菜，使「一圍枱」中飲酒吃飯都各得其所。「龍王鳳肝卷」做法如何，一看下面便知。

賣蛇的人，美蛇名為龍，如龍虎會就是蛇和貓的食製。蝦也稱為龍，雞則稱為鳳，「龍王鳳肝卷」的主要材料當然是蝦和雞肝。這個菜的作料，除蝦和雞肝外，其他作料也很重要，如豬網油、冬菇、冬筍、韭黃、豬肉，缺一不可，不然做起來就不夠理想。

細蝦去殼，雞肝切絲（用豬肝也可，但吃起來不及雞肝嫩滑）。冬菇切絲，韭黃切成約一吋長，豬肉用肥肉，以玫瑰露酒和白糖將肥肉醃過四五小時才切絲。各項作料都弄妥後，將豬網油切成可作捲春卷的大小，然後把各項作料混合以網油捲之如春卷形，蘸上澄麵，炸之即成。吃時蘸淮鹽、喼汁。

俗諺所謂：「可以送得酒，可以送得飯。」「龍王鳳肝卷」就是其中之一。

炒鮮鮑片

李茂春先生頃來信談食製問題，並列出幾項要我解答，今就所知分列寫在下面：

（一）蒸滑雞如何才能在蒸好時不見汁，夠滑而味道鮮美？

答：蒸滑雞如不想多汁，蒸前要用少許生粉撈過，再加油蒸之，就不會很多汁。這是某大廚師告訴我的秘法，因為生粉吸收水分，又增加雞肉的滑度。

（二）「缸饍」、「白饍」如何製作？

答：本欄已一再談過，恕不贅。

（三）炒鮮鮑片如何製法？

答：炒前要經過「泡嫩油」。

（四）油泡帶子如何製作？

答：把帶子放在滾油裏泡熟就是。

（五）炆生蠔要怎樣才炆得好？

答：炆前要用薑汁酒將生蠔醃過。

蒸鮮鹹魚

日來已見黃花魚上市了。黃花魚身黃色，背略灰黑，肚白色。新鮮有青黃光輝，肚鱗有銀色光澤，顎帶橙紅，背鰭透明而黃，背鰭及臀鰭棘都很細。頭大口大，齒微弱，普通體長一呎至一呎半，大的幾有二呎。由現在至明年二月都是黃花漁期，味則很平凡，肉滑而嫩。十一月至十二月間產量多的時候，價至廉，家常菜吃黃花魚是合乎經濟原則的。

除了做魚丸外，黃花魚宜於炆與煎，下面是幾種常見的做法：

（一）將魚弄淨後，煎至夠香，加薑汁酒，豉油糖打饋即成。

（二）將魚弄淨煎香，加蘿蔔炆。

（三）如果一定要吃蒸的，這樣做法為最佳：先將鮮黃花魚煎透後，再用黃花鹹魚，加薑葱蒸，另有一番濃鮮味道。整條或開為兩段的黃花魚，要煎得香和完整不爛，洗淨後以筲箕盛起，魚兩面加少許鹽醃，待魚水流出才下鑊。

劏生雞

吃葷的人而不吃雞的，真是萬中無一。

筵席中鮑、參、翅、肚以外，雞也算是上菜。一般家庭逢年過節，遇有喜事或宴客，一席菜中幾乎一定有雞的食製。雞在餚饌中佔有很高的地位，由此可見。

說到吃雞，人們都曉得最好吃是兩斤左右的嫩雞，但是兩斤左右的嫩雞，也不一定符合夠嫩夠滑的理想。雞種如何，飼養的方法怎樣，都是雞會不會嫩滑的主要因素。

據有經驗的食家說，兩斤左右的雞項，不及兩斤左右的生雞鮮嫩，但大多數人不吃生雞，其中有甚麼忌諱，非我所知。生雞劏後的肉色甚紅，很多人看見這種肉色就不敢下箸。我以為既吃雞項，何以又不吃生雞？如果認為怕看見生雞的紅肉，因此不吃，而別無其他原因，那就簡單不過，只將紅色的生雞肉變成如雞項的白色的肉，大家就分不出雞項或生雞了。但是方法又是怎樣呢？

那是：要劏一隻生雞之前，張開雞口，灌下燒酒一杯，約十分鐘後，生雞已有醉意，方殺之，放在桌上，以鑊蓋冚之，待雞血完全流出後，方去毛劏肚。這就是生雞的紅肉變成雞項的白肉之方法。

但是，你如果不依照上述方法而把劏後的雞放在地上，則雞肉仍是紅色的。

玫瑰油雞

提起劏生雞，同時又聯想到「玫瑰油雞」。

香港還未禁娼以前，石塘咀不是今天的模樣，而像廣西境內的「特察里」和廣州往時的陳塘，夜夜笙歌，飛觴醉月。其時塘西酒家林立，中有一家以「玫瑰油雞」為最膾炙人口。禁娼後不久，該酒家因營業不景，亦告倒閉，聞名港九的「玫瑰油雞」也和「塘西風月」一樣，成為歷史陳跡。

「玫瑰油雞」是用玫瑰花和豉油泡製的雞，吃來味甚鮮美而又有很濃的玫瑰香味。做法是摘取玫瑰花花瓣，以糖醃之，又以豉油生抽做成一種滷水，加上少許玫瑰露，再加進用糖醃過的玫瑰花，煮滾之後，將劏淨的嫩雞放在有玫瑰花的滷水裏，慢火浸至僅熟就是「玫瑰油雞」。

本來玫瑰油雞做法實在和豉油雞差不多，但是做得好與不好，第一要看玫瑰滷水的調味如何，第二看浸雞的火候是否恰可。

玫瑰花開的季節，有興趣的，何妨一試？惟是要做得好，我想一次是不會成功的。

花生煲鯇魚尾

家常菜中要好吃、有營養而又合乎經濟原則，「花生煲鯇魚尾」是有資格入選的菜了。「花生煲鯇魚尾」的製作簡單不過，花生連衣和煎過的魚尾同煲至夠火候即成。但花生煲不腍不好吃，煲腍則要多用柴火，權衡起來，總覺得未盡合乎經濟，因此也有些人不大喜歡弄這個菜。

對食製火候有研究的人說：煲腍花生比煲牛腩用的柴火更多，不過，要煲腍花生又省柴火，也未嘗沒有辦法。

一般人是先將花生浸過洗淨，然後以水煲。省柴火的做法是將花生用清水浸十五分鐘後，洗淨去水，用生油及鹽少許將花生醃二十分鐘，備用。

用瓦罉落油少許，爆香生薑兩片，加水煮滾，才落花生，加上紅棗四個、陳皮小片，加蓋煲之，則不用太多柴火花生也會腍了。

魚尾煎至微黃，待花生將腍前才放魚尾，煲二三十分鐘左右，讓花生吸收魚尾的鮮味，上碟，加上靚豉油即成。

家製叉燒

很多小孩子上茶樓愛吃叉燒包，在家裏吃飯同樣喜歡吃叉燒佐膳。

為甚麼小孩子對叉燒有特別興趣呢？也許因為吃叉燒時不必提防骨頭，而叉燒又為豬肉食製中有最濃的糖味。除孩子外，成年人喜吃叉燒的也不在少數。

時下的好叉燒每斤要八元以上，普通家庭每餐吃菜預算三五元，經常到燒臘店買叉燒來做菜，不會很豐盛的，而且叉燒要剛燒好時才好吃，也不一定買到剛出爐的叉燒。

經常要吃「出爐叉燒」而又不必付出很高的代價，最好在自己的廚房裏燒叉燒。你莫以為沒有燒叉燒的設備就不能做叉燒，這實在是似是而非的說法。我提供一簡便的方法，包你經常吃到甘香味美的出爐叉燒。

做叉燒的豬肉一定要有肥有瘦的才好，淨瘦肉做起的叉燒不及半肥瘦的甘香。所以做叉燒最好用肥少瘦多的脢頭。

做法是先將脢頭在大滾的水裏拖至半熟，然後用生抽、老抽、葱汁（搗爛葱頭取其汁）、玫瑰露酒數滴和麥芽糖拌勻來醃半熟的脢頭肉，約一小時後放在油鍋裏炸熟即成。

要將脢頭肉拖至半熟，目的是炸時叉燒不致卸油。如果拖到全熟，炸起來叉燒就不會很嫩滑。若用火燒，那就不必用滾水拖過。

水鴨燉龍腸

寫了清湯蝦扇，又想起了清湯龍腸。

所謂龍腸，並不是龍底腸，而是一種大魚的腸。據食家說，龍腸有滋陰養顏之功。這種大魚是產於美洲，是甚麼魚我未詳細根究，惟其魚腸長有七八味，海味店有售。這是清末民初廣州流行的上菜。往時吃這種菜的多是富紳巨賈，吃法除了清湯龍腸外，還有「水鴨燉龍腸」、「乳鴿燉龍腸」、「龍腸燉雞」、「雞茸龍腸」等等。

現在先說龍腸本身的炮製：龍腸切件，以鹽炒至鬆身，再以清水浸，待發大後，以筲箕盛起，用薑汁酒醃過，又用水稍滾，即酒樓術語之「出水」，作用在辟去魚腸的腥味。做清湯龍腸就以上湯滾之，其他做法就是燉雞、水鴨、白鴿等，悉任尊意。

「雞茸龍腸」製法較為麻煩，在「雞茸雪蛤」裏已說過雞茸的做法，恕不贅述。

龍腸如要吃來軟滑，在浸水之前不必用鹽爆過。據說未爆過的龍腸有滋陰之益，爆過的則有補腎之效。

瓦鑊煲飯

有興致到廚房去的人，大多數是：第一學會煲滾水，第二學會煮飯。

煲滾水沒有甚麼技巧，飯煮得好壞就大有研究。煮飯而煮得燶、生、爛的，根本未夠條件，固不必說，煮得好的也不過是軟硬合度，但不能刺激吃飯者的胃口。飯煮得好不好，第一是米好不好；不好的米當然不會煮得好飯。第二是煮的用具，第三才是方法。

我認為住在廣東，吃廣東米最佳的是增城絲苗和南海鹽步的齊眉，煮飯的用具最好是瓦罉。至於怎樣才是煮得好的方法？請看下面的故事自會明白。

從前廣州的八珍酒家是以飯煮得好馳名遠近，而煮飯的「候鑊」比燒菜師傅薪水多，每天只是飯就賣三四擔米。當時到八珍酒家，目的在吃飯者比吃菜的多。

為了好奇，我有一天特地跑到八珍的廚房去，看見煮飯的瓦罉凡二十多個，專為煮飯用的爐眼也有十二個，用來煮飯的米已洗了三四籮。那時煮飯師傅正周而復始地煮了一罉而又一罉，每一罉飯落米加水之後，還加上一羹豬油和少許鹽，至此我才恍然大悟，「八珍」所煮的飯特別好吃，就在飯裏有豬油和鹽。

後來我自己研究所得，要煲得像八珍酒家一樣好吃的方法是：將米一斤洗好，以竹籮盛之（不能用水浸）約三刻鐘，方將米放進瓦罉裏。加進豬油一湯羹，鹽一茶羹十分之一。

太爺雞的故事

太爺雞是廣東有名的食製之一，但太爺雞的發明人並非「廣東佬」而是原籍江蘇武進的「外江佬」。

吃過太爺雞的人，不可勝計，但是太爺雞的故事，說起來真是長過一疋布。久居廣州的人都曉得這個故事，久住香港的香港人，和住在香港的「外江佬」，雖或吃過不少「太爺雞」，但知道它有趣的故事的，恐怕不會很多。

廣州之有太爺雞，始於遜清末葉，始創人是周恩長，嘗中舉入學，閭里皆以太爺稱之。到了晚年，經濟環境不佳，不願返原籍，因試製燻雞應世，藉維升斗，初不料燻雞之味道竟為廣州人所喜，久而久之，有供不應求之勢，乃在城北之百靈路開設周生記，並製作其他燒滷味食製售賣，生意甚佳。廣州人以周生記之燻雞係周太爺創製，招牌上雖寫着燻雞，卻嫌燻字太僻了一點，而燻字講廣州話說得快點很像「瘟雞」，是不大雅聽的，於是買燻雞的都叫「太爺雞」，積久而成習慣，燻雞之名反而不彰。

到了民初後，廣州電燈局總辦蘇德泰是有名的食家，偶爾吃過周生記的太爺雞，認為是食製的佳品，便題寫了「太爺雞」三字的橫額送給周生記，至是，周恩長創製的燻雞就正式名為「太爺雞」。

抗戰時期，廣州淪陷，周生記歇業，周恩長已去世，他的兒子周照軒也不再繼續幹這行業，至是「太爺雞」在廣州也成為歷史的陳跡。及至光復後，廣州長堤六國飯店嘗用「太爺雞」的招牌作號召，為周照軒反對，但周照軒並未將「太爺雞」三字先行註冊，六國飯店也不肯除下「太爺雞」的招牌，終至鬧了一場官局，結果六國飯店便將「太爺雞」三字改為「太爺子雞」，才完結了這一場官司。

灣仔軒尼詩道的頤園酒家開張後，許老闆以「太爺雞」為廣州的有名食製，為廣招徠計，特邀周照軒復出，為頤園特製「太爺雞」應客，香港雖有不少地方有太爺雞出售，但正宗「太爺雞」當推頤園酒家。

周照軒年已六十餘，他對太爺雞的做法，除了他的兒子外，始終未向外面泄漏。

據調查所得：燻「太爺雞」是用甘蔗的渣滓和茶葉，調味是香料粉和糖鹽等，至於用料多少，又怎樣燻法？那就要問周照軒了。

「太爺雞」的好處，在甘、香、鮮、嫩而外，雞骨也有味。據聞周生記還有一個滷水盆，所滷製的東西，更特別好味，但不曉得周照軒還有沒有保存這個滷水盆了。

碧玉珊瑚

大多數人們吃炒芥蘭的做法是：以油爆香薑花或薑片，將芥蘭傾入鑊裏兜勻後，灑水少許，冚鑊蓋焗三分鐘左右，開鑊蓋，再兜一過，加糖與酒少許，兜勻上碟。這是「炒油菜」的方法，如果是芥蘭炒牛肉，還要加「饍」。

炒其他的蔬菜，很少用酒，加糖的更少見，為甚麼炒芥蘭加酒外還要加糖呢？

據我所知，芥蘭比其他菜蔬多澀味，用薑或薑汁和酒灑進炒鑊，作用是使芥蘭增加鑊氣，用糖在於辟去芥蘭的澀味。

至於我如果要吃炒芥蘭，就用這個法子：先煲滾水，加進兩三滴鹼水在滾水裏，才將芥蘭放在滾水裏拖至七成熟，然後用紅鑊炒之，待芥蘭僅熟之前，加上薑汁酒而不用糖。這樣做法，芥蘭夠香，夠脆嫩而又沒有澀味，因為芥蘭的澀味已被有鹼性的滾水辟去。

講究吃芥蘭的，一棵芥蘭僅吃花以下的兩至三節，其他不吃；平均一斤芥蘭，只吃四兩左右。

芥蘭不獨是佐膳佳品，而且是請客的上菜。素的做法是「炒油菜」、蠔油芥蘭，葷的做法是炒雞球、炒魚球、炒牛肉、蟹扒芥蘭，或碧玉珊瑚。

以我的口味而言，葷的最好是「碧玉珊瑚」，其次是炒牛肉，素的以炒油菜為佳。

「碧玉珊瑚」就是蟹黃芥蘭，做得好的，我是不肯減少下箸次數的。

鑊底田芥蘭

據對農藝有經驗者言，秋冬季候的菜蔬，一定經過霜露浸潤方能肥美，尤其是芥蘭，要秋風後才能繁榮茁壯。現在是農曆九月，應該是有好芥蘭吃的時候了。提起芥蘭，就會想到新會的荷塘芥蘭。荷塘產的芥蘭是芥蘭中的佳品，而荷塘容姓的鑊底田所產的尤為上品。鑊底田佔地約三四畝，芥蘭每年產量有限，在香港要吃荷塘芥蘭還不算太難，要吃鑊底田產的，就不大容易了。

真正的鑊底田芥蘭，每株約一英尺高，墮地會折斷；梗粗如大拇指頭，莖身好像塗了一層白粉。鑊底田以外的荷塘芥蘭就稍粗大一些，但墮地不易折斷，吃來嫩脆也不及鑊底田的好。不過，在香港能吃到真正的荷塘芥蘭，就算很有口福了。

愛吃芥蘭的，很高興吃雲吞麵檔用麵水拖熟的，認為比任何做法好吃。或問：為甚麼麵檔的芥蘭會好吃？道理實在簡單得很，原來雲吞麵檔的麵是用鹼水做的，煮麵的水因煮過很多麵，水裏也混有少量鹼性，用有鹼性的水拖熟的芥蘭，不獨能保持菜的碧綠色，且可使芥蘭加脆。

焗禾花雀

西菜館賣的禾花雀要八九元一打，在酒家吃禾花雀每打也要二十元，愛吃禾花雀的，吃一兩打不算太多，如果同桌的都喜歡吃禾花雀，而又想吃得「夠癮」就要花不少錢了。

在禾花雀的季候，已去毛的和肥腴的在魚菜市場的價格每打最貴不過五六元，未去毛的約二三元，因此我認為吃禾花雀要吃得「夠癮」，還是到魚菜市場買禾花雀在家裏弄較為合算得多了。

也許有人以為西菜館和酒家的禾花雀燒得好，價錢雖貴，也要吃酒家和西菜館的。事實上也未必盡然，我曾吃過不少酒家的燒焗禾花雀，都未見得怎樣好吃。

我愛吃禾花雀，當有禾花雀賣的季節，必有兩三次，買三二百隻自己動手製作，吃個痛快。

禾花雀最好的吃法，我認下述方法較佳：

選購比較新鮮而肥的禾花雀，去毛，開肚洗淨，以薑汁、酒、糖、生油將禾花雀醃過，加上葱花、芫荽，又以豬網油將禾花雀裹成一個小包，放在鑊裏焗之，至豬網油變焦衣便成。這種做法我認為比蒸的和滷的要好吃得多。

蜆芥蒸鯪魚

昨日過中環街市，看見鯪魚甚肥美，食指大動，因購一尾歸而蒸，吃後至今天猶有餘味。

鯪魚就是土鯪魚，是淡水魚類，由現在開始，一直到明春，仍是適宜於吃土鯪魚的時候。

土鯪魚的吃法甚多，煎、釀、燻、醃、魚丸、蒸，不勝枚舉。也有起肉做煎魚餅，而將魚頭和魚肚以頂豉蒸，更有愛吃土鯪魚腸的。因為不破肚的土鯪魚腸吃來有甘味。

昨日所做的土鯪魚是蒸一法，姑錄之供老饕們參考。

做法是將土鯪魚去鱗，劏淨（愛吃腸的則留腸去膽），用生葱四五條，去葱尾，放在蒸魚的碟裏，才將弄淨的土鯪魚放在葱面，不加鹽油，然後蒸至熟，傾去蒸出的腥水，將蜆芥鋪勻在魚上面，最後將煎滾的油約三湯羹，淋進蜆芥上面，吃來另有一番風味，這個做法的名稱叫作蜆芥蒸鯪魚。

要蒸得好吃，第一當然是肥而活的鯪魚，第二是淋蜆芥的油一定要大滾的，如果用不夠滾的油，就不會覺得蜆芥鯪魚的好處。因為蒸的鯪魚是未加鹹味的，而蜆芥雖有鹹味而是凍的，用滾油淋蜆芥的作用是辟去蜆芥的酒味和利用滾油熱力迫使蜆芥的味滲入魚肉裏面，如果用不滾的油，則蜆芥的酒味仍留存，味道也不易滲進魚肉裏面了。

革新羅宋湯

羅宋湯是俄國菜館很普通的湯。十餘年前上海最多俄國小菜館，一客俄國菜不過四角錢，羅宋湯的份量不少，胃口不大的，吃完一盆已覺半飽。

羅宋湯的俄國名當然不是羅宋湯，但提起羅宋湯，很多人都知道是椰菜、紅蘿蔔、番茄、馬鈴薯、香芹菜煲牛肉。

這個湯的好處在鮮而有番茄的酸味，小孩子尤其愛吃。但煲老的牛肉就不可口了。

現在所說的「革新羅宋湯」當然和上述的羅宋湯不同，不然，就不必加上「革新」二字。

革新的羅宋湯除番茄、馬鈴薯、紅羅蔔外，椰菜則改用去葉的白菜或天津紹菜（因為椰菜所含鈣質太多，為南方人所不宜多吃）。牛肉則改用牛腩。做法是先將牛腩稍「出水」，用生薑爆過後加入番茄等作料以水煲至八九成火候，再將牛腩取出，以少許蒜茸原豉起鑊，將牛腩爆過，然後加入一小碗原湯炆夠火候即成。

所謂革新就是將羅宋湯做成「一賣開二」，湯以大碗盛之，牛腩以碟盛之作佐膳菜。

燉金銀鴨

紹菜要見過北風後才好吃，臘鴨也要吃過幾口北風才夠香味。立冬後吃紹菜和臘鴨，可以說合時令了。

紹菜有本地的，也有來自天津的，但本地的不及天津的好吃。臘鴨也是各地皆有，最好的首推南安，而南安臘鴨又一定是經過大庾嶺後才好吃。

紹菜臘鴨都是當時得令的食品，用來做燉金銀鴨，可以說是「吃出菩薩」來的菜。

作料：臘鴨、劏淨生鴨、紹菜，至於用料多少，悉聽尊便；五六人吃，用半邊光鴨、半邊臘鴨、斤半紹菜就夠了。

做法簡單不過，先將光鴨、臘鴨洗淨，切件，紹菜切為兩截，以燉器盛之，菜在底，光鴨（先泡過嫩油）、臘鴨在面，不必加上其他配料，燉之約二小時，取出加味即成。

這個燉金銀鴨的鴨肉固可吃，紹菜更好吃；我寧吃紹菜而不吃鴨肉，因為紹萊本身已夠好吃，再滲透了生鴨鮮味和臘鴨香味，混合起來是甚麼味？所以我說，這個菜真是會「吃出神仙」來。

炒鯧魚球

古老的香港人有這樣一句話：「第一鯧，第二䱽，第三馬家郎。」究竟鯧魚是否香港海鮮「為首」，我認為有詳加研究的必要，但鯧魚是香港海鮮中的上等魚類，當無疑議。

鯧魚在香港週年都有，有白鯧、黑鯧、黃臘鯧等，而以白鯧為最爽滑，大澳所產之銀鯧更為頂品。

鯧魚大多數是清蒸，其次是煎，西菜的做法以「煙」及「吉列」最普遍。我則喜以蒜頭豆豉作配料，比清蒸的味道更鮮濃。蒸煎以外，炒魚球也是一個好的吃法，但要用夠爽滑的白鯧或大澳銀鯧為佳。

炒的方法：是先將鯧魚起肉切成方球形，用雞蛋白醃過，「泡嫩油」後方炒，味加在少許的「饍」裏。如在炒之前加鹽，魚肉會爽而不滑。

鯧魚骨也甚脆軟，用油炸甘鬆可口，愛吃鯧魚而又吃膩了蒸的做法，炒鯧魚球值得一試。

豬婆參燉鴨

便秘是很平常的病，不少人因腸胃不佳和飲食不正常而常患便秘，治療的最簡單方法是吃瀉油、瀉鹽之類，但藉藥物幫助大便暢通不是上策，對吃有研究的「食家」想出了食療之方，方法很多，現在所談的是其中之一：豬婆參燉鴨。

豬婆參是海參中之最佳者，產自墨西哥。據說海參滋陰，鴨也有滋陰的好處，豬婆參燉鴨有滑大腸的作用而不會傷害大腸云云。惟此法我未試過，友人則說「使得」，姑錄之以供研究。

做法是先將豬婆參以乾淨的清水浸之，發大到頂點，「出水」，繼塗以薑汁酒，用油爆過，有上湯的以上湯煨過更佳，然後放在已燉至七成火候的鴨裏，同燉至夠火候即成。

如果想鴨身燉至有香味，則未燉前先把劏淨的鴨塗以薑汁酒和「泡嫩油」。

順德的一魚三味

一魚三味的製法各地都有，鄭州、開封、潼關等地的鯉魚三味，更像廣州香港的一雞三味同樣普遍。現在所說的是順德人的一魚三味，製法更適宜於現時的季節。

一魚三味用鯇魚一尾，劏開洗淨，起脊肉，又把魚肚部分割出，剩下來的魚頭、脊骨、魚尾毋須斬開。

第一個做法是魚頭、魚尾、脊骨做湯，配料是豆腐、菠菜。製作時用頂豉起鑊，稍煎魚頭、魚骨，然後加水滾之。這個湯的好處是夠鮮味，墜火而又富營養。

第二個做法是將魚脊肉切片，用熟油撈過，放在碗裏，加上白菊花瓣、芫荽，再以恰滾之水泡之而食，這是菊花魚片羹。是當前最合時令的食製。

第三個是蒜頭豆豉蒸魚腩，用作佐膳的菜。

順德是廣東首富之區，魚蠶遍地，順德人對於吃的研究，不下於首府的廣州。順德人會將一尾魚做出一百三十六種製法，上述的鯇魚三味，做法雖很簡單，卻很講究衛生和合時令，順德人之精於食，由此可見。

炒馬鞍鱔

戰時廣東省會在曲江的時候，凡到過曲江的，誰都知道曲江最熱鬧的市中心區是風度路，凡在曲江住久了的，大概也知道風度路有一家叫作「羣樂」的酒家。羣樂酒家所賣的各種菜式中最為食客所稱道的是「炒馬鞍鱔」。

擅於「炒馬鞍鱔」的廚師叫作「哨牙興」，「哨牙興」是廣州名廚，嘗任東莞籍某軍事大員的司廚多年，迨廣州撤退，省會遷設曲江後，「哨牙興」就在風度路的羣樂酒家主持廚政。當時住在曲江而又好吃的，幾無不吃過「哨牙興」製作的「炒馬鞍鱔」，亦無不譽為食製中的傑作。如今事隔多年，風度路還有無舊時的風度？「哨牙興」又在何處製作他妙手的炒馬鞍鱔？已不為人們所繫念了。

炒馬鞍鱔是用黃鱔肉，炒起來像馬鞍形，因名之曰「馬鞍鱔」。炒起來能否像馬鞍，完全在炒的技巧。炒得過生不會成為馬鞍，過熟又不像馬鞍，難就在炒得僅熟而能保持馬鞍形。

據嘗與「哨牙興」共事的朋友告訴我：弄「哨牙興」這個菜的秘密，在炒的時候用兩隻鑊，一隻鑊將鱔炒至如馬鞍形即以碟盛之，另一隻鑊用來作「打饋」用。因為當鑊不紅，鱔肉不會炒成馬鞍形，如果炒成馬鞍形的鱔肉，再在同一鑊裏「打饋」，則鱔肉會過老，而不再作馬鞍狀，所以分鑊「打饋」，將「饋」淋在已盛在碟上的鱔肉上面，待「饋」慢慢滲進裏面，及至吃完了鱔，又不再見「饋」。其巧妙在此。

炒黃麖絲

據說果狸和五蛇外，黃麖同是冬季最佳的補品。

黃麖除了來自內陸外，本港新界也有黃麖，對於打獵有興趣的，這個時候也是目的物之一。

黃麖的肉嫩而滑，除燴、燉而外，炒也是好吃的製法，炒得好的黃麖絲比炒牛肉更好吃。

炒黃麖絲的作料是冬筍、菜薳、雞絲、檸檬葉、米粉。

做法是先將黃麖肉切成薄片，再將薄片切絲，冬筍、雞肉、檸檬葉分別切絲，米粉折成每條約二吋長。

先將米粉炸透，再將黃麖絲雞絲以蛋白醃過，「泡嫩油」，然後兜熟冬筍、菜薳。再起紅鑊，落黃麖絲，雞絲兜過後，加上冬筍，菜薳，又兜勻加饍即成。吃時另以小碟盛檸檬葉絲和炸透米粉。

黃麖有臊味，故吃時要加檸檬葉絲。

蝦筆煮粉絲

「蝦米煮細粉」是四邑人的家常菜，前已談過。現在所談的「蝦筆煮粉絲」也是四邑人的家常菜。不過前者是台山、開平等城區普遍的家常菜，後者是台山靠近海邊的家常菜。因為靠近海邊，容易獲得鮮蝦，所以用鮮蝦煮粉絲。至於鮮蝦煮粉絲為甚麼又叫作「蝦筆煮粉絲」，我非台山人，對此也不甚明白。只是吃過這個菜，認為比蝦米煮細粉好吃得多，特在這裏向讀者提供。「蝦筆煮粉絲」的作料是鮮蝦、粉絲、紫蘇。

做法是：

（一）先將粉絲切成約二吋長，以清水浸之備用。

（二）用水將鮮蝦煮熟，去殼，以少許古月粉將蝦肉醃過。煮過蝦的水留待後用。

（三）用蒜頭起紅鑊，先將蝦仁炒過，再加進已洗淨切絲的紫蘇和粉絲，最後才將煮過蝦的水傾進鑊裏，煮至粉絲發透即成。

「蝦筆煮粉絲」比「蝦米煮細粉」鮮香，好吃的原因是有連殼的鮮蝦湯和紫蘇。

假鵪鶉鬆

前談過順德的一魚三味，現再談順德的一鴨三味。假鵪鶉鬆是三味中之一。其餘兩味是芙翅湯和炒鴨片。芙翅湯和炒鴨片的方法以前說過，這裏不再贅述，但就時令來說，芙翅湯的配料宜用紹菜和草菇，炒鴨則宜用冬筍。值得一談的，還是假鵪鶉鬆。

一隻鴨除取出芙翅作湯和起肉作炒外，還有鴨頭、頸和已去肉的鴨殼。頭和頸可熬湯，因為單用一副芙翅的湯一定不夠鮮味，加草菇也使湯增加鮮味。

剩下來的鴨殼用來做假鵪鶉鬆，並加上冬菇、瘦肉、冬筍、馬蹄作配料。先將瘦肉、冬菇、冬筍和馬蹄剁成碎粒，用鑊先將肉茸炒熟，再加進冬菇粒、馬蹄粒、冬筍粒炒至夠火候，才加進鴨殼做的鵪鶉鬆下鑊，兜勻即成。

鴨殼做成鵪鶉鬆的經過是這樣的：以油鑊將鴨殼炸之至透，以刀背將已炸透的鴨殼剁成像茸的小粒。

作料的比例是：一份鴨殼、一份肉粒、一份冬菇馬蹄等。

這個鵪鶉鬆炒起來除了看不見鵪鶉頭以外，吃到口裏真是難分真假。

炸透的鴨殼，鬆脆而軟。如以雞殼作鴨殼，被雞骨刺傷了咽喉，乃屬自誤。

蒸臘腸

讀者陳露茜小姐來信說：

> 我相信讀者之中一定有很多人想知道蒸臘腸的秘訣。因為同是一種臘腸，酒家賣的甘、香、爽、脆，自己蒸的老是乾和韌。
>
> 有人說：「在煮飯時和水一齊落飯煲，就會脆。」但我試過也不見效，總不及酒家的好吃。希望你能給我一個滿意的答覆。

陳小姐：蒸臘腸一定要買好的臘腸，不然怎樣蒸也不見得好吃。如果買到韌腸衣的臘腸，也是沒有辦法蒸得好的。不過大字號的燒臘店，是不肯賣韌腸衣的臘腸的。

臘腸和米一齊落鑊不是辦法，因臘腸不能用得太多的火候，同米一齊落鑊蒸起來一定很韌。也有人在煲飯收火時才將臘腸放在飯面上焗熟，但是大煲的飯會將臘腸蒸得過老，小煲飯有時又會未夠熟，這都不是辦法。要蒸得好吃，最好是用蒸籠隔水炊熟。酒家蒸的臘腸大多數是用炊的方法的。

咖喱

咖喱的種類繁多，單就南洋來說，有吉靈咖喱、緬甸咖喱、印尼咖喱、馬來亞咖喱、船主咖喱、油咖喱等，在星洲小坡的吉靈店吃咖喱就有幾種了，研究起來真是可寫一本十萬言的大書。

讀者陳淑靈小姐頃來函問：「咖喱是甚麼做的？為甚麼市上購的咖喱粉總比不上馬來食品商店的好吃，如灣仔的『茗園』，『南島』的咖喱就無法仿效了。希賜告一二。」

有關咖喱的問題我所知有限，未能作詳細的奉告，不過市面所售的咖喱粉大多數做得不好，那是無可為諱的事實，原因是要賣得價廉，用料當然不會好了。

至於咖喱粉是用甚麼做的，依我所知道是用：黃薑粉、芫荽米、辣椒乾研末來做，也有加進其他香料的。

我也愛吃咖喱，試將我自己的咖喱做法供諸同好。假如有人問：「這是甚麼類咖喱？」我也不能奉告，只可稱之為「特級校對咖喱」可矣。

做法是：火蒜頭四個、乾葱頭二兩半、紅辣椒（份量多少看吃得辣的程度而定）同用刀剁爛，磨之成幼末，以油鑊爆至夠香後，加大海碗水一碗，又加進少許香茅草（要以線紮之）、洋葱頭六兩，煲三小時。取肉類一斤（豬、牛、雞、鴨均可），待煲至一小時後加進去。如要顏色美觀，則加入一湯羹正式的印度油咖喱。馬鈴薯則在咖喱煲至將夠火候之前才加進去，到夠火候時，最後加椰汁（早落則椰汁會過老）。如嫌椰汁過貴，加花奶也可，以碗盛起之前，加鹽調味。不過，要好吃，一定要加椰汁。

做咖喱的雞或鴨，不必用嫩的，因為嫩雞、鴨的肉經過久的火候會糜爛。

野雞卷

「野雞卷」是有名的鳳城食製，製作得好的「野雞卷」吃來甘香鬆化。或有人以為「野雞卷」是用山雞做，故名為「野雞卷」，實在不但沒有山雞肉，連雞肉也根本沒有。至於為甚麼會叫作「野雞卷」，我也不大清楚，因未暇考查，惟「野雞卷」在廣東，誰都曉得是鳳城有名食製之一。

「野雞卷」的作料是肥豬肉和火腿。

做法是用豬鬃頭的肥肉，弄淨切成薄片，瘦火腿也切成薄片，將肥肉和火腿各一件做成卷形，放在蒸籠裏蒸至夠脸，再用雞蛋白塗勻肉卷的外面，然後蘸「鄧麵」，放在油鑊裏炸至夠身，每片切成約二分厚，跟金錢雞的大小差不多，就成為「野雞卷」。蘸上蛋白之後，也有不用「鄧麵」而用麵包糠的，炸吃來更覺香口。

讀者林源有君來函問「威化野雞卷」的做法，特答之如上。所謂威化，是將炸透之蝦片伴「野雞卷」。

豉汁鯧魚

島上有某飯店常常以食製的名稱作廣告，刊登報上作招徠，在宣傳術上說來，是很有道理的。

敢以食製的名稱作標榜，則所標榜的食製一定是「招牌菜」之類，製作得很精美，色、味、香都臻上乘的。

「豉汁鯧魚」是它的招牌菜之一，且說是「名手」主理，因此特約老饕多人前去一試。結果頗使我們失望，所謂名手也者，真不知「名」在甚麼地方。

這位名手的「豉汁鯧魚」的做法是：將切件的鯧魚兩面稍煎後，用搗爛的蒜頭、豆豉、豆粉加上一個「饍」，如此而已，但魚肉並沒有豉味。我不敢批評這些不是「豉汁鯧魚」，因為既有豉汁也有鯧魚。不過，依我的做法，和所謂「名手」的做法有點不同。茲寫在下面，供大家參考：

用鯧魚一斤（原條的則在魚身上劃刀痕多條），洗淨，以筲箕盛之，待魚身稍乾後起油鑊，加入蒜頭二粒，爆香，至是把魚放在鑊裏，兩面煎至稍焦，又將原油鮮豆豉搗爛取其汁，着少許進鑊裏，如是三四次，至魚煎至夠色即成，不必加饍。

薑葱炆鯉魚

鯉魚有海鯉、河鯉和塘鯉之分，不但是可口的魚鮮，而且有很多「鯉魚躍龍門」、「臥冰求鯉」等民間故事，現在只談鯉魚食製做法之一種：「薑葱炆鯉魚」。

鯉魚的營養素至多，而以秋冬時期為好吃。要吃鯉魚則以鯉魚公為佳，價錢也比母鯉魚稍貴。

「薑葱炆鯉魚」我認為最好的做法是：

（一）鯉魚公一尾，劏開洗淨，不去鱗。

（二）用青蒜、葱白、生薑，起紅鑊用多油爆至夠香，然後加水煮至滾（水量以夠炆好鯉魚為合度），才將已弄淨之一尾鯉魚放進鑊裏炆至夠火候，又將青蒜、葱白放在鑊裏燈十餘分鐘即成，上碟後再加芫荽和葱花。

（三）炆兩斤重的鯉魚要用生薑二兩、青蒜四兩、葱白一兩、生油六兩。

（四）炆鯉魚要多油才好吃，連鱗同炆則更夠香味。

紅炆大鱔

紅炆大鱔現在是最合時令的食製。鱔魚有多種，如烏耳鱔（即大鱔）、鱔王、風鱔等。最好吃當然是鱔王，惟不易得，酒家的所謂紅炆鱔王，恐怕一千次沒有一次是真正的鱔王，風鱔和烏耳鱔則多有。

通常紅炆大鱔的製作是：爆香火蒜，加火腩、冬菇，將劏開弄淨的鱔炆至夠腍便是，但這只是普通「伙頭將軍」的做法。如果想做得更好，請試試下述方法：

（一）鱔劏淨後，以鹽醃過，揉掉鱔身的潺膠，然後用水將原條鱔煲熟，切成每件約二吋長，用筷子將鱔骨剔出，去骨的地方加入肥豬肉一條，每件又用豬網油裹好，放在油鑊裏炸過備用。

（二）去衣火蒜頭炸香，起紅鑊，爆香薑、陳皮、火蒜頭，為增香氣，將少許紹酒灑進鑊裏，加入火腩、紅棗、冬菇和適量的水，煮滾後將炸過的鱔放進，炆至夠火候，再加生油、鹽、糖，「打饋」，以碟盛之即成。

五蛇龍鳳會

甚麼叫作三蛇龍鳳會？五蛇龍虎會？

所謂三蛇是：飯鏟頭（又名烏肉蛇）、金腳帶、過樹榕。「三蛇龍鳳會」就是用三蛇燴雞。「五蛇龍虎會」除飯鏟頭、金腳帶、過樹榕外，還加上三索線和水律，「會」果狸就是。

普通售賣的三蛇羹或五蛇羹，都是用三蛇或五蛇熬湯後拆肉絲，和作料會製，但吃來必不夠嫩滑。精於吃蛇的做法是先將金腳帶、過樹榕、飯鏟頭、三索線劏後熬汁，再將熬好的四蛇汁燉水律，至熟，將之拆肉絲，然後和其他作料燴製。用來熬湯的四種蛇肉是不吃的。

凡做蛇食製的，第一項手續一定檢驗要劏吃的蛇是否有毒，方法是先將蛇經過「出水」，同時加進十餘粒白豆，「出水」後如果白豆不變其他顏色，就證明蛇無毒，如有其他顏色，則蛇不能吃了。

第二步工作是用竹蔗、薑、陳皮將出過水的蛇肉煲五六小時，蛇汁方夠鮮夠香，然後再以蛇汁燉竹絲雞、鮑魚，最後加進水律燉至僅熟。

第三步工作是將水律拆絲，加上鮑魚絲、黑竹絲雞絲、花膠絲、冬筍絲、木耳絲備用。

第四項工作是起紅鑊，爆香薑絲和陳皮絲後，加進少許紹酒增加鑊氣，方將蛇絲及各種作料落鑊，用少許馬蹄粉「打饋」即成。吃時再加檸檬絲、芫荽、菊花。

上面所述是「龍鳳會」的做法。「龍虎會」則不用竹絲雞而用果狸。

食經・上卷
第三集

序

白門秋生[1]

中國菜近年在世界各地很時髦，不僅許多外國人喜歡嘗試中國菜，甚至還出版了許多指導中國菜烹調方法的專書。其實所介紹的全是李鴻章雜碎、揚州炒飯之類，不值我們一顧。就是本港近年也出版了好幾種研究中國菜餚的書，可惜有的是「女青年會」的氣味太濃，說來說去總是叫主婦如何蒸雞蛋糕或是炸豬排；有的又「伙頭」氣味太濃，單純機械得像是中醫開的藥方。我覺得這都是寫得不好的烹飪教科書，根本引不起老饕們的注意或是食指大動。

在這方面，特級校對先生所寫的《食經》可說是最合理想的「烹飪讀物」了。因為他一方面是紙上談兵，另一方面卻又言之有物。不會做菜的人讀了他的文章固然仍舊不會做菜，可是會做

1 即中國現代作家葉靈鳳。葉靈鳳是南京人，「白門」是南京的別稱。

菜的人讀了他的文章毫無疑問一定會做得更好，至少不會做得更壞。因為他從不教你「豬肉半斤切碎、油四兩、葱二錢、生薑一片」的刻板方法，而是從選擇材料，研究火候，比較各時各地的口味差異，再加上廚師的秘訣，老饕的經驗談，綜合地和盤托給你，由你自己去領會參悟。這好比一部玄妙的天書，凡夫俗子讀了仍是一竅不通，有根底的讀了卻由此可以悟得大道了，這才是真正的《食經》。

再有，特級校對先生的文字寫得南腔北調，輕鬆有趣，充滿了食壇的小掌故和逸話。際此秋高氣爽之時，老饕們若是偶然動了蓴鱸之思，而又值阮囊羞澀，則大可以捧了《食經》閉門「臥嚼」，不必去屠門前垂涎三丈了。

是為序。

一九五二年十月六日

雞煲翅與生豬皮

食是人生四大要素之一，是一種藝術、一種享受、一種人類生命的延續不能或缺的東西，因此人人都懂得吃。有些人懂得怎樣吃，又怎樣吃得精；更有些人會吃會做，而且做得好。

在這人人不能一日或缺，又人人都懂得食的題目下寫《食經》，比在貢院門前賣文章更斗膽，故自《食經》發刊以來，無時不戰戰兢兢，生怕所知有限，難滿讀者要求，尚幸間有「一得」，為同好所不棄，私衷竊慰！

頃偶翻舊報，看見有一則也是談食的文章，是教人製作「雞煲翅」的，做法和一般的無大出入，惟教人加入生豬皮做作料，上碗時才取出豬皮，卻並沒說明為甚麼要加生豬皮。

做雞煲翅要用生豬皮，是賣家的「客貨」，用以欺騙顧客，家常的製作就不必加豬皮了。

煲久了的豬皮有黏性，雞煲翅要用豬皮的作用在翅和湯裏微起膠質，那麼，即使魚翅煲得未夠火候，也可以欺騙吃的人。因為將魚翅煲到起微黏性，就是煲得夠火的明證，究其質是豬皮熬出的豬皮膠而已，要不是用來做「客貨」，萬不可加豬皮。

雞子哥渣

讀者陳玄先生來函問滿漢全筵之評介，昨已在本欄答覆外，函中並提及：

甲，耳類作料之介紹。

乙，雞子哥渣製法。

茲將所知分答如下：甲，耳類中有雲耳、木耳、榆耳、黃耳、桂花耳、銀耳（即雪耳）等。榆耳和黃耳，用做素菜的作料最多，雲耳則做炒的作料，木耳多切絲，如會蛇、果狸等用之，間亦有做點心餡者，上等的素菜則多用桂花耳。銀耳有滋補之益，多用作燉肉類，甜吃的也很普遍。

乙，雞子哥渣是將雞子蒸燉後揉爛，加上豬油拌勻，蘸乾生粉炸之，間亦有加入雞肝者。這就是雞子哥渣。一般食店售賣的「雞子哥渣」，十九是沒有雞子的，而是用上湯煮鷹粟粉，凍後凝結成糕，切成欖核形蘸乾生粉炸之，與八珍豆腐無多大出入。如要吃真正的「雞子哥渣」，除專廚和家製外，在酒樓菜館所吃到的，很少有雞子，因為做成了茸後，就不容易分辨得出有無雞子了。

炒生魚卷

林源有先生的來信還問及除「威化野雞卷」外，「天津菜扒鴨」和「炒生魚卷」怎樣做法。

「天津菜扒鴨」的做法和八珍鴨差不多，不過「八珍鴨」的配料用海參、鮑魚等八珍，「天津菜扒鴨」則用天津紹菜炆。就個人的口味來說，「紹菜扒鴨」比「八珍鴨」好吃。

生魚卷的作料是生魚片、嫩芥蘭心、瘦火腿。

「炒生魚卷」做法是將生魚連皮切片，捲上芥蘭心一條、瘦火腿一條，捲時要蘸少許蛋白，放在油鑊裏「泡嫩油」後，以紅鑊炒之，加「白饋」就是。

炒得好的生魚卷很爽滑，炒得不好的就帶韌性。所以劏生魚連皮起肉後，先用白鑊將魚皮炙至七分熟，然後切片。生魚皮需要較多火候，事先不把魚皮炙至半熟，炒時過少火候，魚皮就韌，過多的火候魚肉就不爽不滑，這是不能缺少的一番工序。

炒牛奶

讀者鄺文函問：(一) 炒牛奶是怎樣炒的？(二) 紮蹄用豬蹄一隻，裏面一片肥，一片瘦的，怎樣放入去呢？(三) 素雞素鴨的作料如何？

答：炒牛奶是大良菜，炒得好又甘又香，但在香港吃炒牛奶就很難吃到好的。因為香港的牛奶多是科學的，而鄉下的牛奶是自然的，故香港牛奶不及鄉下牛奶的凝結。不夠凝結的牛奶而要炒成差不多像豆腐一樣凝結是不易的。所以香港的炒牛奶不及鄉下的好吃。

但是香港的炒牛奶又怎樣炒法呢？照我所曉得的是：先將白醋少許，加在鮮牛奶裏拌勻，等牛奶的水分分開，將水傾去，然後加進蛋白，豬油和牛奶一起打勻，紅鑊炒之即成。

紮蹄的做法是將豬腳起骨蒸熟後才將一片肥一片瘦的豬肉放入蒸熟，然後放進滷水盆裏再浸，但放進去之前的肥、瘦豬肉要用糖、豉油、玫瑰露酒和陳皮梅醃過。

函中並說：酒家的滷水怎樣製法呢？我在曲江見過一家食物館在暑天時放一雙梧州蛤蚧下去，據說是防止暑天變味，可能是真的嗎？

答：滷水的作料前已談過，放蛤蚧下去是確有其事。

又素雞素鴨的作料是腐皮，多數用味粉調味，以豉油和蠔油做顏色。

江太史蛇羹

每年一屆秋涼九月，就常見到酒家刊登售賣三蛇或五蛇羹的廣告，廣告上的句語又是常用「秋風起矣，三蛇肥矣，食指動矣！」

秋後蛇肥固是事實。在九月裏吃蛇羹，尤其是在香港，可以說還未到時令。一因吃蛇羹要邊吃邊要火焙才夠風味，才可減少蛇的臊味。二因農曆九月的香港，有時還吹大南風。在南風天「打邊爐」（即北方人吃火鍋）的也少見，吃要用火焙的蛇羹，似乎還未合時令。

在廣州吃蛇也以農曆十月為合時，在香港，恐怕要等到可穿毛衣的時候。

說起吃蛇，不期而然的就聯想到江太史，江太史的蛇羹確也遐邇聞名。售蛇羹的酒家也以江太史的製法作號召。

至於江太史所製的蛇羹，為甚麼這樣出名？因為江太史是嶺南有名的食家，而他的廚師做蛇羹確也做得與別不同。即就「刀章」而言，這位廚師將各項作料切幼絲，幼的程度像一根頭髮，已為很多有名的廚師所不及了。

或問：江太史的蛇羹的好處又好在那裏？照我所知：（一）江太史用三蛇或五蛇做的蛇羹只吃一種蛇肉，其幼、嫩、滑非其他製作可比。（二）湯清而不膩。（三）各種作料切得極幼，孰為蛇絲？孰為雞絲或水鴨絲？吃的人不易分得出。就是做配料的鮑魚，也用鮑魚的邊，因鮑邊比鮑心嫩而滑，精細竟至於此。所以江太史蛇羹馳名遠近，並不偶然。

甚麼叫作三蛇龍鳳會，五蛇龍虎會？

所謂三蛇是：飯鏟頭（又名烏肉蛇）、金腳帶、過樹榕。「三蛇龍鳳會」就是用三蛇燴雞。「五蛇龍虎會」除飯鏟頭、金腳帶、過樹榕外，還加上三索線、水律燴果狸就是。

普通一般售賣的三蛇羹或五蛇羹，都是用三蛇或五蛇熬湯後拆肉絲和作料燴製的，但吃來必不嫩滑。精於吃蛇的做法是先將金腳帶、過樹榕、飯鏟頭、三索線劏後熬汁，再將熬好的四蛇汁燉水律，至熟，將之拆肉絲，然後和其他作料燴製，最先用來熬湯的四種蛇肉是不吃的。

凡做蛇食製的，第一項手續一定檢驗要劏吃的蛇是否有毒，檢驗的方法是先將蛇經過「出水」，同時加入十餘粒白豆，如果白豆不變其他顏色，就證明這些蛇無毒，如有其他顏色，便不能吃了。

湯丸・湯糰・元宵

湯丸、湯糰、元宵，實在都是糯米粉包上甜餡或鹹餡的食製，應時應節，也是冬令日常的點心。湯丸或湯糰，廣東稱作湯丸，上海稱作湯糰，北京叫作元宵，福建也稱作湯圓，有兩隻指頭大的叫作米時。

在福州，冬節日家家戶戶都吃湯圓。在廣東，除冬節外，農曆新年初七（人日）大多數人也吃湯丸。在北京，元宵節日家家戶戶也吃元宵，上海則是一年四季的點心。

湯丸或湯糰的做法是用大糯米磨粉，加水揉勻至可包裹鹹餡或甜餡為度，然後包進已製備的餡料：用豬肉做鹹餡，蔴蓉或豆沙做甜餡，以清水或糖水泡熟即成。

不管它是湯丸或湯糰，製作得怎樣好，也不及北京的元宵做得滑嫩而無韌性。雖然所用的作料無大出入，但做法就完全不同了。

元宵的做法是乾製，乾製之法是先將蔴蓉或豆沙甜餡做好，又揉成小圓球形，以大碟盛上乾糯米粉，將小圓球形的餡放在大碟裏，左右搪之，待有黏性的甜餡蘸上乾糯米粉後，取出蘸過粉的甜餡，蘸少許清水，再放進有乾粉的大碟裏，左右搪勻。如是者五、六、七次，蘸了水又搪糯米粉，至比餡大一倍為度（如要吃厚皮者，可多蘸幾次水和粉），以清水或糖水泡熟（北京人做的元宵則多用清水泡）。

冬節日偶然想起吃元宵，特草此介紹。

甜竹炆鯉魚

讀者文玲先生來信說：「薑葱炆鯉魚的做法甚佳。曾按法一試，家人咸認為可口無比，但不知甜竹炆鯉魚和紅豆炆鯉魚的做法又怎樣？因為我和家人都愛吃鯉魚，希望能將方法見告。……」

一般人炆鯉魚是先用薑蒜起紅鑊，煎過鯉魚，然後加紅豆或甜竹，炆至夠火候就是。但這個做法的鯉魚不好吃。鯉魚和其他魚鮮不同，不能受煎炙，一經煎炙，鯉魚肉就失去特有的甘香味，也不夠滑了。

「甜竹炆鯉魚」，我以為依然採用薑葱炆鯉魚的方法。先用蒜頭薑葱起鑊，再灑紹酒，加水煮滾才放鯉魚落鑊，炆至將夠火候前才加入甜竹，再炆至夠火候即成。

甜竹切開浸過，最好用油炸過，不然一經炆煮就很容易霉爛，不能成塊。

紅豆炆鯉魚的紅豆，最好另行煲至將腍才加入與鯉魚同炆。

如此鹽焗雞

東江茶館的開設，邇來蓬勃得有如雨後春筍，幾乎街頭有一間，街尾又有一處。這正是反映香港社會的經濟情況一天不如一天，並非東江菜有特殊的號召力。至目前各區的東江菜館生意還算不錯的道理，實因東江菜的售價比其他的地方菜廉宜。

自然，東江菜也有東江菜的風格，惟近來先後吃過好幾家東江菜館的菜，只吃到東江菜的形式，卻並沒吃到東江菜的真味。就牛肉丸而言，做得好的爽而滑，但所吃到的，則爽而韌，有些連爽也不夠水準。

大多數的東江菜館以客家鹽焗雞作號召，十元一隻鹽焗雞，有斤五六兩量，如連毛秤之，當在二斤以上，時價中雞要五元以上，何況上雞？試問：東江菜館的鹽焗雞為甚麼會這末廉宜？

據我所知：時下本港的東江鹽焗雞的做法，和廣州新陶芳的做法大有出入，因此能賣得這麼便宜，吃起來卻比不上新陶芳的好。新陶芳的做法是用鼊盅盛雞，加紙封條，放在蒸籠裏將雞燉熟，然後將滾熱的雞放進有五香味的豬油盆裏浸過，等熱雞吸進了五香味才撕碎上碟。

此間的一般做法，是將生雞用清水煮熟，清水則變了雞湯，至於煮過湯的雞，就沒有甚麼鮮味了。待有客人要吃鹽焗雞時，才將已失去鮮味的雞放在有五香味和味精的豬油盆裏浸過，等雞身吸進了五香味、味精、豬油才取出斬開撕件奉客。所以吃過這種鹽焗雞的，只覺得缺少雞的本味，吃後且口乾異常。我自從一再領教過後，就不再吃這些所謂東江菜了。

附記：當我草此文批評東江菜後，曾接到一個自稱為「東江客家佬」的信，說我這樣的批評東江菜會影響東江菜館的生意，要求我再寫過一篇捧東江菜的文章。他並否認與東江菜館有何關係，然就字裏行間來說，他不能否認他不是菜館的老闆。真金不怕洪爐火，客家菜雖以廉取勝，也不為一般知味者所賞識，「門庭冷落車馬稀」，正可為做東江菜的寫照。

賣正式東江菜的菜館，在今日的香港，是可以存在的，然而賣「化學東江菜」，或「味精東江菜」，恐怕不易維持下去了。

客家釀豆腐

寫完了「如此鹽焗雞」，又聯想到「客家釀豆腐」。

在吹北風的天氣裏，吃一煲「客家釀豆腐」佐膳，另有一番風味。

從前住在廣州的時候，一到冬天就常到我的客家朋友王良先生府上，吃王先生做的客家釀豆腐。近來雖三番五次到東江菜館吃「客家釀豆腐」，但絕未吃到有及得上王先生所做的好吃。提起了「客家釀豆腐」，不由得不想起了「我的朋友」。

客家釀豆腐的作料和做法是：十二兩土鯪魚肉、半斤半肥瘦豬肉、一兩葱白、四兩九棍鹹魚肉，同剁成茸，釀在用山水做的嫩豆腐角裏，以雞湯慢火煲熟即成。

用葱白同剁的目的在辟去鹹魚和土鯪魚的腥味，以雞湯煲之，則豆腐夠鮮味，慢火滾之在避免煲老豆腐，不然吃來就不夠嫩滑。九棍鹹魚原是賤價貨，不用其他鹹魚而用九棍，取其夠濃香味。

試問港九的東江釀豆腐有無這種貨式？但話又得說回來，兩元或三元一煲釀豆腐，又能否用正式雞湯煲豆腐？

一品鍋

一品鍋為舊時官場宴客必備上菜，今則自京津以至蘇滬一帶中上人家尋常宴客，或親朋聚餐，亦多備之，港粵則不常見。一品鍋可大可小，通常以全雞一隻、豬蹄及火腿一方，配以黃芽白（即天津紹菜）燉成。特製巨型鍋，則以全雞全鴨各一、豬蹄、火腿，再配以豬腳或火腿腳，外加黃芽白及剝殼雞蛋。上桌時，天津紹菜墊底，雞鴨豬肉火腿相對如太極圖，外圈繞以雞蛋。煌煌巨製，僅此一簋已足夠一桌人飽餐，味則極鮮美甘腴。

傳一品鍋創製始於清乾嘉時之河廳與鹽商。河廳為負責黃河淮河泛務者，年費百萬，徒供官員揮霍。鹽商則是專利事業，故皆奢豪甲天下，幕賓門客終日無所事事，為飲食是尚，故許多精饌佳餚皆為彼等所創製。「一品鍋」必用瓷製有蓋之鍋，此物江西瓷器店出售，亦有用錫製、銀製之巨鍋者。因創自官廳，取「官至一品」之意，故名一品鍋。

一品鍋用白湯，必須用京滬烹飪法文火慢慢煨成，至雞鴨火腿皆極爛熟，始夠鮮美濃厚。不用「起油鑊」，更非如粵菜之牛腩煲蓮藕，成清湯寡水之狀。蓋一品鍋之特點乃在融雞、鴨、豬肉、火腿之鮮味於一爐，是一種湯味極濃厚之豪華食製。

家常一品鍋

清末民初，廣州官場和大亨們請客，間中還有吃一品鍋的，但香

港除家常外，請客吃一品鍋者還未見過。廣州所見的一品鍋，做法同作料和外江的微有不同。廣東做法是將各項作料放在鍋裏，以間接的火燉之至脸，而非用直接的火熬製。所用的作料除雞、鴨、豬手等外，還加上鮑魚、海參、冬菇、鮮腎，且必用火腿腳，大概是用一雙豬手配以火腿腳一隻，因火腿腳特別香濃，有火腿腳燉的比不用火腿腳的佳。髮菜、紅棗、陳皮也是必要的作料。

山珍海錯一品鍋雖不常見，但一到大冷天，隨處都見到小型的一品鍋。一隻炭爐、一隻鐵或瓦器，盛上魚菜豆腐等，一邊滾一邊吃，也可算作一品鍋。《乾隆皇下江南》書中好像有一段記述乾隆下江南時吃過用炭爐和缽頭仔滾吃的一品鍋，皇帝回到北京以後，御廚弄不出普通老百姓的一品鍋，以至「龍顏震怒」。故事是真是假非本文討論的範圍，但一品鍋是大冷天的最佳食製，似無異議。

家常一品鍋，除魚肉和青菜以外，最好加進臘肉和成件豆腐，想豆腐也吃到有味，則要先用鹽水將豆腐浸過。

巨港蝦片

讀者張清良先生頃來函，提出兩個問題：

(一) 市上所售的蝦片很可口，究竟是甚麼東西所製，製法如何？

(二) 燻魚之製法如何？

答：(一) 蝦片是將鮮蝦弄成蝦茸，和薯茸一起混合，揉成像麵團，切片曬乾，就是蝦片。很多地方都有蝦片出產，大概蝦價廉而多的地方就有人製造蝦片了，但如何做法，我則未嘗目睹。

印尼蘇門答臘之巨港蝦片最出名，該地的大蝦長幾及一呎，沒有香港的好。前遊巨港時吃過一種黃色的和一種白色的蝦片，確比別地鬆化可口。耶嘉達（即前之巴達維亞，今之印尼首都）印尼人之蝦片，等於馬來人的辣椒，每飯不可少。至於為甚麼要用蝦片佐膳，就非我所知了。

不可不知的，想蝦片炸得鬆化，最好先將蝦片再曬一番，炸的時候也不能用多量的油。

（二）燻魚製法前已談過，茲不再贅。

韭菜豆腐炆燒腩

韭菜豆腐炆燒腩是濃香的家常菜，但大部分人做這個菜不用醬料，只稍煎過豆腐膶，爆香燒腩，以韭菜加水同煮至夠火候就算完成。這樣吃來並不會覺得可口的。

如果要做得味濃而又可口的話，一定要加醬料，而且最好用青蒜白和最靚的頂豉。青蒜白和頂豉在舂爛前，要加進極少許糖，豆腐也要用鹽水浸約廿分鐘。

製作的時候先將蒜頭茸用紅鑊爆至夠香，再稍爆頂豉，然後傾燒腩落鑊，稍爆過後加上少許水，再落豆腐，等滾後才落韭菜，煮至僅熟即成。

韭菜要僅熟才好吃，稍爆過燒腩後加進少許水，作用是避免燒腩出油，要不要再加鹽則以看落頂豉多少而定，如用頂豉不多，試過如不夠味，自然還要加鹽。在上碟前毋須加「饍」，有「饍」就會失去香味了。

炒直蝦仁

「炒直蝦彎弓豆角」不是虛構的食製名稱，而是確有其事。

弓形的蝦和直的豆角，經過製作後，將其形狀變化，以常理推斷，這是不可能的事。誰都曉得豆角炒起來是直的，蝦仁炒熟後是曲的，但是能將蝦仁炒直，豆角炒成彎弓形，是出乎常理的事。蝦仁和豆角都是平凡不過的食料，經過製作後能將其物體原來是曲者直之，直者曲之，則不能不算是巧妙的技術。

抗日戰事的末期，桂、柳先後陷敵，我隻身逃抵桂東鍾山後，因交通的阻梗，無可奈何地在鍾山蟄居了一些時候。這地方雖很小，倒有一間廣東人開的飯舖，每天的兩頓飯，照例是這家飯舖的座上客，日子一久，自然就成了「熟客」。飯舖的老闆，兼做廚師和「企堂」。飯後就常和這位老闆、廚師、企堂「三位一體」的老鄉談天，打發無聊的日子。偶然有一天，將吃中飯的時候，這位「三位一體」的老鄉說，我從前做過某縣長大老爺的廚師，大老爺認為我做得最好的一個菜是蝦仁炒豆角，因為我可以將彎弓的蝦仁炒直，直的豆角炒成彎弓狀。我正要問他怎樣做法，他卻要等我吃過後才說。等到他將豆角炒蝦仁捧出來時，一看蝦仁是直的，豆角確是曲的。

直的蝦仁，曲的豆角，有生以來還是第一次吃到，確是別開生面的食製。

邊吃邊談，他把彎豆角直蝦仁的製作方法告訴了我，他還說，做某大老爺廚師的時候，請客時必有這道菜，為的是大老爺高興以這個奇異的食製炫人。

豆角無論怎樣做法，一經火力熱炙後仍是直的，要將豆角弄成彎了的方法是：

將洗淨的豆角無根的一邊，用薄刀每隔一分鎅上大半分的刀痕，每一條豆角約鎅上七八十刀，然後切成約寸半長的小段，一經紅鑊炒熟後，經刀鎅過的一面發大了，每截豆角就成了彎弓形狀。

蝦仁炒熟是彎曲的，炒熟後成直線的方法是生蝦在開殼時連帶將蝦脊上的一條略帶黃色的東西取出，炒起來的蝦就不會彎曲了。

上面所述的方法是那「三位一體」的老鄉告訴我的，去週末往香港仔吃海鮮，偶然想起了這個故事，於是要了幾兩鮮蝦，作實際的試驗，但炒起來的蝦仁仍是曲而不直。不曉得是否鹹水蝦的關係，因吃過的是淡水蝦，或老鄉未將詳細方法告我，抑是我的技術有差錯？

蘿蔔乾蒸豬肉

過中環街市，看見賣菜人挑起一擔很好的蘿蔔乾，不禁想起了吃蘿蔔乾。用蘿蔔乾做食製配料的很多，但我認為最好吃的是蘿蔔乾蒸豬肉。

這個家常菜一般的做法是將蘿蔔乾浸過，洗淨，切件後和已切片的豬肉以碟盛之，加味同蒸熟，但這種做法蒸起來的豬肉很少有蘿蔔香味，蘿蔔乾也不見得好吃。要做得好吃，宜採用下面的方法：

（一）先將蘿蔔乾洗淨切開（切忌用清水將之浸過，因為浸淡了的蘿蔔乾，蒸熟後鮮味盡失，而且沒有香味），以筲箕盛之。

（二）用半肥瘦豬肉，洗淨，切片，以豆粉、生抽少許撈勻，用碟盛之，加上蘿蔔乾和生油蒸熟。

「蘿蔔乾蒸豬肉」的豬肉吃來有蘿蔔乾的香味，蘿蔔乾也很夠鮮。

打邊爐

北方人在冬天吃「火鍋」，在廣東叫作「打邊爐」，也稱「生鍋」。

北風凜凜的大寒天，三五知己或家人圍爐共吃「打邊爐」，真是一件樂事。「打邊爐」第一要講究爐火與鍋，僅容五人同吃的火爐與鍋，八個人同吃就會減低吃的興致，因為八雙筷子輪流夾作料在鍋裏泡熟，不能保持鍋水常滾；大家停下筷子，就減低了「打邊爐」的興趣。因此「打邊爐」一定要估計爐火與鍋能容幾人同吃。「打邊爐」有特製的爐鍋、圓桌、筷子，用具都和普通不同；以泥爐一個，「獅牌」銻鍋一個「滾滾下」的，也很普遍。

「打邊爐」的作料很多，最常見的有牛肉、魚片、生蠔、海蜥、豬雜、雞鴨雜、魚丸、生菜、塘蒿、葱、青蒜、豆腐等，要增要減，悉聽尊便。豆腐是不能或缺的作料，因豆腐含有石膏質，可避免吃後虛火上升，不至於牙痛。如果沒有豆腐，鍋水裏宜放進少許生石膏。

常見酒家所配的「打邊爐」作料有雞蛋，很多人不明白，而把雞蛋與其他肉類一樣，滾熟後吃，這是不及格的吃法。原來「打邊爐」的雞蛋正宗吃法是將雞蛋破開，以小碗盛之，加進豉油、熱的豬油、芫荽葱、古月粉拌勻，用來蘸滾熟的肉類。從火鍋裏夾出滾熱的作料，送進嘴裏容易把口腔和舌頭燙傷，蘸蛋白混合的調味品的作用就是避免燙傷舌頭和口腔。

「打邊爐」的作料過熟不好吃，以僅熟的為佳。「打邊爐」又一定飲少許酒，作用除是增加興致外，還有助消化、殺菌的效用。

煎茨菇餅

冬天吃的家常菜，很多人高興吃煎和炒的。

茨菇是當時得令的東西，有很多做法，現在要談的是煎，名為煎茨菇餅。煎茨菇餅是老少咸宜的家常食製，用來做下酒物也未嘗不可，味道鮮而香，吃來「啖啖肉」。

作料：茨菇、冬菇、半肥瘦豬肉、葱、香芹菜。

做法：

（一）將茨菇衣去掉，茨菇蒂不要，洗淨，用竹刨或鐵刨刨成糜，備用。

（二）香芹菜、葱（只要葱白）同洗淨的冬菇、瘦肉剁成糜，肥肉切成幼粒，加進茨菇糜，再加鹽和生油拌勻。起油鑊，兩面煎之至夠焦黃色即成。也有加進雞蛋的，煎起來更香，但外層則稍為硬一點。

豬網油焗鯇魚

豬網油焗鯇魚是順德大良的魚鮮製作之一。

在淡水魚肥美的季節，家常佐膳或小請客，試製這一個菜，總算是新穎。如果做得好，夠鮮、夠香、夠濃，頗能刺激食慾。

作料是：肥鮮鯇魚中部、蒜頭、豬網油。

做法是：（一）鯇魚去鱗，污血和水用布抹乾（不宜用水洗），魚身塗少許鹽，以豬網油包裹，油炸至網油焦黃色，方為夠火候。

（二）瓦罉燒紅，落多油，將已去衣的蒜頭（約二兩）爆香而起焦黃色，將已炸過的網油鯇魚放進，加少許水，蓋上罉蓋，焗至罉蓋邊冒出白煙為合，然後開蓋，用豆粉、豉油、海鮮醬「打饋」，即可上碟。

菜要做得好，第一，一定要用瓦罉。第二，加上罉蓋後，在冒白煙前不能開蓋，不然就不夠香味。第三，「打饋」一定要有海鮮醬。

「喳喳雞」

「喳喳雞」是頗為奇異古怪的食製名稱。

雞的食製名稱甚多，為甚要叫「喳喳雞」？實在的作料和做法是薑葱、豬肝焗雞。這是十餘年前廣州某小酒家的巧手製作，最初名為「豬肝焗雞」，後來大家都稱為「喳喳雞」。

原來這家菜館的豬肝焗雞，放到桌上時還有喳喳的聲音，因名之為「喳喳雞」，「豬肝焗雞」之名反而不彰。

「喳喳雞」的作料已如上述，用器是瓦罉，如用鐵器就不好吃了。

做法是先將薑切成薑花，葱則要葱白，雞則斬件，豬肝（新鮮而未經過水浸的不合用，做這個菜一定要用浸過水的豬肝，否則豬肝就不夠滑）切分半厚的片。

製作時先燒紅瓦罉，以炒菜兩倍以上的油傾在罉裏，燒紅後方放下薑花、葱白、爆至夠香，然後放進經已蘸過豆粉水、靚豉油的雞和豬肝，加上罉蓋，明火焗至有白煙冒出，就夠火候，即將瓦罉移離爐口，焗之約二分鐘後，原罉捧到桌上時，還聽見罉蓋上的「倒汗水」滴下罉裏的喳喳聲。

從前住在廣州的「上海佬」最喜歡吃這個菜，因為「喳喳雞」具有江南菜的風味。

薑葱煀牛腒

「喳喳雞」是用瓦罉烹製的食製，「薑葱煀牛腒」也是要用瓦罉。「薑葱煀牛腒」是味高的下酒物，也是滑、爽而香的家常食製。惜乎近月各地生牛運來本港不多，澳洲的雪藏牛肉不夠新鮮，臊味又大，吃鮮劏的牛肉要付超過吃雞的價錢，因此不少愛吃牛肉的人也不得不少吃了。如果吃膩了其他肉類，想變換一下口味，間中吃一二次牛肉，也許會刺激你的食慾。

這個菜的牛腒，一定要用牛花腒。其他的作料是薑、葱、雲耳。

做法是先將牛腒肉切成每件一分厚，以豆粉開少許水，再加靚豉油和少許糖，將牛腒撈過，雲耳用清水浸開洗淨，以筲箕盛之，薑則去皮切薑花，葱去尾，葱青和葱白都要。將瓦罉燒紅，落油待滾後先爆薑花，再爆葱，最後落雲耳，兜勻，將薑葱雲耳撥開，傾牛腒落罉之中心，蓋罉蓋，明火煮至冒白煙後，焗約兩分鐘即成。

這個菜不能用鹽，用鹽則牛腒不滑。上碟後要有少許汁為合，但不要「饡」。

雲吞麵

雲吞麵在廣東食製中，是通俗的點心，因為是通俗，雲吞麵的味道也要通俗才合格。比如吃雲吞麵的麵湯而用到雞湯，就有點非驢非馬，失卻雲吞麵底通俗味道了。

自然，雲吞麵不但是通俗的點心，也是最「普羅」的食製，除午間作點心和晚上作「宵夜」外，必要時也可吃麵當飯，但這不過偶爾為之，以米為主要食糧的南方人，除極少數外，還是吃飯才可以果腹。

雲吞麵雖像上海街頭巷尾都有的湯糰一樣，是週年都有的點心，但冬天吃雲吞麵比熱天較合時令。因為吃雲吞麵像在桂林吃馬肉米粉一樣，要吃剛煮好的。如吃不冷不熱的雲吞麵，雲吞固冷，麵也黏牙，就不會覺到雲吞麵好在甚麼地方了。

除酒家、小飯店和專門售賣雲吞麵者外，港九究竟有多少雲吞麵檔？任誰也不能即時答得出數目。這些只在晚間才擺檔的雲吞麵檔，在本報社周圍三里內就不止十檔。

大冷天的晚上，尤其苦雨淒風的夜裏，在街頭或路尾的角落裏，在製作得好的雲吞麵檔吃一碗「中芙蓉」，加兩毫子「油菜」，所費不多而能飽暖。當然，「消夜」吃雲吞麵近乎「逗垊」，比不上在大酒家吃得夠闊夠豪，但吃雲吞麵有它獨特的風味。

全蛋麵

做得最夠條件的雲吞，是不厚不薄的皮，吃來夠爽，餡要夠濃鮮，麵則要夠滑、夠爽、夠香、夠鬆，咬到牙齒裏有韌性的麵，就不能稱為好麵了。

麵的種類大致分為全蛋麵、半麵蛋和全水麵。全蛋麵在做麵條時完全用蛋和鹼水，半蛋麵則用鹼水及半蛋半水，水麵則完全用鹼水和水搓成。

全蛋麵的做法是一斤麵用五隻新鮮大鴨蛋，半蛋麵是一斤麵三隻大蛋，做得好的麵又一定用通稱為最好的「一號根麵」。最好能酌量摻點土磨麵粉，俾增加香氣。麵的種類有寬條麵和銀絲麵之分，稱為上品的是全蛋銀絲細麵，因為是全蛋製作，又切得勻幼，在滾水裏一泡即熟（水一定要大鍋），送進嘴裏，爽滑而沒有黏性。

雲吞皮一定要全蛋製作才好，又麵皮要不厚不薄，雲吞麵的作料則以肥瘦均勻各半的腩肉、鮮蝦、瑤柱。先將瘦肉、瑤柱剁得細碎，鮮蝦和肥肉切小粒，炸香的大地魚末加上蛋黃，拌勻即成。雲吞皮和餡的份量又要相等為合格，皮和餡的比例過多和過少都不合標準。

煮雲吞麵的湯，作料是蝦頭、蝦殼、豬骨、烘香的大地魚、（以布袋紮緊放在熬湯的水裏）大豆芽，同熬數小時後就是麵湯。調味則用生抽，盛在麵碗裏，豬油則加在煮好的麵上面，還要加上一些葱花，拌勻後才吃。

上面是雲吞麵做法的大概輪廓，至於哪家港九的雲吞麵檔最佳？我現在還不敢告訴你。

阿馮的黃埔炒蛋

炒雞蛋是廉宜易做的家常菜，炒黃埔蛋也是家常菜，事實上炒雞蛋和炒黃埔蛋同是用新鮮雞蛋破開，加味拌勻以油炒，但黃埔港上的艇戶人家的炒蛋，炒起來有香、鬆、嫩、滑的好處，和普通的炒蛋有別，到黃埔港吃過這種炒蛋的都說炒得好，由是黃埔炒蛋便成了出名的菜式。

本欄前談過的「黃埔炒蛋」是戰時梧州金鷹酒家老闆娘的方法，現在要談的是黃埔港上「阿馮」的炒法。據說蔣介石先生也喜歡吃黃埔炒蛋，當年蔣做黃埔軍校校長的時候，就常吃阿馮的黃埔炒蛋，並認為阿馮的炒蛋比其他的炒得好。

阿馮的黃埔炒蛋的做法是：先將雞蛋黃白分開，以碗盛之，將蛋白用筷子挌成大泡，然後加上蛋黃又挌之約十餘分鐘，加味，拌勻，然後傾進鑊裏炒熟。

阿黃的黃埔炒蛋做得好，全在炒的火候和炒法。

原來阿馮將蛋以左手傾入鍋內，右手握鑊鏟，隨傾隨鏟，反手將半熟之蛋倒入碟內，因為所炒蛋，貼鑊一邊的，到鑊時已僅熟，至未熟的一邊，在鑊起時即流回鑊內，而中層將熟未熟之間的，則因反手兜起，壓向碟面，利用已熟的蛋的餘熱，迫熟將熟未熟的蛋，如是隨傾隨鏟，隨兜上碟，至兜完為止，即全碟蛋都在僅熟的程度。吃來滑嫩無比。不過，這種做法，一定要對火勢有準確的判斷，和熟練的手勢，才可將蛋炒得夠理想。

油浸雞蛋

前文所說的阿馮的黃埔蛋底方法，實在並沒甚麼奇特之處，但想出以已熟的蛋的餘熱，蓋過將熟未熟的蛋，使它吸收了餘熱而至僅熟，不能不算是聰明的方法了。

除阿馮而外，還有一個炒黃埔蛋的方法，這方法是很多的黃埔艇上的艇娘採用的。但這方法是否正宗的黃埔炒蛋的方法呢？那就非我所知。不過，就我看來，艇娘們所用的方法，也甚有道理，而且易做。

雖說是炒黃埔蛋，但這方法的黃埔蛋並不是用鑊炒的。

將雞蛋破開後，做法一如前文所述，但在製作前，將多量的豬油在鑊上燒至大滾後，以瓦盅盛之，其時豬油在瓦盅裏仍有逼逼迫迫之聲，才將已打好的雞蛋逐少傾進盛豬油的瓦盅，然後再將盅裏的豬油同雞蛋以「炸籬」隔着倒回鑊裏，等豬油完全流進鑊裏後，「炸籬」盛着的就是黃埔炒蛋。

加葱花與否任便，有葱花加較香，且可辟去雞蛋的腥味。我以為這方法簡便，尤其適宜於家庭，雖說是黃埔炒蛋，究其實是油浸雞蛋。

鴛鴦蛋

除黃埔炒蛋外，以蛋來作主料的還有「鴛鴦蛋」和「鳳凰蛋」。

這兩個菜酒家樓間中也有用作普通筵席熱葷的，我則認為宜於做家常佐膳菜，一因作料廉宜，二來製作不麻煩。假如你高興吃蛋做佐膳菜，又吃膩了「黃埔炒蛋」和「荷包蛋」等，不妨一試。

「鴛鴦蛋」的作料是新鮮雞蛋和鹹鴨蛋，做法是先將鹹鴨蛋原隻煲熟，切成小方粒備用。雞蛋的做法同黃埔蛋一樣，以筷子先將蛋白掊之成泡，再加進蛋黃掊成小泡後，加上少許油，和鹹蛋粒拌勻炒熟即成。所謂鴛鴦蛋，就是雞蛋炒鹹鴨蛋，不過做這個菜的鹹蛋一定要足味才好吃。

「鳳凰蛋」的作料是雞蛋和皮蛋，用溏心的皮蛋與否任由尊便，做法和鴛鴦蛋一樣，但皮蛋不必先行煲熟。

這兩個菜，高興吃葱花的，加進葱花同炒也可。

什錦釀蛋黃

「什錦釀蛋黃」據說是湖南菜，惟是否湖南菜？又是湖南甚麼地方的菜？我還未知道得真確。至於吃過這個菜的地點是廣東連縣，主人是廣東人，據他說這是湖南菜。

這個菜的作料實在普通不過，但各項配料能釀進滑溜溜的鮮蛋黃裏面，就不能不算是奇妙的技巧！

作料是鮮鴨蛋一隻、半肥瘦豬肉、馬蹄、蝦仁、香芹、冬筍。

製作時先將豬肉、蝦仁、冬筍、馬蹄、冬菇，剁成極幼的肉茸，加味後炒熟備用。

鴨蛋要用最新鮮的，打開後以飯碗連黃白盛之，蛋黃要不破爛方可用。以「耳挖」一支，用尖的一面將蛋黃開一個像胡椒大小的圓孔，將像米一樣大小的配料，一次又一次的塞進去，將蛋黃填塞至像蘋果一樣大，方小心連蛋白一同放進鑊裏煎之，熟了一面再煎另一面，至熟即成。

要填一隻蛋黃，起碼要花三刻鐘，一不小心將蛋黃皮弄破，就前功盡廢了。

原來鴨蛋黃的外皮甚厚，而且有伸縮性，如果小心不將外皮弄破可以釀進比原來面積多幾倍的東西。但雞蛋黃則不能釀進其他作料，因雞蛋黃的外皮薄而脆。

假如有人對這個菜的做法表示懷疑，敢煩到士丹利街強華冰室問問老闆娘馮二嬸，因馮二嬸曾做過這個菜，而且認為做得很滿意。

活殺醋溜魚

讀者姚麗來信說：「我喜歡吃杭州菜做法的醋溜魚，我自己雖也懂得做這道菜，但做得不好吃，到菜館去吃過多次，也從未吃過在杭州所吃到的味道，是否做法不對，或還有其他原因？便希在《食經》裏見教。」

「活殺醋溜魚」是杭州做得最出名，但不是杭州菜。

杭州「樓外樓」的「活殺醋溜魚」做得很好，自從蔣介石吃過「樓外樓」的醋溜魚後，更聲價十倍。其實在「樓外樓」出名之前，杭州還有一個吃「活殺醋溜魚」而不為大多數人們所知道的地方，是在高橋巷的郭七斤。

郭七斤是紹興人，他的店連招牌都沒有，故不為大多數人們所知。郭七斤除「活殺醋溜魚」做得好外，還有「炒蝦仁」、「清燉腳魚」（即廣東的水魚）。這幾個菜除好吃外，還有與別不同的地方。比如炒蝦仁，當日只買得五斤蝦仁，賣完了五斤就不再賣。原來所用的蝦仁，除夠新鮮外，太大的不用，太小的也不要，只要每隻約七分長的蝦，賣完了就不再賣。魚也是一樣。九兩的不要，十一兩的不用，只挑選十兩重的魚，再在自己的清水池裹養幾天。據郭七斤說：再養過幾天的魚就不怕有泥土味。吃時即殺即做，所以郭七斤的這幾項食製，即一般人稱為杭菜的做得好吃，實則除了做而外，還須上述的條件配合。試問：在香港這樣的環境，有無可能吃到杭州「樓外樓」和郭七斤所做的「活殺醋溜魚」？

清燉腳魚

郭七斤所做的食製，固然為當時杭州人士所推崇，而郭的態度高傲，脾氣古怪，也是做這一行業的所少見。我吃過郭七斤所做的食製是在十五六年前，其時郭的年紀約在五十左右，至今事隔十餘年，還能依稀記得，就因對郭的態度和脾氣有很深的印象。

郭的飯店裏的座位，三張又四分三的八仙枱（其中一張有一面是靠牆的），因此常見客滿。後來的只有立待。不耐煩的惟有顧而之他，如果你因久候未得座位而對郭說：「我等了很久了」，郭就毫不客氣的回敬你一句：「誰要你等。」有時菜來得過慢，而催他快的，所得的結果也就是：「不要吃好了。」拔佳（世界著名鞋商）的名言：「顧客永遠是對的。」而郭七斤的理論卻是：「顧客永遠是不對的。」但他的生意經常是那末好，賣完了所有的就不再賣了。

他所做的清燉鯽魚的鯽魚，也差不多每隻都一樣大小，以兩隻火水罐疊高做成一隻燉器，一燉就是幾十隻，賣完就沒有了。我以為他的炒蝦仁，確做得到家，吃一次，吃十次，仍是一樣的鮮、爽、嫩、滑。但你以為他的蝦仁做得好，再要「添食」，他是不肯再賣的。每一桌客人，只賣一碟，人多吃大碟的，人少就吃小碟的，「添食」在他的飯館裏是沒有的一回事。「活殺醋甜魚」的做法，我以為沒有甚麼特殊的技巧，即劏即煮，將煮魚的湯做「甜醋饍」鋪上魚面上就是。不過，煮魚的是有湯味的鮮湯，湯滾後才煮魚，僅熟即取出，則魚的鮮味，不會外溢。

奶撻

讀者羅小儀的來信說：「我愛吃點心，尤其愛吃甜的點心，因此有時我對點心的製作也學會了一二。昨日偶然到旺角龍鳳茶樓，吃到了奶撻，甚覺滿意，皮酥而化，味道也恰到好處，我自己也做過奶撻，皮固不夠酥，當中的牛奶不是過實就不凝結，未知先生知道做奶撻的方法否？又能否將做法見告？」

答：奶撻做得好不好，第一要講外皮夠不夠酥化，第二是牛奶餡夠嫩滑與否。據我所知：外皮做得酥化是用板油和蛋白搓發麵；搓得好不好，要講經驗，酥化與否，搓是很重要的因素。搓好以後，還放在凍房裏藏八九小時，用手研薄放在餅模上，加上一層很薄的根麵，然後盛上弄好的牛奶，烘之即成，但是烘的火候也很講究，烘得不好的會生粒而帶韌性。

做餡的牛奶的還要加上冰糖，但一定要原裝牛奶才會弄得好。這裏所指原裝，是未經抽取「忌廉」之謂。市面的鮮奶，十九是抽過「忌廉」的，用這種牛奶就無法做得夠水準的奶撻了。

味鮮而清

讀者龍君實君來信說：

昨日友人請春茗，我叨陪末座，上了四 五個菜後，吃到一個湯，味鮮無比，但清到像清水一樣，（我敢保證，這一碗絕無味精的味道，我也討厭吃味精的，稍有味精的饌餚，總騙不了我的舌頭），使我十分驚奇，味鮮無比的湯，為甚麼會弄得像清水一樣呢？清的湯我也見過，清得像清水一樣的湯，生平還算是第一次吃到。

未知先生能否為我解答上述問題……。

答：來信並沒說明你所吃到的是甚麼湯，煲的或燉的。就一般來說，燉的湯較煲的為清，但如你所說的，清到像水一樣，而味鮮無比，真不多見。

據我的推測，燉的湯也不見得完全沒有燉的作料的顏色，但煲的湯倒有一個弄得清的方法，這方法是當有肉類的作料湯煲好後，停火，將六兩全瘦豬肉，剁成肉茸，以三兩清水拌勻，傾進湯煲裏面，然後用最慢之火，將湯煲至滾即停火，約十五分鐘後，徐徐將湯傾出，則湯會很清，湯裏濃濁的東西，就會滲進瘦肉茸裏而下沉煲底了。你所喝到像清水一樣的鮮湯，也許是用上述方法製的。

徽州肉餅

日來天氣嚴冷，寒暑表低降至華氏四十三度，雖於居斗室，仍感寒流威脅。當茲淡風吹遍香港商場之際，忽地又襲來可畏寒流，倒是積存了很多冬季用品的商人底喜訊，但是買不起禦寒衣物的窮措大，只有咬緊牙關吃凜冽的北風。所謂「有人快活有人愁」，北風固帶來一部分人們的喜悅，同時也增加另一部分人的哀愁。

路過中環辦事處，見輝叔吃一品鍋，回家卻依樣葫蘆，爭奈作料有限，做了一個以為主角的當時得令一品鍋，吃來也很滋味。由此我想起紹菜的另一食製「徽州肉餅」。

抗日戰爭期間的某年冬天，我因病從徐州南下徽州，停留了一個很短時間，朋友介紹一位醫生給我看病。談到「戒口」，醫生謂可吃肉餅蒸紹菜；如法一試，果然價廉味美，一連吃幾次依然覺得味道不錯，每次只花五分錢。後來在上海做這個菜，友好們也認為是佳品，相問是甚麼菜，我隨說是「徽州肉餅」。

「徽州肉餅」的做法是用紹菜去葉，「泡嫩油」，才將紹菜煮腍，菜腍之前加入剁好的豬肉餅在紹菜上，煮熟即成。

豬肉餅用半肥瘦豬肉，三分二瘦，三分一肥，瘦的用刀剁，肥的切粒，加入少許豆粉、鹽，拌勻成餅狀，鋪在將煮好的紹菜上煮熟，菜與肉餅皆鮮味。大冷天的紹菜特別好吃，如果吃膩了「一品鍋」和「打邊爐」，不妨一試「徽州肉餅」。

慢火煎魚

讀者張依雲小姐來信說：「我愛吃煎魚，但常常煎得皮破肉爛。聽說不新鮮的魚很難煎得完整，因此有一次特別去街市買了一尾活魚回來，但煎起來仍是皮破肉爛。我想除了魚要新鮮外，要煎得皮不破，一定有方法的，未知先生的煎魚是怎樣做法，至希見告。」

依雲小姐：煎魚煎得皮破肉爛是常見的事，所以如此，據我推測：一因爐火過紅，二因缺乏忍耐，三來未知煎魚方法。

俗諺也說：「慢火煎魚」，可知煎魚一定要慢火。要把鮮魚煎得完整不破，用慢火外，還要有耐性。如缺乏耐性，即使知其方法，也不一定能煎得不破不爛。

煎魚方法很簡單，先將魚劏開洗淨，以筲箕盛之，魚身以少許鹽搽勻，醃二三十分鐘，待魚裏的血腥水和多餘水分流出，用慢火，先煎較乾的一面，煎至魚身焦黃時，魚皮自然就不致緊貼鑊底，反轉煎另一面。如果魚大鑊小，則煎的時候要煎完一部分再煎另一部分，不必以鑊鏟將魚移動，而是將要煎的部分移向火的一邊。

淡水魚不能用鹽醃，醃過就有泥味。煎前魚身要吹至夠爽，這樣就不會煎得「甩皮甩骨」了。

煎魚的油無須多，中途可逐些加入鑊裏。

根麵·澄麵·白麵

讀者少鴻來信說：

近來看貴報《食經》欄後：我對於自製食品，頗有興趣。不過有些問題把我弄得糊塗。素仰貴刊能為讀者服務；茲有疑問數點列下，希為解答指導為盼。

（一）麵粉有所謂發麵、根麵、澄麵、灰麵，實際共有幾多種？每種之性能如何？並且製甚麼應用甚麼為宜呢？

（二）炸食品聞說用生粉、豆粉，或灰麵，究竟共有幾多種，每種功能如何？生粉與豆粉是否不同？炸甚麼宜用甚麼？用「粉類」開水蘸食品炸，抑或將食品乾蘸「粉類」炸呢？

（三）製蛋糕聞說用泡打粉，或梳打粉，製麭用發粉，或臭粉，製饅頭用麵種（即茶樓賣的一種），究竟每種的作用相同否？是否規定不能亂用？譬如製蛋糕是不能用麵種的嗎？並且共有幾多種使食物發大的東西呢？

答：（一）麵粉分根麵和白麵。根麵即發麵，白麵用以製餅食，根麵用以製麵包及茶樓之大麭、饅頭等。所謂發麵即根麵之另一通俗稱謂。澄麵用以製作蝦餃及炸鬆脆的食品。

（二）做菜用之生粉乃印尼出產之薯粉。在海運未通前則用豆粉。現在則少有人採用，因價貴而味帶腥也。凡乾炸食品多用生粉。開水炸的東西則有用澄麵，用生粉者亦有。

（三）可食的梳打粉即發粉，做蛋糕可用。做餅乾則用臭粉；凡用火焗而需要鬆脆者用臭粉。做中式麭點可用梳打粉。粉種即麵粉用水開後加鹼水，復經若干時後本身就會發酵即成。如不經常用，最好到麵包店購買。

爽硬的魚翅

昨日應友好之邀吃北方菜於香港北角。友固老饕之流，惟就我推測，這位朋友對於吃，不會比我知得更多，因他對該菜館廚師的製作備極推許，並認為是太平山下「頂呱呱」的。為好為壞我自然未敢置一詞，到吃完這一席菜後，我的印象是：製作無足驚異之處，調味仍以味精為主。

各道菜製作優劣姑暫不論，但一窩爛雞翅的做法就完全外行。味道如何撇開不談，翅身用散翅，筷子夾起魚翅直而不彎，蒸煀不夠時間，一望便知。及送到脣邊，用牙齒一咬，又爽又硬，我不敢下嚥。因為吃過這種爽而硬的翅，不但沒翅的益處，而且會影響腸胃。消化機能好的第二天「原裝」排泄出來，消化不良的後果就不堪設想。

我以為內陸的廚師很少精於做翅，如果說一定要會做魚翅才稱得上大飯館，那就應該費些時間精神去研究一下，學習擅製魚翅的酒家怎樣弄翅，不然就會「貽笑方家」，進而影響生意。

魚翅的做法很多，但翅身一定要腍，軟，滑才夠標準。

連平的客家菜

幾個月來，港九東江客家菜館的設立，有如雨後春筍，各東江菜

館雖採「賣大飽」的政策，究竟生意如何？而製作上又如何，與《食經》無關，不打算浪費篇幅。現在要談談的，是東江菜的一個大概。

說起東江菜，誰都曉得是廣東東江，梅、興等各縣的客家菜。而東江菜中又以那一縣的客家菜堪作東江菜的代表，非客籍人士，也許不大了了。就我所知，東江客家菜應以連平為佳。

原來廣東東江的連平縣，在清代叫作連平州，連平原是一個很小的縣份，所以稱為州的道理是連平人在清代做過很大的官，尤其姓顏的，公孫父子做過三代九門提督，因為做官尤其做京官的人多，對於吃的見識，和吃的經驗多，自然而然影響到跟官的廚師見聞增多，由是對食製的技巧，也和識見不廣的廚師不同，所以連平的菜，有很多是集各省菜的佳者而蛻變出來的，製法和調味都和一般的有別。到民國以後，東江各地有名的酒家底廚師，也還有很多連平人。

除連平為東江菜最佳者外，其次是龍川、惠州。其餘梅縣的臘豬膶、牛肉丸、魚丸、興寧的鹽焗雞、龍川的豆腐製作，也都算為食製中的佳品。

矮瓜司令

提起了東江菜，又想起了一個與東江菜有關的趣事：

當陳炯明在廣東最顯赫的時代，他麾下有一個民軍司令，是陳的隔縣同鄉，既不是出身行伍，也非因戰功而晉升為司令，所以為陳賞識，而做到民軍司令的緣因，卻是擅於製釀矮瓜。及後好事者知其事，替這位民軍司令加上一個銜頭，稱之為「矮瓜司令」。

原來陳炯明有一次回駐惠州，這位「矮瓜司令」特做一煲釀矮瓜請嚐，陳吃後大為激賞，認是難得的佳品。自是而後，家常或請客，每每煩勞這位隔縣同鄉做一煲釀矮瓜。過從既多，便成了要好的朋友。後來陳炯明為酬謝這位同鄉，就給他做一個帶兵的司令官，至於這位司令官帶多少兵，早已忘記了，惟每當有矮瓜的季節，這位「矮瓜司令」依然要做釀矮瓜奉獻給陳炯明吃。

釀矮瓜是誰都會做的菜，「矮瓜司令」做這個菜特別出色，據陳氏的幕僚說：「矮瓜司令」做釀矮瓜的餡，是取材剛劏後未幾，還在顫動的豬肉、魚肉或牛肉，以圓鐵枝搯之成茸，還加上其他作料，然後釀在矮瓜裏面，以上湯慢滾至熟，所以吃來鮮嫩無比。

雪菜黃魚湯

同是黃花魚，在天津、南京、上海和福建吃的，都比在香港的鮮美。其中道理，是不是香港的黃花魚都經過雪藏，減低鮮味？但我在香港則從未吃過未經雪藏的鮮黃花，所以無法找出答案。

在上海，黃花魚上市時，雪菜黃魚湯是很流行的菜，但寧波人說這是寧波菜。不管是寧波菜抑上海菜，這是一個很可口的湯製，則毫無異議。作料是黃魚和雪裏蕻，做起來湯白而微帶酸味，很鮮；黃花魚雖經過熬湯，魚肉仍很可口。

做法是先將黃花魚兩面稍煎過，加水和雪裏蕻滾二十分鐘左右，調味，以碗盛之，就成雪菜黃魚湯。

我曾兩次三番做過此湯，但總及不上在天津、南京、上海吃過的鮮美。正如香港的三黐（即鰣魚）不及鎮江和富春江嚴子陵釣台的好吃。

我愛吃「雪菜黃魚湯」，喜歡它湯鮮而帶有酸味，其他海鮮同雪裏蕻滾湯也是可口餚饌。不過在香港不易購得好的雪裏蕻。

齋燒鴨

友好中有吃素的，惟非所謂「吃長齋」的週年都吃素，凡到農曆初一和十五兩天，整日是「齋期」，一點葷都不吃，一年算起來，有二十四天不知肉味。昨夕「過談」時話題講到《食經》，他說：「老是談葷的菜，偶爾談談素菜也好，等我們『吃齋』的也有『學習』的機會才是。」我說：「何必講到『學習』，你如高興，我在紙上請你吃『齋燒鴨』好了。」下面所述是「齋燒鴨」的作料和做法：

「齋燒鴨」的作料是腐皮、乾草菇、上生抽、蔴油。

（一）先將乾草菇洗淨，以瓦罉盛水，加進乾草菇熬湯，熬至乾草菇完全出味為合，然後加上生抽湯調味，最後加進少許蔴油，乾草菇則取出不要。

（二）草菇湯弄好後，將原塊腐皮蘸上草菇湯，蘸完一塊又一塊，已蘸過草菇湯的腐皮，捲之成雞蛋卷狀，頭尾以牙籤穿緊，放在鑊裏慢火煎之至微黃，兜起，切成像切燒鴨一樣大小，皮焦黃色，內層也像燒鴨肉的顏色，就是「齋燒鴨」。

吃膩了葷的食製，尤其是大冷天氣多吃了「打邊爐」，換換口味，「齋燒鴨」倒可以一試。

市上也有「齋燒鴨」售賣，然大多以味精製作，多吃三兩件就會口乾，還是自己動手做較佳。

南安鴨的故事

在茲歲末新春之際，「禮尚往來」至為繁多，淡風雖吹遍香港，但未能免俗的送禮過年，這幾天隨處可見。

農曆冬後和新春來臨，送禮如送食品的話，臘味似乎是例有的，因為臘鴨是臘味中的上品。說起臘鴨，又誰都曉得南安臘鴨是臘鴨中的頂品。

港九售賣臘鴨的店舖真是星羅棋佈，都以南安臘鴨作號召。這些號稱南安的臘鴨，究竟有若干是正貨？我推測真正來自南安的臘鴨，現在恐不會超過十分之二，嚴格說來這十分之二也有問題。

南安臘鴨在過去公路交通不發達，粵漢鐵路未全通火車以前，風色好合季候的南安臘鴨，吃起來鮮、甘、香濃的味道，真不在火腿之下。

或問：現在的南安臘鴨為甚麼會因交通發達後反比往時遜味？要明白其中原因，不得不先說明南安臘鴨的故事。至於南安臘鴨是怎樣的，怎樣才是正宗的吃法，這裏也給你一個簡單的解答。

往時江西贛南十餘縣，養鴨人多，一到秋涼九月後，各縣養鴨的都把鴨羣趕至南安。其時正是冬前十五至二十天，養鴨人靠近河邊蓋搭鴨寮，把鴨羣養在鴨寮裏，用炒熟的糯穀飼鴨，這些鴨就一天一天肥胖起來，直到冬節前才把肥鴨全部劏光，以鹽醃之。過一夜，將鴨身上的鹽屑和污物漂去，一隻一隻攤在曬筐上，風吹日炙一天（其時鴨身還很脍濕），以木桶盛之，然後從大庾嶺之北繞過嶺上，運抵大庾嶺南的廣東邊縣南雄，又從南雄以船載至廣州。計自南安將臘鴨起運到達廣州，前後約二十日，這時的臘鴨夠香，夠肥，夠甘，夠鮮，但若有幾天大南風，則香甘的美味就要打折扣了。因此過了春節後吃臘鴨，無論如何是比不上春前的好。

自從公路交通發達，粵漢全段通車後，臘鴨的甘、香、鮮反不及往時，道理是臘鴨靠北風，吹了太多北風鴨肉會收縮，鹹味很重；北風吹得不夠又不夠甘香。所以在交通未發達的時候。臘鴨從南安經過月陸水長程「旅行」，到達廣州時恰巧吹過適量北風。也所以，南安鴨應在運抵廣州後十天半月最好吃。

交通縮短，臘鴨自南安運抵廣州最遲不過五七天，北風吃不夠，運抵廣州後也不一定天天有北風，照廚師的術語說，就是臘得「不夠身」，當然不會好吃了。有時遇上幾天大南風，更會變味。

時移勢易，近十餘年的南安鴨，和上述的情形又有不同。約十餘年前的某年，南安米糧不知因何供求脫節，糧價飛漲，細查原因之一是每年到冬節前，贛南各縣趕來幾百萬的鴨，吃去大量糯穀，因此當局出了一道禁令，禁止贛南各縣趕鴨的在南安養鴨。南安臘鴨的市場廣闊，靠做臘鴨以維生計的人不在少數，於是不少做臘鴨的人先後南移到南雄重張旗鼓，自此很多蓋上「南安臘鴨」紅印的，實在是南雄臘鴨。

南安臘鴨如葵扇，特徵是細頸短腳，鴨皮起蓆紋且肥，這才是佳品。鴨味好壞的鑒別，方法最好以牙籤在鴨身不見天的地方插進去再抽出來，放在鼻孔一嗅，就知道好壞如何。臘鴨是冬令食品，簡單而正宗的吃法是清蒸，但大多是將鴨洗過，蒸熟然後斬件，這可以說未懂吃蒸臘鴨之道。我以為洗臘鴨宜用「洗米水」，因臘鴨製作時不大講究衞生，還要用刷刷淨，這絕不會因此走味。蒸熟後將鴨骨拆去，再以斜刀切薄片上碟。

行運冬菇

冬菇被稱為菜餚的上品，家常或宴客都有用來做菜。冬菇以冬後和春前最合時令。市場所賣的冬菇都說是新北菇，沒有說是舊北菇的，由此可見吃冬菇的時候宜在冬後春前。新冬菇上市在冬後，春後香味就會消失。因此有研究的食家夏秋宴客，不會來一盅「清燉北菇」。

說起冬菇，就聯想起粵北人士有一句俗諺：「行運冬菇，失運木耳。」甚麼叫作「行運冬菇，失運木耳」呢？原來出冬菇的樹也可長木耳，收成好的是冬菇，收成不好的是木耳。實則收成佳與不佳，全看天氣。冷的季候卻吹南風，冬菇的收成就不會好了。

冬菇各地都有，日本最多，但以我國粵北產的為上品。粵北產冬菇的地方也不少，但產量最多其實是贛南的三南——龍南、虔南、定南。因為運銷粵北，所謂出處不如聚處，因此三南菇也算粵北菇。冬菇生產季節在冬天和初春，春雷響後摘下來的就不是冬菇而是香信了。

生長冬菇的並不是一種樹，樟樹、栗樹、錐樹的樹幹都會生出菌，冬後春前長大，摘下來焙乾就是冬菇。

清燉冬菇

每年農曆中秋前後，培植冬菇的人就將樟樹、錐樹、栗樹的樹幹斬下，放在山中陰森冷濕的地方。進行這項工作的人，事前齋戒沐浴，還以布裹頭，彼此一聲不響，等到完工歸去，解下了頭布，彼此才說話，虔謹竟至於此。放在陰森冷濕的地方的樹幹，過不了幾天就會長出一朵朵冬菇來，這時候的天氣，如吹過三、四天北風，再吹一天南風，則冬菇的生長最夠理想。長大中的冬菇如果遇到幾天霜雪，則冬菇的圓頂受不了寒氣侵凌而起裂縫，及至長大如小帽，摘下來焙乾後，圓頂上斑斕如花的，就稱為花菇。

冬菇中又有頭菇（即第一次摘的）、二菇、三菇，當然以頭菇最佳。好的北菇，菇脣內彎是很圓的，外面的色澤夠烏潤，內脣色金黃，紋幼。惟上品不多，一百斤中只能選出四五斤。一直到春雷響以前摘下來的都是冬菇，春雷響後菇脣就不會內彎，這時摘下來的就是香信。

這是冬菇出產的大概情形，至於冬菇的吃法，夏秋季候吃清燉冬菇固然是外行，而大部分清燉冬菇的做法，也未夠水準。尤其酒家的清燉冬菇，多數用上湯，加進浸過冬菇的水同燉三四十分鐘，就算作清燉冬菇了。實則好的冬菇不必用上湯而用滾水，加進油雞，再用紙將盅蓋封固，燉至夠火候，則冬菇的湯味就很清鮮而香。

釀北菇

讀者劉雪晴小姐來函云：

茲有一事，想向你請教一下。

妹結婚剛一年，家庭細務仍未十分諳熟，丈夫是個銀行職員，月入雖不豐，但生活頗算安定。最近我的丈夫對我說，擬請他的朋友到家裏吃一頓晚飯，叫我預作準備，就為了這個事情使我很焦急，弄這席飯菜的責任，自然是我來擔任，說是不能麼，太難出口了，說是能麼，自己卻實沒有經驗與把握。我家只有一個傭人，她對於煮飯弄菜比我還外行，在這種環境條件下，同時又要顧及經濟程度，想弄三四味可口而又清雅不俗的小菜，使大家客人吃得痛快，我委實想不通，所以想向你請教，在目前要做甚麼小菜才合時，以及弄法。假如你認為這個還有一談的價值時，請你在星島日報《食經》欄答覆我，有勞，謝謝你。

答：最好做一雞三味，做法前已談過，「副脞」如用來做湯，除加時菜外，最好加些草菇，湯味就不怕不夠鮮了。此外，我還提供兩個易做的小菜給你參考。

一，鮮蝦釀北菇，二，蟹扒鴛鴦菜。

釀北菇的做法是先將北菇洗淨，（最好選每隻差不多大小的）再用少許清水將北菇浸透，浸北菇的水留待後用。鮮蝦先去殼後，以刀背剁之成茸後，才以碗盛之，加味，以筷子拌之至成膠狀，釀在北菇裏面，然後蒸之至熟，最後用浸過北菇的水少許，加上草菇雞什湯少許打白饋即成。

鴛鴦菜是椰菜花和嫩芥蘭菜，先煲腍椰菜花，再以滾水拖熟原條嫩芥蘭，以碟分開兩邊盛之，用蟹肉打「白饋」。

發財好市

光陰如流水，轉眼又是農曆新年。「年年難過年年過」，過去的成敗盈虧總算過去了，且不去管它。當茲新春佳日，行樂正宜及時，樂山樂水，「同花順」、「自摩雙辣」，甚而快活谷兩味（睇波兼睇馬），悉由尊意。如果你也是老饕同志，那就不妨看看《食經》，也許會幫助你增進口福。

「新正大頭」，一切都要講「好意頭」，拜年見面彼此總不離「發財添丁」，甚而食製的名稱也離不開「好意頭」，如「發財好市」，很多店舖和家庭在「新正大頭」的日子裏幾乎都吃過這一個菜，主要作料是髮菜和蠔豉，大多數的做法是以蠔豉炆髮菜，也有加進豬肉同炆的。這是誰都懂得做的「發財好市」，但我現在要提供的是一個頗不多見的「發財好市」。

主要作料當然是髮菜和蠔豉，還加上荷蘭豆和肥臘肉，但要做得好吃，所用的蠔豉一定要用冬前的生曬蠔豉（冬後則不夠肥），沙井蠔豉不易得，元朗的生曬冬前蠔豉也算佳品，時值每扎約三十元，和市上所見的生曬蠔豉味道完全不同。如用普通的所謂生曬蠔豉，做得不好吃，就不能說所提供的做法不對。因為普通的所謂生曬蠔豉大部分是已榨過蠔油的熟曬蠔豉，已沒有正式生曬的甘香味，而這個菜好吃處就在有很濃的甘香味。

做法是先將蠔豉洗淨，放在飯上面蒸熟後，每隻蠔豉用橫刀片薄成三塊或四塊（細的三塊，大的四塊），臘肉則用全肥的，每件用薄刀片成同蠔豉一樣大細厚薄備用。

髮菜先用生油少許揉勻，然後用水洗淨，如果洗髮菜不先用生油揉過，即以清水浸開洗之，藏在髮菜裏的污物，也會因髮菜發大而緊黏髮菜，很難洗得乾淨。髮菜洗乾淨後，放在有味的湯裏煨透取出，以筲箕盛之，俾多餘的有味湯漏去。

以圓碟一隻，鋪上很薄已煨過湯而爽身髮菜，蠔豉和肥臘肉各一片，以三四條髮菜紮之，置在圓碟髮菜之上，然後放在飯鑊裏蒸熟即成，吃前炒熟荷蘭豆鋪在蠔豉臘肉片上面，荷蘭豆的數量應和蠔豉臘肉片一樣，過多則只見荷蘭豆不見蠔豉，過少吃起來就不夠一片蠔豉一隻荷蘭豆。

這是鮮、甘、香、爽而不膩的可酒可飯的「發財好市」，做起來似乎很麻煩，但比普通的卻好吃得多。

杏林春滿

一切都講「好意頭」的新春，請客吃飯而請到做醫生的，最好有「杏林春滿」一個菜。在很多「好意頭」的菜名中，「杏林春滿」可算得是不抽象而名實頗符的，因為「杏林春滿」有杏又有春。不過，說穿了也不過如此這般罷了，只是在一切都講「好意頭」的大前提下，新春請客而請到醫生，「杏林春滿」該是理想的菜。「杏林春滿」裏的杏是南杏仁，春是鵪鶉之鶉。這個菜的原來面目是炒鵪鶉鬆，再加上南杏仁，因名之「杏林春滿」。

杏林春滿的作料是鵪鶉、冬筍、香芹、肥瘦豬肉、南杏仁。

很多人做炒鵪鶉鬆不加豬肉，實在不比加入肥瘦豬肉更夠甘香。鵪鶉切了件而後剁，不是夠標準的做法。依我的意見，鵪鶉鬆的做法宜這樣：將鵪鶉劏淨，把頭切出後，原隻用刀背將鵪鶉肉同骨拍至夠碎，然後剁之成碎茸。冬筍香芹等作料隨後也剁至碎。紅鑊，先炒配料，加味，再燒紅鑊，爆香蒜頭，然後炒熟鵪鶉，傾下配料，兜勻，加味，打極少許饋，以碟盛之，炒熟的鵪鶉頭放在上面，再加上杏仁碎即成。杏仁要炸香後研成碎粒。

龍翔鳳翥

香港是一個最摩登的城市，也是一個最守舊的地方。要找出這樣極端的對比，真是隨處可見。到禮拜堂做禮拜，聖堂做彌撒，超幽打醮以至觀音誕，參加者同是這麼熱鬧。就食而說，有些黃色人的生活全部西化，也有視土物是尚的。

以「龍翔鳳翥」做食製的名稱，有人認為落伍反動，但崇尚土物的則認為很典雅，在玆「新年大頭」，做菜宴客，「龍翔鳳翥」這個菜名總算夠「好意頭」了。龍翔鳳翥的作料是雞和龍魚腸，做法是龍魚腸燉雞。這樣的作料和這樣的名稱，可以說不算「離題萬丈」罷。

龍魚腸是產於美洲一種大魚的腸，大的長凡七八呎，因名之為龍腸，食家認為這種龍腸有滋陰養顏之益。

製法是：先將龍腸切件，以鹽用鑊爆過，然後以清水浸之，至龍腸發至夠身後，去水用薑汁酒稍醃之，再經「出水」，龍腸本身的腥味已盡去，以雞燉之至夠火候，就是「龍翔鳳翥」。備有上湯的，加上湯燉之，沒有上湯的而想湯夠鮮，則加進瘦豬肉瘦火腿同燉，吃前將瘦豬肉取出，加鹽味即可。

竹報平安

新春裏所見的揮春，最普遍的是「花開富貴」、「竹報平安」之類。售賣食製的酒家，新春的日子裏利用一般高興「好意頭」的心理，菜名也改成有吉祥的意義。「竹報平安」究竟是甚麼東西？也許為大家想知道？

「竹報平安」的作料是竹笙和白菌。在古文裏，竹已是象徵平安的東西，所以選用竹笙；同時，白菌又可代表平安，驟觀之似覺不倫不類，但白菌的形狀，有點像安字的「宀」頭，以竹笙白菌做成的食製，名之為「竹報平安」，未嘗沒有道理。

「竹報平安」的作料如上述，做法很簡單：浸透的竹笙和「來路」的罐頭白菌，用上湯煨過，再燒紅鑊加白饍即成。原來的名稱應該是竹笙扒白菌，為了「好意頭」，便改作「竹報平安」。

枸杞蛋花湯

立春後的豆苗不好吃，按時序，枸杞是最搶鏡頭的時菜。午飯吃到枸杞湯，因此聯想起一個枸杞蛋花湯的故事。

大概是第二次世界大戰結束後的第二年，某軍要自粵來港，一夕，和他的部屬在某酒家吃夜飯，所要的菜其中有一味枸杞蛋花湯。飯後，「企堂」開上賬單，某軍要一看，四個人吃的便飯，也沒甚麼特別的菜，竟要百餘元，似乎過貴，但又未知是否開賬者一時「烏龍」，至弄成張冠李戴，乃叫「企堂」再將賬單每項列清。到「企堂」再將清單送來，仍是百餘元，細看清單所列，枸杞湯一碗，竟索值二十五元。某軍要為之咋舌，因問「企堂」：「蛋花枸杞湯一碗要廿五元，有沒有弄錯？」「企堂」至是乃持賬單復去，未幾，「企堂」帶同「部長」（樓面的管理人）進來，回答某軍要道：「新出枸杞每斤二元半，這碗湯單是枸杞，已用了五斤，每根枸杞只用最嫩的三寸枸杞葉，再加上三隻雞蛋和上湯，原料成本也要廿元，廿五元一碗蛋花枸杞湯，可不算貴了。」某軍要至是莞然一笑，照值付賬，但肚裏沉思：戎馬半生，竟第一次做了吃的「大鄉里」。事後還將這一回事遍告友好。

假豬腳

荏苒韶光，轉眼又快到春分時節。春分時節的氣候使人有疲憊的感覺，尤其是香港，這時候的天氣更使人過得悶懨懨。在這不愉快的氣候裏，由於身體疲憊和精神沉悶，自然而然的對吃的興趣和量也及不上秋冬。對於吃有研究的，這時一定吃可以刺激食慾的東西。讀過中國古代名醫張仲景劉河間等書的，更會利用食物來調節身體，以期適應氣候。

我所知道有好幾位食家在這時候多吃蒜頭和豆豉的食製。據說蒜頭有提氣作用，豆豉有引火歸原的效果。

「假豬腳」就是他們認為春分季節合時令而又有上述效果的食製。作料是大芥菜頭，配料是蒜頭、豆豉（以經過冬天日曬的為佳）、五香粉、白醋。

先將大芥菜頭切成每截約兩吋長，再開為四邊，以筲箕攤開，放於當風處吹一夜。

製作時先將蒜頭搗之成茸，用瓦罉將蒜頭茸爆過，加進少許五香粉，再兜勻，然後傾下已吹過的大芥菜頭落罉，再兜勻，最後加白醋，一滾即可，以瓦器盛之，浸三四小時即成，用作酸菜佐膳也可。

春花

仲春時分是蔬菜的青黃不接的時候，芥蘭白菜成了過時的蔬菜，除了枸杞蕎菜以外，一時真想不起目前在香港吃得到的還有甚麼新上市的蔬菜了。海鮮也是一樣，黃花魚已到了末期，除週年都有的海鮮外，季節洄游魚類最佳的三黎也未屆漁期。淡水魚鮮中，現在應以鯿魚為最肥美，而塘邊的又不及河邊的鮮美，尤其在香港，要吃一尾新鮮的河鯿似乎不是易事。魚菜都在「青黃不接」期間，做菜請客，除了常見的作料外，要做幾樣有新鮮感覺的食製真是頗費思量。

曾兄要請客，請我為他想幾樣新鮮菜式，一時無以為答，姑且提供「春花」一菜以應。「春花」是很雅典的菜名，是從前廣州「撚家」們的春令時菜，沒吃過的不妨一試，也算是可酒可飯的菜。

作料是：魚肉、半肥瘦豬肉、馬蹄、冬菇、香芹、豬網油。

做法：先將魚肉、豬肉剁爛，馬蹄、冬菇、香芹則切幼粒，加進豬肉茸裏拌勻，以豬網油包成每件約骨牌形大小，外面復蘸上生粉，用慢火油鑊炸之至熟，再加「紅饍」即成。

春餅

「春花」是春天的菜，「春餅」也是春天的菜，雖是很普通的食製，卻也是《食經》可談的材料。

「春餅」也稱「春卷」，各地都有，外江館的「春卷」用來作點心，廣東則用來做下酒物較多。炸得好的「春卷」應該是脆而鬆化，脆而硬實的就不夠理想了。「春卷」外層是腐皮或薄餅，腐皮是豆腐皮，「唐人士多」(即賣醬料和海味的雜貨店) 都有售賣，薄餅就不一定在一般「唐人士多」買到。薄餅的做法是將搓好的根麵放在燒紅的平鑊裏一印，就成了圓形的一塊薄餅。熟後鏟起，以之包裹作料炸或煎熟即成。

春餅餡的作料主要是鮮蝦，其次是豬肉、冬筍、細豆芽菜、韭黃、冬菇，名貴的還用雞肉，各項作料洗淨後都切作幼絲，以腐皮或薄餅包成長方形，然後以油鑊炸或煎之。

一般人吃「春餅」喜歡蘸「喼汁」，我則認為蘸了「喼汁」會減低「春餅」的鮮味，因為喼汁的酸味太重。「春餅」外皮則用薄餅較腐皮佳。炸「春餅」雖夠香氣，但味道就及不上煎的。在廣東，「寒食」日很多人做春餅吃。

蒿炒臘鴨皮

仲春時分吃菜蔬，講時令的除枸杞外，要算蒿菜了。昨過灣仔街市，看見菜攤上擺了新出的蒿菜，想起吃蒿菜也該是時候了。其實蒿菜不算上等菜蔬，倒是在這個季節裏，在家常食製中頗為吃香。就我所知，蒿菜的食製沒甚特別的做法，一般都是用來做「小炒」。

所謂「小炒」，來歷如何我還不曉得，常見的「小炒」作料是蒿菜、荷蘭豆、鹹蘿蔔絲、香芹、半肥瘦豬肉絲，也有加進雲耳同炒的。

「小炒」的做法也沒有特別之處，先炒肉絲、蘿蔔絲，然後加進蒿菜、荷蘭豆等，兜熟即成，這個菜也不必要饍。不過，有些老饕卻嫌這做法太平凡，除爽而外不夠香味，因此加進臘鴨皮同炒。

做法：將臘鴨皮切絲，最先將臘鴨皮爆過，然後加肉絲和其他作料同炒至熟。

爆過的臘鴨皮，自然也炸出了臘鴨油，利用臘鴨油炒其他作料，當然也有臘鴨的香味。

酸雞

肉類用來做甜酸的食製很多，如「甜酸排骨」、「甜酸豬手」、「五柳鯇魚」、「醋溜魚」、「咕嚕肉」、「甜酸扶翅」等，不勝枚舉，但做全酸的卻不多見，用雞來做酸的製作，也許有人認為聞所未聞。

以雞做酸的食製的，在廣東新會原是很普遍的。每年春節期間，很多人家都吃酸雞，但過了春節就不多見了。雞是食製中的上品，為甚麼要將雞弄酸後才吃？原來農曆年初一至初七前，有些人不想動手殺生，於是在除夕前多殺幾隻雞。古老時代沒有冰箱發明前，要保存好幾隻雞不變味，一直吃到年初七，當然是一件傷腦筋的事，後來有人想到用醋來保存雞肉不變味，因之有很多人仿效這個方法，積習既久，新會人士在新春裏吃酸雞就成了習慣。據說富有人家在除夕前做的酸雞，一直吃到清明還吃不完。除雞以外，豬肉也用這方法保存。所謂酸雞，吃來並不像醋那麼酸，而只有很輕微的酸味，做得好的，仍有「白切雞」的味道。

酸雞的做法，是將雞劏淨後。蒸或煲之至僅熟，凍後放在已滾過的凍白醋裏浸之，要吃時才取出。浸雞的白醋，還放進少許鹽和極少的糖。

煀豬肉

前談過的「酸雞」是新會人的新年食製，「煀豬肉」則是新會農家的家常菜。

農忙季節，大家都忙於做田裏的工作，煮飯弄菜也幾乎不易抽得出時間，於是預備了一罉「煀豬肉」。一罉「煀豬肉」不是一頓飯吃完，也不是一天吃完，做得大罉的是一連吃幾天。其他食製，一連吃幾天就會變壞，但「煀豬肉」能保存多天而不變味。

「煀豬肉」的作料是豬肉、老薑、陳皮、魚露（貧家們則用醃過鹹魚的鹹湯）。

做法是一個盛腐乳的瓦罉，先用老薑、陳皮將魚露或鹹湯熬至沒有腥味而夠香氣時，才將豬肉放在盛魚露的瓦罉裏，加上罉蓋，以濕黃泥將蓋口封固，最後以穀殼或木糠做成一個火堆，置瓦罉在當中，上下周圍復加穀殼，煀二三小時即成。

「煀豬肉」鮮甘濃香，要吃多少就取出多少。後來也有人不喜歡吃魚露製的「煀豬肉」，用五香粉，煀的方法一如前述，但在 煀之前先用五香粉將豬肉醃過。

白老總雞

過去本欄談過白切雞，都是廣東廚師的做法，現在談的是廣西桂林白切雞，也有人稱之為「白老總雞」。因為白崇禧將軍當年座鎮桂林，特別愛吃這種做法的白切雞。

「白老總雞」的做法，前面的工序與廣東白切雞做法一樣，但後半部則像蒸滑雞。說它是蒸滑雞也可，是白切雞也未嘗不可，因為兩種做法兼有，稱之為「白老總雞」似較為適當。

白老總虔奉回教，家裏從不殺生的，吃用牲口，殺前都經宗教儀式，他喜歡吃的雞，廚師是在外面劏淨後才拿回來。比如明天吃雞，今日下午即將雞劏淨，以瓦煲煲水至滾，把原隻雞放進滾水裏浸至僅熟，以繩繫雞頭，懸之當風處，用白臘紙把全雞封住。第二天吃雞之前，取下來切件以碟盛之，加油鹽或其他配料，放進已收火的飯鍋裏焗之即成。

據曾與白老總同席又吃過「白老總雞」的人說：「雞肉的嫩滑和鮮味，遠非廣東白切雞可比。」

四季圓

談起了「白老總雞」，又想另一個桂林人請客常見的菜「四季圓」。

桂林人稱作「四季圓」的，其他的地方也有，不過不叫「四季圓」，簡稱為「獅子頭」，惟所用作料和做法微有不同。桂林的「四季圓」亦煎亦炒，做得好的，香、鬆、脍滑而不膩，牙齒不大健全的人，「四季圓」是可口的菜。

作料是半肥瘦豬肉，瘦佔三分二，肥佔三分一，蝦米、葱、冬菇雞蛋和海參。

方法是先將海參浸透備用。蝦米洗淨浸透，以古月粉、薑汁、酒稍醃，切成小粒，葱和冬菇、肥瘦豬肉也切成小粒。各項作料備妥，加入鹽和雞蛋白拌勻，搓掐成四個球形，放在鑊裏煎熟，再盛在燉器裏，將已浸透的海參張開，每個肉球蓋上一塊海參，燉至海參夠脍，再將燉器裏的原汁打「紅饋」，淋上即成。

糯米燉鯉魚

讀者李榮順來函提出兩個問題：

(一) 糯米燉鯉魚怎樣才做得好吃？

(二) 貴刊關於西菜和點心這類食品有無發表可能？

答：(一) 鯉魚燉糯米首先要將糯米用清水浸透，大約要浸兩點鐘，然後濾去清水，加入兩湯羹雙蒸酒、生油少許，將糯米撈過才放入鯉魚肚裏，以燉器盛之，加少許水、陳皮一小角及生薑二片，燉至夠火候即成。

（二）筆者是「土物是尚」的死硬派，向來不談西菜，西菜在西人眼光中有它的好處，提供西菜的做法，有教人學揸刀叉和學皮毛洋化之嫌，因此今後也打算不談西菜。

點心一類製作，還有可能談談。

蔴醬矮瓜

患上傷風是很討厭的，整天要以手巾揩鼻水，真使人怪難受。

同事馬小姐患了幾天傷風，已顯得精神憔悴，花容瘦減。偶談起患了幾天傷風連食量也大受影響，因問我有甚麼可口的菜。我說是有的，卻又一時想不起。

昨日下午，路過菜市場，看見菜攤上新上市的矮瓜，於是觸起了「蔴醬矮瓜」一個菜，既可口，做法也簡單，而且對治癒傷風也許有幫助。

「蔴醬矮瓜」是素菜，除矮瓜外，做這個菜的配料是：蔴醬、靚生抽、芥辣。

做法是先將少許芥辣用水或醋開好，以碗盛之，然後加入芝蔴醬、生油，拌勻備用。

矮瓜洗淨後，原個放在飯鑊裏蒸熟，用手撕開為五六條以碟盛之，吃時蘸已拌好的芥辣、蔴醬。

這個素菜濃香而帶辣，往時在廣州，我要吃這個菜時，一定到雙門底購買致美齋的芝蔴醬，但在香港就很難買到了。

豆腐蒸淡水魚

豆腐膶蒸淡水魚，是製作簡單而廉宜的家常菜，在淡水魚肥的季候很合時令的。

通常用來蒸豆腐膶的淡水魚，多是鱅魚（俗稱大魚）和鯇魚，用土鯪魚的也有，但有小孩的會嫌土鯪魚骨多。

做法是：魚洗淨，以碟盛之，加上豆腐膶（黃白均可）墊底，魚在上備用。用火蒜頭及頂豉樁成茸，鋪在魚上，加上葱花、薑絲、生油，蒸熟即成。這樣做法的豆腐膶裏層沒有味，要豆腐有味，製作應是這樣：

（一）用青蒜白（即生蒜）、頂豉，加上極少糖，舂成茸醬備用。（二）豆腐膶先用鹽水浸約二十分鐘，以碟盛之，大魚或鯇魚放在豆腐膶上，鋪上豉茸、生油蒸熟即成。

用鹽水浸過的豆腐，魚和蒜豉的鮮味方滲進豆腐膶裏。生油也一定在最後才加，如先加油，蒜豉味就不易滲進。生蒜有辟腥的作用，可以不加薑絲。

頻倫雞

朋友在開飯的時候來訪，自然是留他吃便飯，俗謂「加多一雙筷子」而已。話雖如此，有時也不能不「加料」，「加料」如不想「斬燒味」，要像樣而又好吃，做「頻倫雞」是頗為理想的。

「頻倫」是廣東土語，意即急促之謂，「頻倫雞」大概是很急促做出的雞的食製。

誰是「頻倫雞」的發明人，現在無從查考，在同事羅拔的家裏吃過一次，雞肉很鮮嫩，味道也可口。雞皮有些像豉油雞，但豉油雞及不上它的嫩滑。

做「頻倫雞」宜用連毛兩斤以下的嫩雞，配料是：油二兩、頂靚豉油一兩、生薑兩小片、紹酒兩湯羹、糖少許。

瓦罉燒紅，加油，爆過薑片，然後將原隻嫩雞四邊稍爆至微黃，最後加酒、豉油及糖，冚上罉蓋煮十分鐘後，開蓋，把靠罉底一面的雞反向罉蓋方面，再冚上罉蓋，將爐裏的柴取出，用餘炭再焗十分鐘左右即成。開蓋取雞斬件，以碟盛之，淋上罉裏的豉油汁。

這是可酒可飯的菜，吃雞而吃膩了白切雞的做法，「頻倫雞」是值得一試的，味鮮肉嫩，而製作也方便。不過，要做得好，一定要夠嫩的上雞。

炆龍躉翅

讀者白麗來信說：「我很喜歡吃魚，我的朋友章小姐也同樣喜歡，有一天，同章小姐一起吃海鮮，其中有一個菜是炆龍躉尾，章小姐說：龍躉即是石斑，是二而一，一而二的魚，不過石斑大的就叫龍躉。我不知道石斑和龍躉是否同是一種魚，聽了唯唯而已。但心裏懷疑：為甚麼一般人不叫石斑作龍躉，又不叫龍躉作石斑呢？敢問先生這兩種魚是否一而二？而龍躉又以怎樣做法為佳？」

答：龍躉和石斑是兩種魚，石斑是在港海周圍都有的海鮮，龍躉是在大海裏才有的魚。石斑和龍躉不同的地方是：石斑的鱗在皮外，龍躉的鱗外面還有一層皮。

龍躉肉只宜於炒球，魚頭、魚尾和魚翅宜炆。炒魚球和其他炒法差不多，魚頭、魚尾和魚翅蘸上生粉，以油炸透，再以蒸器隔水蒸至夠火候。起紅鑊，加味打「紅饍」就是。不先蒸過，炸後加水炆之亦可，但一定要炆腍才好吃。

釀蜆

宵來在友人家裏晚飯，吃到十分鮮美的蜆芥，因此想到釀蜆這一個小菜。

蜆是最便宜的海產，有鹹水的，也有淡水的，在香港要吃新鮮蜆，當然是鹹水的較易。

釀蜆的作料除蜆外，還要半肥瘦豬肉、魚肉、冬筍、冬菇、葱、香芹、臘鴨尾。

做法：先將新鮮的蜆原隻滾熟，取出蜆肉（蜆殼則留待後用），加入半肥瘦豬肉同剁成茸，然後加進生抽、生粉、熟油各少許，以筷子攪之至成膠狀備用。

臘鴨尾、冬筍、冬菇、葱白、香芹先後剁成小粒，加進蜆茸裏，拌勻，將之釀滿每一個蜆殼，再合之成原蜆模樣，蒸熟即成。

釀料蜆肉、豬肉、魚肉的份量應佔三分二，臘鴨尾、冬菇、冬筍等佔三分一。配料多過主要作料，吃起來就不覺得有蜆味了。

這個菜不可少的是臘鴨尾，沒有臘鴨尾就只有鮮味而不夠濃香。不過，有人視臘鴨尾為天下之奇味，也有人一觸到臘鴨尾的味道就感覺不舒服，不敢下箸，但釀蜆要好吃，又非用臘鴨尾不可。

洋葱鴨

昨到「強華」飲咖啡，老闆娘馮二嬸在座，她看見我便說我做了一件好事，使她增加了不少麻煩。我問是甚麼事，她續道：「你寫『食經』，東南西北盡有許多可寫的材料，你寫的『釀蛋黃』，為甚麼要拉我來作證？現在女青年會烹飪班的同學，都要我做給她們看，是不是使我增加麻煩？該罰你請飲茶。」我說：「多教些東西給人家，上帝保佑你。」同二嬸胡謅了一陣後，偶然又想起吃過二姊手製的「洋葱鴨」，是一個香濃可口的食製，愛吃鴨而又想有濃香味的，這個菜不妨試一試。

「洋葱鴨」的作料是鴨和原個的小洋葱。

做法是先將鴨劏淨，「泡嫩油」，原個洋葱去衣後也「泡嫩油」，將一部分洋葱放在鴨肚裏，用原豉起鑊，稍爆過其餘洋葱，才放鴨落鑊，加水炆至夠腍，用原汁「打饋」即成，以碟盛之，鴨在當中，周圍以洋葱為伴。

這個菜的鴨炆好後不必再過刀，吃來鴨有洋葱味，而洋葱也有鴨的濃鮮味。

秋冬之間宜用豆豉炆，春天則宜用頂豉，因頂豉有「引火歸臟」的作用。

枸杞扒鴿蛋

枸杞是落葉小灌木，夏天葉腋開花，結紅色而圓長形的實，就是一般人用來做燉品配料的杞子，它的根的皮可作藥用，熟藥店裏的「地

骨皮」，就是枸杞根的皮。

據說枸杞葉也有補眼的益處，但補到甚麼程度，要問對藥物學有研究的才曉得。

枸杞除做滾蛋花湯、牛肉湯、扶翅湯外，還可做扒鴿蛋、扒鴨掌一類的熱葷。所以新出的嫩枸杞葉在筵席上同嫩豆苗一樣的地位，稱為上品，但過了春天的枸杞葉吃來就毫無好處了。

由於枸杞對眼睛有益處，很多人用來做家常食製中的湯。更有人患眼疾而吃「枸杞煲烏豆」的。

如用來做「扒」的熱宰，除肉類作料外，枸杞的做法宜於這樣：摘下枸杞的嫩葉，洗淨，用有少許蘇打粉或梘水的滾水泡熟枸杞，再以上湯煨過，然後和作料同燴，加饋即成。

因為要「扒」得好吃，要較多的火候，如不先用梘水或蘇打粉泡過的枸杞，就不易保持枸杞的綠葉色，惟做家常食製的湯，就不必用蘇打粉或梘水泡過了。

西洋菜的故事

住居在澳門和香港的人，誰都知道蔬菜中有叫作西洋菜的，而沒有吃過西洋菜的，也不會很多。

西洋菜有水旱之分，而以水西洋菜較好，最常見的西洋菜食製是煲豬肉和炒牛肉。

西洋菜原來是一種不知名的水生野草，據說最初有西洋菜的地方是澳門。

故老傳說，澳門之有西洋菜的故事是這樣的：

距今二百年前，一艘葡國商船自大西洋東來，船上有一個人患了嚴重的肺病，當該船道經某小荒島時，船上的人員懼怕傳染，將患肺病的移居荒島，並留下不少糧食，然後繼續東行。其時全船的人員以為這個病者必死。數月後，該船復經荒島，船員們再到島上，初意將患肺病的屍體掩埋，後來發覺病者還未死去，而糧食則已食罄，因問他靠甚麼而活到現在。病者就告訴他們吃一種在水生的野草，有些船員就以為這些野草可治肺病，於是就摘了若干移植到澳門。因為是西洋人帶來的，無以名之，就叫它作西洋菜。

西洋菜湯可治一般人所說的「熱氣」，是否對肺有益處，則非我所能解答了。

東坡菜

東坡居士的《聞子由瘦》詩云：「五日一見花豬肉，十日一遇黃雞粥；土人頓頓食藷芋，薦以熏鼠燒蝙蝠。舊聞蜜唧嘗嘔吐，稍近蝦蟆緣習俗；十年京國厭肥羜，日日蒸花壓紅玉。從來此腹負將軍，今者固宜安脫粟；人言天下無正味，即且未遽賢麇鹿。海康別駕復何為？帽寬帶落驚僮僕；相看會作兩臞仙，還鄉定可騎黃鵠。」

東坡居士是天下第一老饕，當他在儋耳（即今海南儋縣），和黎苗為伍的時候，不易獲得好的食製，瘦了許多，且竟至於「帽寬帶落驚僮僕」。「大食」和吃慣了好的，一旦沒有好的可吃，確真不易過。

這裏所說的「東坡菜」，並不是東坡居士傳下來的，而是革命元老陳可鈺先生當年用以款待孫總理，孫食而甘之，因問「這是甚麼菜？」陳乃答之曰「東坡菜」。這一故事，凡熟悉辛亥前後的掌故的，幾乎都曉得。

陳為粵之清遠人，清遠以產「筍蝦」著名，故陳氏每逢宴客的菜式中，幾乎缺少不了「筍蝦」。稱之為「東坡菜」的，實在是廣東人底家常食製的「筍蝦炆豬肉」，原是普通不過的菜，為甚麼名之為東坡菜？也許由於東坡居士有兩句打油詩：「無肉令人瘦，無竹令人俗」吧。筍，竹芽也，有竹有肉，不瘦不俗，故名之為「東坡菜」。

蟹扒矮瓜

矮瓜現在算是當時得令的瓜菜了。

《食經》談過「蔴醬矮瓜」和「釀矮瓜」，此外還有很多種做法，不過都是宜於做家常佐膳的菜，至於請客的饌餚中，很少有矮瓜作菜，比較可登大雅之堂的要算「蟹扒矮瓜」了。做法是：

（一）將蟹蒸熟，拆肉備用。

（二）將原個矮瓜，洗淨，在瓜身上割開六七條刀痕，在油裏炸過，用上湯把矮瓜滾至夠腍，以碟盛之備用。

（三）用蒜頭起紅鑊，先下矮瓜，再加少許上湯，最後放蟹肉下去，滾後加白饍兜勻即成。

（四）上碟之前還加進少許蔴油，否則不夠香氣，蔴油也有辟去蟹肉腥味的作用。

做這個菜，有人用鹹水蟹肉，要夠鮮味當然是用淡水的肉蟹為佳。

豆豉炆烏頭

假如你愛吃魚鮮，而又常到元朗旅行，不妨購歸一二斤元朗特產的烏頭，這是一種夠鮮而可口的魚鮮。

烏頭是元朗特產，炮製方法雖有多種，我以為用鹹淡豆豉炆最佳。方法是：

（一）烏頭劏開洗淨，抹乾，用古月粉和靚抽油撈過，然後以慢火炸透，取出以碟盛之。

（二）炆的配料是鹹豆豉、淡豆豉、陳皮絲、酒一杯。

（三）起紅鑊，稍爆陳皮絲，再傾豆豉略兜勻，加酒及水少許，最後放入烏頭，同炆至豆豉夠脸，即可上碟，不必加「饍」，也不用落味。

一斤烏頭約用八錢鹹豆豉、八錢淡豆豉、酒半茶杯、兩片陳皮，單用鹹豆豉也可，但一定用未抽過豉油的豆豉為佳。不過用鹹淡豆豉比單用鹹豆豉鮮香得多。

大呂兄日前見贈地道的羅定鹹淡豆豉各半斤，幾天來因忙於俗瑣，未暇一試。有友昨自元朗歸，贈烏頭二斤，以鹹淡豆豉炮製，吃之鮮濃可口，魚與豆豉的味都極佳，用為讀者介紹，並謝大呂兄之賜。

鮮鹹菜炆排骨

際茲將熱乍涼的季候，尤其遇到潮濕和有霧的天氣，不但人精神不愉快，甚而會感到疲倦和四肢酸軟，有時連食量也打了折扣。因此在這樣的季候和一日數變的天氣裏，一般對吃有研究的人一定選吃一些所謂「醒胃」的食製，本文所說的「鮮鹹菜炆排骨」就屬於「醒胃」一類，是一個廉宜而易做的家常菜。作料是大芥菜和鹹酸菜、豬排骨、蝦米、頂豉。

做法：

（一）先將鹹酸菜、大芥菜洗淨去葉，大芥菜切成骨牌形，鹹酸菜梗切薄片備用。

（二）蝦米的份量和大芥菜相比約佔十分之一，洗淨，以刀背掊至鬆軟，放在油鑊裏炸透。

（三）起紅鑊，稍爆頂豉，加進排骨兜勻，然後加鹹酸菜、大芥菜、蝦米、水，將大芥菜煮至夠腍即成。

這個菜夠鮮，夠濃，夠香而又有少許酸味，胃口不大好的，這個菜可增進食慾。

鹹菜炆豬大腸

鹹酸菜是週年都有，也是四季咸宜的作料。不過，在夏天吃鹹酸菜的比冬季為多，因為一般人感覺鹹酸菜有醒胃作用。

「鹹酸菜炒豬腸」是最普通的家常菜，《食經》已談過，現在談的「鹹酸菜炆豬腸」，也是廉宜而易做的可口家常菜式。豬大腸本身很韌，炒得不好的豬大腸，不易嚼得爛，但炆豬大腸卻是老幼咸宜，容易消化的食製。

做法是：用鹽將原條大腸洗淨，又以清水漂清鹽味。用蒜頭起鑊，加上頂豉，將原條大腸爆透，然後加少許水將大腸煲到可用筷子插入時，把大腸取出（豉汁留待後用），用油鑊再將大腸炸透，然後切之每件約一寸長，取原汁加上鹹酸菜同炆十餘分鐘即成。

豬大腸有阿摩尼亞味，爆透的作用在辟去這種氣味。鹹酸菜在製作前還要用白鑊烘乾。

炒蕹菜

新蕹菜已見上市，吃炒蕹菜是時候了。

蕹菜有水、旱之分，而以水蕹菜較好吃，也叫作通菜。這是很普通的菜蔬，經常用作家常食製，請客筵席卻不常見到有蕹菜。

蕹菜一般做法是炒牛肉、炒魚片、炒油菜等，製作方法與其他菜蔬無大分別，不過懂得炒蕹菜的，一定用多量蒜頭起紅鑊，將蕹菜爆過，而且先炒菜梗，再炒菜葉，熟後才和其他作料同炒。

或問：為甚麼炒蕹菜一定要用蒜頭起鑊呢？

原來種蕹菜的水田裏有一種叫作「水蛭」（俗稱「蜞乸」的蟲）最喜歡寄生在蕹菜裏面，洗菜時一時大意，洗不清菜裏的「水蛭」，吃後會使人患皮黃骨瘦的病症。「水蛭」如非經過高度熱力的煎迫，仍能生存，不慎吃到胃裏麻煩就大了。用蒜頭爆過的熱鑊，即使蕹菜裏還有「水蛭」，觸到鑊裏蒜頭的味道也就會嗚呼哀哉，不慎吃進肚裏，也不會再興風作浪了。

釀辣椒

孔子曰：「食不厭精，膾不厭細。」二千年前，吃的研究已臻於精和細，但今日科學進步的西方，還須吃大塊肉，要自己動刀動叉。就吃的享受來說，當然是不必自己用刀用叉比較吃得舒服。再就衞生論，吃時可減少牙齒的勞動，而食物咀嚼得很細，到了腸胃以後，也比較容易消化。雖然有不少人喜歡吃西餐和愛用刀叉，我總覺得中國人的吃比西方進步。

中國人早已發明了「寓色於食」和「寓食於醫」。「寓色於食」只是好色之徒利用食來增加荷爾蒙，但「寓食於醫」是值得提倡的。每週煲西洋菜湯和清補涼湯等，便是調節身體。夏天用辣椒做菜，因為醫書說辣椒可去水濕，間中吃辣椒可以減少水濕病的發生。假如為了預防水濕而光吃辣椒，當然比不上以辣椒做菜更使人吃得舒服。

釀辣椒是夏天菜，釀的作料是魚肉、蝦肉或豬肉，這是任何伙頭軍都會做的。不過，有些釀辣椒釀的作料做得很爽，辣椒則不爽而帶韌，這因為不講究煎的方法。懂得煎的，將作料釀進辣椒以後，只煎釀了肉料的一面，其他一面不煎，不然，辣椒必韌。

釀錦荔枝

苦瓜是夏天瓜菜中的佳品。苦瓜因苦澀味濃，不愛吃的固大有其人，愛吃的則認為是上品。

苦瓜的皮多痱瘤，有點像荔枝熟後的外殼，有些紅黃色，因此有人稱之為錦荔枝。

苦瓜做食製最多是炒牛肉、炒田雞、炒雞球和煮三黧魚等。無論用來作炒或煮，要做得好吃，必離不開用蒜豉起鑊。廣東菜苦瓜不用蒜豉者不多見，因為苦瓜味濃，以蒜豉配製可收相得益彰之效果。

釀苦瓜的作料有人用豬肉和魚肉，我則認為用鮮蝦最佳，因為蝦也是味濃的海鮮。

做法是先將苦瓜劏開，取去瓜仁，以少許梳打粉將苦瓜「出水」，漂去苦瓜的苦澀味後備用。

鮮蝦去殼後，以刀背剁之成醬，又用筷子搭之成膠狀，才釀進已出過水的苦瓜裏，最後以蒜豉起鑊，炆之至熟即成。吃時切件與否，悉聽尊便。

如要做得好吃，釀蝦膠之前，在苦瓜裏放一塊紫蘇葉。

田雞冬瓜盅

冬瓜是夏令食製作料的上品。每年到暮春時冬瓜生苗引蔓，葉如掌狀分裂，莖和葉皆長有毛刺，到了初夏開黃花，結實後皮堅而厚，嫩時色綠有毛，老的呈蒼色，上面且浮有白霜。瓜形有長的，也有圓的。據說老冬瓜比嫩的更有消暑效能。

本欄前談過「燉冬瓜盅」、「火腿冬瓜夾」，現在談的也是冬瓜盅，但所用的作料和前者不同，我以為家常食製冬瓜盅，後者比前者較為方便。前者是用什錦作料，而後者則只用田雞和火腿。

做法：田雞去皮連骨斬件，火腿切粒加水，同放進已去瓜仁的冬瓜裏面，置燉籠裏燉四小時即成，吃之前另加夜香花。

用田雞和火腿燉冬瓜盅，湯味清鮮不在話下，兼且冬瓜的鮮味比用什錦作料製的更佳。

要注意的是調味只宜於用鹽，如用生抽調味，則湯有酸味。

炸蛋

炸彈與炸蛋，無論用廣東話、上海話說，聽來原是一樣東西，炸彈的破壞力很強，誰都害怕，但炸蛋則是家常小菜。

許多食製的名稱名實不符，但有些食製的名稱很美麗，很典雅，可是不到下箸之前，無法曉得它的作料是甚麼東西。抗日期間，渝桂等地最流行的食製「轟炸東京」，原是四川菜的「鍋巴魚唇」。當時誰都希望有「轟炸東京」的一天，聰明的人們就將「鍋巴魚唇」改作「轟炸東京」，現在所說的「炸蛋」，卻是名實相符、老幼咸宜的家常菜。

最近的魚菜價格，除蔬菜外，鴨蛋和雞蛋也很廉宜，要做一碟七寸碟的炸蛋，所費不過幾毫錢。炸蛋所用的作料是鴨蛋、番茄、蕎頭。

做法是先將鴨蛋破開後，以碗盛之，然後傾進油鑊裏，將鴨蛋炸透、上碟。番茄、蕎頭都切成小粒，紅鑊炒過。加進鹽、糖、醋、豆粉少許，做成一個「饍」，淋在炸透的鴨蛋上面，就是名實相符的炸蛋。炸四隻蛋約用二兩番茄，一兩蕎頭即可。

冰糖燉冬瓜

冬瓜不但是夏令食製的上等作料，也可作夏令甜品。讀了同文梅蒂的「綠豆湯」，使我想起「冰糖燉冬瓜」。我吃最多「冰糖燉冬瓜」的時候是二十年前，在廣州堂伯的家裏。堂伯是有名的「食家」，我是經常不請自來的座上客。一到了溽暑過人的季候，世伯家裏經常有「冰糖燉冬瓜」可吃。據堂伯說：「冰糖燉冬瓜有消暑清熱的作用。」但效果究竟若何從未加以研究，不過燉出的汁清潤無比。

做法是先將冬瓜洗淨，開蓋，取出瓜仁，加進冰糖，復蓋上瓜蓋，放在燉器裏，文火燉二三小時即成。取去瓜仁以後，每斤瓜約用兩半冰糖燉之，不用加水，燉好以後，瓜裏面就會有一半甜汁，先飲汁，後挖瓜吃。

食經・上卷

第四集

序

陳荊鴻[1]

老友特級校對先生，在《星島日報》寫《食經》，連篇累牘，風靡一時，又復刊印專書，一集、二集、三集，今更刊第四集了。我是一個百無一用的人，羣居終日，惟酒食是議，老友知其如此，所以居然要我在這裏寫幾句話。

論語：「不時不食」，又曰：「薦其時食」，注云：「四時之食各有其物也」，這是指時令的時，但我以為除了時令的時外，還有時代的時。有許多食品，往日未有，在今日而有，這裏不精，在那裏卻精，思想進化，交通便利，增加了我們的口福不少。李陵居匈奴，說起羶肉酪漿，還有點不甚滿意的口氣，但如今西餐饗客，輔以跳舞，才算摩登，南方的酒家樓，標榜着揚州麵點，而北方的酒家樓，卻大寫凰城食譜。可知不獨「四時之食，各有

1　書畫家，曾在港任報社總編輯及大學教師。

其物」，尤其是四方之食，各有其好處，中外古今之食，各有其不同了。柳宗元詩：「海味惟甘久住人」，那是千百年前的見地，不足以論於今日五都之市。

特級校對這本《食經》，不獨極南北飲食的大觀，就算歐美的餅餌，日本的魚蔬，如何烹調，也不厭其詳，窮搜博採，那末，何曾的安平公食單，韋巨源的燒尾宴食單，袁枚的隨園食譜，比較起來，都要退避三舍了。食不厭精，時令的物品要研究，時代的物品，更要研究。

說到這裏，我已食指大動了，還是淺斟低酌去罷，胡謅則甚。

一九五三年一月

林森豆腐

食製名稱中稱為丸的，有魚丸、豬肉丸、牛肉丸等，用豆腐做丸的不多見，甚至有人認為新奇。桂林月牙山和尚製的豆腐是豆腐製作的佳品，到桂林的人幾乎都會到月牙山一試。那兒的豆腐好處是嫩滑，做豆腐丸最為理想。已故的國民政府主席林森，某年到桂林，吃過桂林豆腐丸後，認為是前所未見的豆腐佳品。自經林主席品評後，豆腐丸更增聲價，後來更有人稱之為「林森豆腐」。

豆腐丸像糯米湯丸一樣，是有餡的，外面的皮就是豆腐。餡的作料是：魚肉、豬肉、冬菇、蝦米、葱白，剁成茸，用筷子攪至膠（不起膠狀就不夠爽），掐成小圓球形備用。

外皮是將方形的白豆腐放在一個布袋裏，裹實，用石或其他重物壓之，使豆腐所含水分完全流出，這時布袋裏的豆腐已被壓到像「豆腐渣」。布袋解開，以碗盛起糜爛的豆腐，加入少許生粉和雞蛋白，搓成餅麵一樣，以手研成薄皮，包上圓球形的肉球，做成像糯米湯丸一樣，用鮮湯泡熟，連湯盛起，加蔴油、芫荽就是。

另一個做法是以清水泡熟豆腐丸，用有味湯「打饋」，以碟盛之，上加蔴油和芫荽。做湯的豆腐丸比較細，否則像白鴿蛋大小就差不多了。

月牙山的豆腐，此時此地固然無法找到，如用港九市上的豆腐，必不嫩滑，想好吃而又不嫌麻煩，就要到郊外買山水豆腐了。

酸菜

讀者陳鴻烈先生來信說：「……如流行兩廣的酸甜泡菜，味雋永而價廉宜，且各種蔬菜均可炮製，尤合一般平民之條件，惟自製，非過酸即太甜，每試不佳，且炮製之湯極易霉壞，向粵人請教，均瞠目莫能對，詢之於攤販，又不肯詳告。特函就教，幸將炮製方法刊諸《食經》為感。」

就來信觀之，你必是「廣東佬」所說的「外江佬」。廣東沒有「泡菜」名稱，難怪「廣東佬」對你所問「瞠目莫能對」了。你所說的流行兩廣的泡菜，廣東人稱之為「酸菜」。實際上「泡菜」與「酸菜」的做法也有不同，你既是「外江佬」，當知「泡菜」如何做法，至於廣東的酸菜做法如下：

先將蔬菜洗淨，切之，大小聽便，將蔬菜放在滾過的水裏輕輕拖過，才以筲箕將菜盛起，加進少許鹽醃之約一小時，再用熱水漂去鹹味，置之當風處吹過一夜，然後放入已滾過的凍糖醋缸裏浸之若干小時即成。

要酸或甜到甚麼程度，在浸菜之前試試，如果想酸菜裏有甜味，另加少許糖精。

東坡菜的做法

讀者羅成偉來信：「讀了『東坡菜』的故事，很感興趣，可是你並沒有將做法寫出來，仍覺美中不足。孫中山先生且『食而甘之』，則這

個菜一定很好吃。我也愛吃『筍蝦』，從前在廣州靖海路某商行吃過一次很好的『筍蝦炆豬肉』，至今已逾十年。後來吃過好幾次，但都沒有在靖海路所吃到的好，希望先生把做法寫出來，讓我學習學習。相信還有不少讀者愛吃這個菜的。」

這個菜做得好與否，第一要看筍蝦好不好，第二才是製作合乎標準與否？你如用台灣或福建的筍蝦，即使製作極精，也不會好吃的，如果有辦法買得到清遠筍蝦，即使製作不甚佳，但吃來仍很可口。

做法是：清遠大肉筍蝦（不是筍絲），以過面清水浸隔一夜，「出水」，扭乾後再以清水浸透備用（切筍蝦應該橫刀薄片，不然就會有根絲）。

起紅鑊，稍爆過南乳，將筍蝦傾進鑊裏，加水煮至一半火候，加入半肥瘦豬肉同炆至夠火候即成。

筍蝦須經很多火候，故要先炆筍蝦，如果與豬肉同炆，則豬肉炆至融化，筍蝦也未必夠火候。

芥菜豆腐

讀者蘭兒小姐來信談到她最近吃過一次川菜，中有一味芥菜豆腐，甚覺可口，尤其豆腐之嫩滑，前所未有，因問這是不是山水做的豆腐，哪裏有出售？

我以為在香港不易吃到山水豆腐，而山水豆腐也不一定夠嫩夠滑。豆腐做得好不好，第一要看用甚麼豆，第二才講究做法。蘭兒小姐所吃既是川菜的芥菜豆腐，我知道這個菜有葷的做法，也有素的做法。素的做法是先以蘑菇等作料熬湯，葷則用雞湯，然後加芥菜豆腐同燴，上碟時芥菜圍在四周，豆腐放在當中，顏色美觀，做得好的堪稱佳饌。但是豆腐嫩滑是因為在燴之前經過一番製作，方法是：

用白色的實豆腐，搗成豆腐糜，加入雞蛋白和鹽水少許拌勻，然後用漏斗濾過，豆腐渣滓不要，只取濾過的豆腐糜，以布包之放在蒸鑊裏蒸熟，這時混有蛋白的豆腐糜就變成普通實豆腐一樣，再以薄刀切成件，加入雞湯芥菜同燴即成。

雞油蠶豆

過中環街市，見南貨店（即上海人開的食料店）有新鮮蠶豆出售，食指大動，歸而告「家主婆」，購鮮蠶豆做「雞油蠶豆」。

在香港的外江館裏，雖吃過好幾次「雞油蠶豆」，但都不夠理想。究其原因不是做法不對，而是作料不佳。因為外江館不重視上湯，而用很多味精調味，蠶豆本身的原味遇到味精就完全消失了。

除忌用味精外，此菜也不能用生油和蔴油，不然也不會好吃，沒有雞油用豬油也可，不過雞油做的最好吃。江南菜譜中有這個菜，四川菜也有這個菜，這裏所提供的做法是川式的。

做法：先將生雞膏炸油，再用雞油將已去殼的蠶豆仁爆過，加入少許上湯，蓋上鑊蓋，滾十分鐘後加鹽上碟即成。

沒有上湯可用瘦火腿粒滾湯，出味後加入蠶豆煮十分鐘·然後加鹽調味即成。

白片肉

濃膩的食製在夏天裏是不為一般人所喜愛的。「南乳扣肉」、「燉元蹄」等均屬濃膩，夏天愛吃這類菜的人不會很多，但川菜中的白片肉卻是四川人夏天的家常菜，因所用豬肉肥瘦相兼，吃來毫無濃膩的感覺。

一般川菜館或兼售川菜的外江菜館做的「白片肉」，用的是豬肉中的實肉，泡熟後片成薄片，以碟盛之，淋上薑葱茸、醋和豉油就是。不過，這樣做法的「白片肉」不夠理想，要做得好，吃來夠香，方法是：

豬的實肉一件，用繩紮實，用水煲半小時，以薄刀切薄片，上碟吃時蘸薑蒜茸、醋和豉油。這是川東的吃法，成都人則蘸辣椒油和豉油。做白片肉先用繩繫紮豬肉是四川食家的做法。

雞腿釀露筍

本港水荒嚴重，正瀕臨高潮的時候，端午節前兩日天公總算開恩，下了幾場不大不小的雨，使乾涸的水塘增加了水量。靠天飲水的香港人，得以暫時鬆弛因水而緊張的心情。

一天下午，大雨傾盆，來自九龍的朋友駕臨草舍，聊天到開飯的時候，外面大雨未止。在情在理，不能不多加一雙筷子，留朋友吃沒有預備菜的便飯，到廚裏一看，除了幾隻雞蛋，還有一兩多的瘦火腿、一些雞髀外，再沒有其他作料了。這時雨仍大，不便到外面「加料」，偶檢紗櫥裏還有一罐露筍，驀然想起四川菜有「雞腿釀露筍」一個菜式，是夏令冷食製。於是依樣葫蘆做其四川菜，不料這樣急時抱佛腳濫竽充數的製作，朋友竟「食而甘之」，且認為「好嘢」。

做法：(一) 先將露筍每條用刀割開一條裂縫備用。

(二) 雞髀蒸熟，去皮拆骨，切絲，瘦火腿切絲。將雞絲、火腿絲各一條放進嫩露筍的裂縫裏，以碟平排盛之即成。如嫌味不夠，則先用生抽少許將雞絲撈過。

無獨有偶

偶爾在書堆裏翻到一本談食製的書，叫作甚麼菜饌大全，據說是菜饌專家所著的。因為作者是「專家」，不由得並非專家而又愛吃的我，很虔謹地拜讀，向「專家」大力學習，冀有所獲。誰知看下去，我發覺天下間無獨有偶的事太多了。

「專家」的大作裏也有豆豉焗雞的做法，但所記述的方法同語句，和拙作《食經》第一集第五十四頁「豆豉雞」做法第二段完全相同。拙作是一九五一年八月初版前已刊登本欄，而「專家」的大作則在一九五二年元月才出版，要不然，讀者一定說我做了「專家」底大作的「文抄公」了。「專家」從事於酒菜業凡二十餘年，而又「嘗漫遊南北川黔滇越省港澳及廣東各縣考察多年」，見識之廣，經驗之富，自不在話下，而這本大作又是「聊將製造秘法註述」，當然是一本雖不至後無來者的「專家」的巨著，至少是前無古人的名作，誰想「秘法」中竟有和拙作相同的，真算是無獨有偶中的「無獨有偶」了。

至於拙作的「豆豉雞」是向大元酒家的老闆姚九叔 (慎之)「學習」的，香港菜館之有豆豉雞，始自國民酒家，姚九叔當時是國民酒家的經理。

墨盂煲豬肉湯

這不是食製的方法，而是一個天真而愚蠢的「伙頭軍」底可笑的故事。

這個故事是「我的朋友」吳晚成兄的叔祖告訴他的。他說，三十年前，叔祖的店子裏，有一個天份不高的「伙頭軍」，做事雖胡塗，因鄉誼關係，也就讓他在店裏胡胡混混地過「伙頭軍」的日子。

有一天，叔祖想吃墨魚煲豬肉湯，告訴伙頭軍在早飯時弄這道菜。伙頭軍卻說：「墨盂這末大，怎能放進煲裏去？」叔祖說：「先將墨魚弄開，然後放在煲裏。」伙頭軍至是頷首而退。

到早飯的時候，「伙頭軍」捧上一大碗墨盂湯，叔祖正欲下羹，但見碗裏的湯是黑墨墨的，因問「伙頭軍」：「墨魚煲豬肉湯的湯為甚麼黑得像墨？」「伙頭軍」答道：「墨盂是黑的，用來煲湯，怎可變白？」叔祖聽了，正是丈八金剛，摸不着頭腦。再問：「你買的是甚麼墨魚？」「伙頭軍」道：「這墨盂不是買的，是賬房裏桌上大墨盂，以鐵鎚敲爛後，還洗過三次，誰曉得煲起湯來仍是這末黑。」叔祖和同桌的人聽了，又好氣，又好笑，大家還吃不吃這碗墨盂湯，叔祖當時並沒說下去。

鱆魚煲豬肉湯

昨天所說的「墨盂煲豬肉」的故事，固然是「伙頭軍」的糊塗，不過，我想這位「伙頭軍」從前一定沒吃過墨魚，否則不會以墨盂作墨魚

的。而中國的飲食，也是古怪多端，不能吃的東西，放在可吃的作料裏同煮同煲也不是沒有，如用紋銀玉器同煲過的水，小孩飲了可以壓驚。這一類的事，上了年紀的人都知道，至於真否有這種效用，卻不見得有甚麼可靠的根據。

以墨盂作墨魚固然是天真而愚蠢，「伙頭軍」一時糊塗，也不見得完全沒有可原恕的地方。

以墨魚煲豬肉湯，可增加湯的鮮味，是無可置疑的，但是要用已曬乾的墨魚，如果用新鮮墨魚煲豬肉，不但不會增加湯的鮮味，連煲過的豬肉也腥到不易入口。用墨魚煲豬肉湯，當然不及用鱆魚夠鮮、夠香，但墨魚比鱆魚廉宜很多，食指眾多而買菜錢的預算不很富裕的，就不妨以墨魚作鱆魚了。

煲一斤豬肉，落二兩左右的乾鱆魚同煲，則湯味很夠鮮了，不過要煲好幾海碗的湯，當然就談不上有甚麼鮮味了。

太史田雞

用冬瓜做作料的食製，本欄已一再提過，現在要說的也是用冬瓜做作料的廣州有名的夏令食製之一。

「太史田雞」的創始者是以擅製蛇羹馳名的江太史，當年與江太史有往還，或做過「太史第」嘉賓的，很多都吃過。

「太史田雞」原始的名稱不是今名，廣州「食家」仿效了江太史的做法，客人「食而甘之」，問這是甚麼菜，便姑以「太史田雞」應之，傳播開去，大家都叫這個菜作「太史田雞」。

由於此菜確有好處，到後來廣州酒家的菜譜，也列入這個菜名，成為夏令食製的上品。

「太史田雞」所用的作料是冬瓜和田雞、瘦火腿。

這個菜的做法並沒甚巧妙之處，將田雞去皮後斬件加上瘦火腿燉或煲冬瓜，湯固清鮮無比，冬瓜也很夠鮮味。不過，當時的「太史田雞」中的冬瓜是去瓜青切件後每件批成馬蹄形，家常間要吃這個菜，似乎可免去這番功夫了。但田雞要用薑汁酒撈過，在鑊裏稍爆更佳。

為了辟去冬瓜的青味，和增加湯裏的香氣，煲時最好加入少許陳皮。

瓜皮蝦

風雨過後，漁船出海捕魚，惟因還未到漁造，所獲不多，同時內地淡水魚運港也大為減少，形成供不應求，魚價大漲。愛吃素的編輯乘機鼓吹人們吃素，在他編的新聞裏做了一個「瓜菜價廉何妨素食」的標題。

在大熱天，我以為葷的食製少吃一些，也不致影響到身體的營養，素的食製最低限度入口時不會使人感到濃和膩而影響食慾。由於看到「瓜菜價廉」的題目，我想起「瓜皮蝦」，這是一個亦葷亦素的夏令的冷食製。

「瓜皮蝦」的作料是青瓜，約一吋長的安南蝦米、海蜇、青椒、子薑、芝蔴、蔴醬。

做法是：

（一）先將蝦米浸透，洗淨，用酒和古月粉少許，將蝦米撈過，放在鑊裏爆香備用。

（二）海蜇皮洗淨後，以滾水泡熟，切絲。

（三）子薑、辣椒切絲以糖醋少許醃過，青瓜切片後先以鹽醃過，揸乾，再以少許糖醋醃之。

(四) 最後用蔴醬和各項作料拌勻，加上炒香的芝蔴即成。

青椒如嫌不夠辣，可加進紅辣椒。

椒醬肉

幾天來室內的寒暑表，保持華氏八十八度，大白天使人熱得透不過氣，到深夜裏，也難感到有快意的風吹來。到海灘或上太平山頂乘涼，雖可快意一時，但離開海灘和山頂後所面對的是熱得難熬的氛圍，坐臥不寧，連必須的吃，也不大起勁。

兩天來的幾頓飯，除了瓜湯和「椒醬肉」外，其他的菜都不大下箸。

「椒醬肉」好在有辣味而夠香口，辣是有「醒胃」的作用，香在舌頭上是很感快意的，雖然「椒醬肉」是多油的，但並未引起怕膩的感覺。

在這樣的日子裏，如果甚麼餚饌都提不起下箸的興趣的話，「椒醬肉」可能同你的筷子最有感情，信不信由你。

「椒醬肉」所用的作料是：青辣椒、頂豉、蝦米、蒜頭、肥豬肉或肥火腿、芝蔴醬。

做法：

(一) 肥肉、辣椒都切成小粒，蝦米浸透後以薑汁、古月粉撈過，切成小粒，爆香。

(二) 用蒜頭起鑊，先將頂豉爆香，然後加進肥肉粒、辣椒粒、蝦米粒兜勻，最後加進芝蔴醬拌勻即可上碟。

高興在辣中而有少許甜味的，可加進小許黃糖。

白汁魚

讀者張露絲小姐來信說：「我很愛吃『白汁魚』，但我底娘姨阿三的『白汁魚』做得不好，有時且有腥味，請問這個菜怎麼做才好吃？」

答：「白汁魚」原始是西菜。西菜館的「白汁魚」多用魚塊，少用原條的魚。大塊的魚肉腥味較少，魚腩和肥的部分腥味較大，你有時吃到有腥味的，恐怕不是用魚塊，而是原條一二斤左右的魚。如想避免腥味，最好用魚塊肉。

西菜館的做法是先將魚塊蒸熟，然後以原汁或牛肉湯、鷹粟粉、忌廉奶、菜油、牛油，打「白饋」淋在上面。用菜油的作用是辟去魚的腥味。大多數西菜館都不是原汁而用牛肉湯「打饋」，因為魚塊多是「雪櫃貨」，原汁鮮味不夠。

家庭如要做「白汁魚」，最好用原條活魚鮮魚，怕腥的則蒸時加入一二片生薑，鮮魚的原汁可作「打饋」用。

蒸肝膏

讀者羅秀峰先生來信說：「我最近在一家外江菜館裏，吃過據說叫作『蒸肝膏』的一個菜，吃來的確是肝，卻不知是甚麼肝，形狀不像肝，既非豬肝也非雞肝牛肝，大小像一隻天九牌，很是可口，敢問這是甚麼肝？又怎樣做法？希刊在《食經》裏俾使學習。因為我很喜歡吃這個菜。……」

秀峰先生：來信所說的外江館並未指明賣的是甚麼菜。就我所知，京滬等館子可能也會做「蒸肝膏」，但「蒸肝膏」是四川菜，做得好的，是食製中的上品。

作料最好用雞肝，但館子裏吃到的不會是雞肝而是豬肝，因為雞肝比用豬肝成本高好幾倍。

做法：先將豬肝以鐵或竹刷刷成茸狀，加入少許鹽水用濾斗濾過，棄去渣滓，取其幼茸，加入薑汁、料酒、雞蛋白拌勻，以布包成小包，用蒸器蒸至僅熟，去布，肝茸即成豆腐膶狀，切成片如天九牌大小備用。

起紅鑊，放進已泡熟的嫩芥菜，上湯打「白饋」，然後加入肝膏，即可上碟。嫩芥菜作伴，肝膏置當中，打「白饋」淋上即成。

蒸肝膏做得好壞與否，第一是肝膏的調味，加古月粉與薑汁和料酒，作用在辟去肝腥味和增加香氣。第二是蒸的火候恰好，過熟就不好吃了。

炒西瓜皮

大概是一九二五年前後的一個夏天，我從山東南返，道經上海時住了一段很短的日子。有一天，一個上海朋友請我在他家裏吃飯，吃到一種像瓜的東西炒牛肉，既不是白瓜，也不是青瓜，但做得很可口，因問上海朋友：「和牛肉一道炒的是甚麼？」朋友底太太說：「阿是儂吃弗慣格，真弗好意思。」言下有點難為情的，我還未及回話，上海朋友說：「這是不用錢買來的西瓜皮，上海人很高興吃完了西瓜用瓜皮來做菜。」我至此才對他底太太說：「炒西瓜皮交關好吃，廣東唔沒格物事，儂格小菜做得蠻好。」朋友底太太的帶嗔的面孔至是才掛上了笑容。昨天晚上吃了一大頓西瓜，驀然想起了初吃炒西瓜皮的故事。

炒西瓜皮除了用牛肉，豬肉以外，還可以炒蝦仁。

做法是先將瓜皮的皮青刨去，瓜肉也不要，只以青以下部分，用鹽醃過，俾漂去瓜皮的水量，切成片備用。炒的方法和炒青瓜白瓜無分別，最後「加饋」即可上碟。吃來有西瓜的香味。

三白西瓜

西瓜與荔枝同是夏令果類的佳品。初到江南的廣東人，看見江南人吃荔枝，不無寒酸感。初到廣東的江南人，看見廣東人吃西瓜，也不期而然覺到有點寒酸氣。

江南各地所見荔枝很少佳品，豪華筵席上，間中雖有荔枝，也不過一二斤，而且以黑葉為多。雖是三等貨色，主客間吃這一盆荔枝，都帶着十分愉悅的心情，因為廣東荔枝到了江南就聲價十倍。在廣東人看來，請客吃黑葉荔枝，做主人的非窮措大就是「孤寒精」。

江南人吃西瓜很少只吃一兩件，普通人家買西瓜數以擔計的也舉目皆是。這在一般廣東人看來是很豪闊的。大多數江南人吃西瓜起碼是半個，更有非「三白」（白皮白肉白仁）西瓜不吃，講究者且不吃瓜肉而飲其汁。他們先把西瓜浸在井裏（有冰箱的例外），吃的時候方從井裏取出，破之為二，以碗盛之，瓜肉向上，底破一小孔，然後以瓦器將瓜肉拌爛，等瓜汁由小孔流進碗裏，然後飲其汁。廣東人很少有這種吃法，所以初到廣東的江南人看見廣東人一個西瓜分十數人吃，頓覺其寒酸。

事實上廣東人和江南人都不寒酸，而是物離鄉貴。江南到處有西瓜，平而美，江南人吃西瓜等於廣東人吃香蕉大蕉。同樣道理，在產荔枝的季節，廣東各地都有荔枝，多而廉，當年的東坡居士想長作嶺南人，也是為了「日啖荔枝三百顆」。就我所知，除了上海附近龍華出產的三白外，要算平湖產的為佳品。江南人眼底的西瓜，以白肉為上品，其次是黃肉，紅肉西瓜多為勞苦大眾所享受。廣東雖也有西瓜出產，但遠不及江南的好，紅肉西瓜最普遍。

西瓜是果類植物，有捲鬚，葉三裂至七裂，雌雄同株。《五代史》「四夷附錄」裏說：「胡嶠居契丹時始吃西瓜，契丹破了回紇之後才得到瓜種。」由此可見，中原之有西瓜，似乎是始自五代。

西瓜皮不但可做炒的食製，還可蒸，「西瓜皮蒸毛豆子」便是蘇州人的家常菜。不過，西瓜皮的做法，蒸和炒又有不同。

蒸的做法是先將西瓜皮連青用鹽醃過，在太陽下曬乾，然後切成絲，放在飯面上蒸二三次備用，吃時加進毛豆子（中環街市側的南貨店有售）和少許糖同蒸。

這個佐膳菜，很清爽可口。

滑蛋炒牛肉

「無事不登三寶殿，有事才來拜候你。」

這是粵劇裏一句桂林官話的道白，常常被人們在見面時引為笑話。

前夜，體重二百九十八磅的本報副廣告主任古兆強光臨編輯部，並特地移「玉步」到校對組的長桌前，其時我正全神校對一則來自加里福尼亞「世姐」競選的新聞，瞥見我們器宇軒昂的古主任，頷首為禮。我正欲說話時，古主任卻先說了上面的兩句「道白」。我提心吊膽的以為一定是對錯了某一則廣告，為古主任發覺，對我有所責難。誰知古主任並不提這些，而同我談《食經》，真是賞光極了！

古主任說：「我依你的方法炒牛肉，確是嫩而滑，但我做滑蛋炒牛肉就做得不像樣，不是牛肉炒得過火候，就是雞蛋炒得不滑，甚而起焦。要做得牛肉和雞蛋都嫩滑有甚麼方法？」我說：「主任這樣喜歡吃牛肉，是否準備參加世界體重比賽？」古主任笑道：「沒有牛肉佐膳就吃得不暢快。」我接着說：「你做得好時，肯請客不？」主任頷首。於是我繼續說道：「牛肉的做法你既曉得，如果要用來炒蛋，則牛肉要先泡過嫩油，然後炒至七分熟，才加進揞好的雞蛋兜勻即成，蛋既不會不嫩滑而起焦，而牛肉又僅熟。不過，在炒牛肉之前應先將雞蛋破開，以碗盛之，用筷子揞之至起泡，才加熟油少許，再揞一過，則炒起來的雞蛋更滑。」

油浸釀「仁面」

鹹魚有霉香與淡口之分，以我的口味言，愛吃淡口而不大喜歡霉香，因為好的霉香鹹魚雖夠香味，惟嫌其太鹹，不若好的淡口鹹魚佳，甘香中而還帶有新鮮魚的鮮味。

愛吃鹹魚的，席上雖滿陳山珍海錯，每飯仍忘不了鹹魚。固然，就廣東人來說，不吃鹹魚的也大有其人。不過就家常佐膳而說，鹹魚確有其地位，酒家的「飯菜」也列有鹹魚一項。

在冬天，好的鹹魚佐膳可以刺激胃口，增加食慾，但在夏天，以鹹魚作佐膳菜，則不為多數「食家」所喜。

精於吃的大良人，夏天吃的「飯菜」很少吃鹹魚，而以「油浸釀『仁面』」代替。大良的酒家在夏天幾乎都備有這樣的「飯菜」。

油浸釀「仁面」的做法：

（一）先將夠嫩的「仁面」原個蒸熟後，以刀在上裂一條縫，去核備用。

（二）蒜頭、豆豉、辣椒舂之成茸，以紅鑊爆之至香，加進少許蔴油，拌勻，最後將蒜豉椒茸釀在已去核的「仁面」裏，放在已滾過熟油裏浸之，約十日可吃。

雞茸粟米

「永日不可暮，炎蒸毒我腸；安得萬里風，飄飄吹我裳。」

在悶熱得不可耐的夜裏，不知如何會想起了杜少陵的這幾句詩。正當重唸「安得萬里風」的時候，「飄飄吹我裳」的風不來，卻來了「我的朋友」底電話，約到某大酒家樓「消夜」。於是放下紅筆，開了半小時「小差」，抵某酒家樓時，「我的朋友」已先我而至，且已叫了幾個小菜，其中一個是「雞茸粟米」。在這樣的季候裏吃「雞茸粟米」原未可厚非，可是這家大酒家樓的「雞茸粟米」的做法，如果不是存心欺人，就是不懂得這個菜的做法。

所謂大酒家做的「雞茸粟米」，吃進口裏還要牙齒「大力勞動」，誠不多見。原來所用的粟米是未經過製作，只從罐頭裏傾出後就用來煮雞茸，粟米的殼未去，吃時要牙齒去勞動一番。

正宗的「雞茸粟米」的做法是：（一）先將罐頭粟米磨爛，再以濾器濾過，渣滓不要，只要粟米茸。（二）起紅鑊，灑少許紹酒在鑊裏，加進上湯、粟米，滾後才加進雞茸混和即成。粟米連殼也用做作料，是二三等酒家的做法。大酒家做這個菜一定不要粟米殼的，而這間大酒家竟會有這樣的疏忽，要非存心欺人，就是不懂得做這個菜，二者必居其一。

至於雞茸的做法，已詳見《食經》第二集「雞茸雪蛤」裏，這裏不再費筆墨。

天九牌苦瓜

這又是一個廚師底可笑的故事。順德為廣東首富之區，順德人之愛吃和精於吃，不在首府的廣州人之下，所以順德菜在粵菜中也很負盛名。

曾做過福建督軍的廣東聞人周之貞，原籍順德，是很有名的「食家」。第二次大戰前，周居香港的時候，僱用了一名廚師，會「撚幾味」當然不在話下，而且是「話頭醒尾」的一類聰明人。也許是由於聰明，才會鬧出聰明人的笑話。

一個初夏，當苦瓜上市以後，周之貞想吃新出的苦瓜，於是告訴這位廚師，做一頓釀苦瓜吃，並聲明苦瓜要切成天九牌形（大多數的釀苦瓜是去了苦瓜瓤後將作料釀進去，很少切成骨牌形將作料釀在苦瓜上面的）。這位聰明的廚師依照周的吩咐做天九牌形的釀苦瓜，誰曉得到超過開飯時間幾兩個鐘頭，還未見開飯，苦瓜當然也未釀好。周等得不耐煩，叫人問廚師，這麼夜為甚麼還不開飯？廚師向來人回說：「催乜呢，彎九還未彎得好。」周之貞聽了，莫名其妙，釀苦瓜與「彎九」有甚關係？因到廚房裏看看，見到廚師確在製作天九牌中的「彎九」，既好氣也好笑。原來廚師把將苦瓜切成骨牌形誤作將苦瓜做成一隻天九牌，將苦瓜雕成天、地、人、鵝、梅等，所以釀了幾小時還釀不好。

又據愛吃釀苦瓜的人說，很多作料都可以做釀苦瓜，但不能用蝦米，因為釀苦瓜的作料如有蝦米，就完全吃不到苦瓜的好處了。

荷葉粉蒸肉

「荷葉粉蒸肉」是夏令的豬肉食製。粉蒸肉各地皆有，這裏所說的「荷葉粉蒸肉」是廣東做法。

我吃過最佳一次的「荷葉粉蒸肉」是二十年前在四會一個朋友家裏，至今還有依稀印象。

這個菜的作料是：鮮荷葉、占米粉、五花腩豬肉、上生抽、薑汁、酒。

五花腩豬肉最好要中間部分，洗淨後切片像骨牌形大小，然後用生抽、薑汁、酒醃約二十分鐘備用。

醃過的五花腩豬肉每件蘸上占米粉，占米粉要炒過（未炒過的粉蒸起來不夠香味），然後用荷葉包豬肉，每包一件，置蒸籠上隔水蒸至熟，以碟盛之，吃時去荷葉。

這個菜做得好，第一要講究調味，沒有頂好的生抽也不會做得好吃。第二是鮮荷葉，如果用不夠鮮的荷葉，蒸起來就很少荷葉的香味。

當時據我的四會朋友說：「做粉蒸肉的荷葉要浮在水面的為佳，如用高出水面的荷葉就不夠香味了，摘荷葉時還要在日出以前，見過朝陽的荷葉很少有荷的香味。」

南乳粉蒸肉

昨日所說的「荷葉粉蒸肉」是廣東做法。我又想起從前在廣州河南一個北平朋友的家裏吃過一次「南乳粉蒸肉」，是否北平人的正宗做法

則未加以研究。

由於我對於這個菜下箸特多，北平朋友後來還再請吃一次。我走進廚房看他家人怎樣做菜，原來作料與做法如下：

作料是五花腩、南乳、占米粉、芋頭。

五花腩切成天九牌般大小，每件搽上南乳汁，再蘸占米粉備用。

芋頭每件也切成像天九牌大小，以圓盆盛之，五花腩放在芋頭上，加蓋，還以毛巾周圍密封以防泄氣，隔水紅火蒸約兩小時即成。

這個做法的豬肉固香，芋頭比豬肉更好吃，不過所用的占米粉要用生米，以粗磨磨碎，因此粉質很粗，但吃進口裏卻少黏和膩的感覺。

據北平朋友說，這個菜做得好的秘密：第一，盡量減少泄氣；第二，紅爐火要始終如一，如爐火乍文乍武，則豬肉會蒸出很多油。

我以為在香港要找露水未乾的浮水荷葉不易，要吃粉蒸肉，「南乳粉蒸肉」較「荷葉粉蒸肉」方便些。

釀豆腐泡炆冬瓜

過灣仔街市，看見小販捧着一大篩油炸豆腐泡，想起了童年在外祖母家裏常吃到一個夏令家常菜「釀豆腐泡炆冬瓜」。這是一個老幼咸宜，價廉味高而又易於製作的食製。

作料是冬瓜、圓球形的油炸豆腐泡、葱、頂豉、鯇魚肉。

做法：（一）先將冬瓜去青去瓤，切件備用。

（二）豆腐泡切之為兩邊，魚肉剁爛，加入少許葱花、油鹽和古月粉，以碗盛之，用筷子搯之成膠狀，然後釀進已破邊的豆腐泡裏，放在鑊裏煎之至熟備用。

（三）用頂豉起鑊，將冬瓜兜勻後，加水少許，把冬瓜炆至將夠火候前，才加進已煎熟的釀豆腐泡，再炆約十分鐘，加饍即成。

釀的作料除魚肉外，有人加進冬菇或蝦米，也有不用蝦米而用鮮蝦。加入葱花，作用在辟腥和增加香氣。

酥鯽魚

讀者羅妙蘭小姐來信說：「……很久就想領教一些有關食製的事，想你一定能給我以滿意的答覆的。

我和妹妹都很喜歡吃酥鯽魚，也喜歡自己動手到廚房去，但搞來搞去也不能將鯽魚搞到名符其實的『酥鯽魚』，雖然味道很不錯，但怎樣才弄得酥？我想鯽魚的骨這麼硬，很難把它弄軟，人家能夠將鯽魚的骨弄軟而至於酥，其中一定有我們所不知道的方法。未知先生懂得其中竅要否？又可否告訴我？」

過譽的話我不敢接受，第一，我不是甚麼烹飪專家，第二我不是也不敢教人做菜，所寫的不過是逢場作戲，玩玩而已，自己不覺得寫的東西有甚麼價值。

你既懂得做「酥鯽魚」，但不知道酥的方法在哪裏，我告訴你好了。就我所知的方法是先用山欖多枚，去核舂爛，以山欖之渣滓同汁將鯽魚醃過，然後將已滾的油鑊移離竈口，放鯽魚在油鑊裏，等滾油泡熟鯽魚，以碟盛之，待鯽魚完全沒有熱氣後，又用油鑊慢火將鯽魚炸透，則鯽魚的硬骨就會變酥，最後再起紅鑊打饍即成。至於用「鹹饍」抑「甜酸饍」，聽由尊意。

酥的秘密在用欖汁醃過，炸兩次的作用是避免將鯽魚炸至焦黑。

蠔油鮮菇

「蠔油鮮菇」是夏令的食製。讀者呂為雄先生來信說：「我很喜歡吃『蠔油鮮菇』，在家裏先後製作過三次，都不及酒家所做得好，其中道理，我不大明白，也許是我的做法不對，特函請教……」

雖說是鮮菇，只是新鮮的鮮，實際上並沒有鮮味，做「蠔油鮮菇」單靠蠔油的鮮味是不夠的。上等酒家做這個菜是先用上湯（是否真正上湯不敢保證）將鮮菇煨過，中下酒家則用味精（特別聲明，我不是主張你用味精，教人做菜而用味精調味，必為三四等廚師），最後才用蠔油打饋。

就我所知，蠔油鮮菇的做法應該這樣：

（一）用油鑊將鮮菇炸至菇皮起縐，目的是使鮮菇所含多量的水分卸出，才易吸收上湯鮮味，並增加香氣。

（二）用上湯將鮮菇煨透，無好的湯水是無法做得好吃的。

（三）起紅鑊，灑紹酒少許，加進少許上湯、鮮菇，以蠔油打紅饋即成。

（四）做蟹肉或蟹黃鮮菇，則打「白饋」。關於蟹黃如何處理，前已談過，茲不贅述。

蟹肉冬瓜羹

摯友華叔昨自馬交歸，賜贈膏肉蟹各數斤，即夕蒸食之，味美而膏豐，誠頂品也。華叔前嘗言精於選蟹，孰為多膏？孰為水蟹？望而

知之，今獲食所贈皆佳品，信然。

早飯前，兒問余曰：「肉蟹將蒸之乎？」余曰可。尋又語兒：蒸之備作「蟹肉冬瓜羹」。週來苦熱，間日必作冬瓜食製以佐膳，惟未嘗一試「蟹肉冬瓜羹」，設非華叔贈肉蟹，恐亦無斯念也。

大酒家作是饌，必以上湯為本，次者則豬骨湯與味精是賴，以校對為業者之家，當無上湯，惟余固有他法，姑錄之供同嗜者作參考。

作料：瘦火腿、冬瓜、蟹肉、陳皮。

製法：（一）冬瓜去皮，以瓦器加水及陳皮少許煲熟，瓜水備用，冬瓜搓成茸。

（二）肉蟹原隻蒸熟拆肉。

（三）瘦火腿剁茸，和水少許蒸約一小時，取出，去渣留汁。

（四）起紅鑊，灑紹酒少許，俾增鑊氣，加入冬瓜水，滾後加冬瓜茸、火腿汁，最後加蟹肉，拌勻，調味，一滾即成。

（五）以陳皮少許煲冬瓜可以辟青味而增香氣，瓦器較鐵器為佳，避免有鐵鏽味也。

鹹蝦黃花魚羹

大西洋的葡萄牙人是不是很愛吃鹹蝦，非我所知，但與香港僅隔三小時航程的澳門，那兒的葡萄牙人愛吃鹹蝦，卻是眾所周知的。

鹹蝦是中山有名產品之一，澳門接近中山，要吃鹹蝦是簡單而方便的事，多吃了或吃慣了，於是一般人都以為葡萄牙人也愛吃鹹蝦。但大西洋的葡萄牙人似乎未必跟澳門的西洋人一樣，也很愛吃鹹蝦，我的理由是葡國本土的芳鄰沒有盛產鹹蝦的中山。

談起黃花魚和頂豉，不期而然也想到黃花魚和鹹蝦。

在澳門，吃鹹蝦和吃黃花魚一樣，是廉宜而方便的食料，我過去在一個朋友家裏吃過一次「鹹蝦黃花魚羹」，據說是澳門西洋人的食製，不過西洋人的食製裏是否有這一道菜，卻要問問西洋人才能證實。

這個菜的作料是：鹹蝦、紅辣椒、黃花魚、蒜頭、水豆腐。

做法：先將黃花魚用薑汁隔水蒸熟，拆肉，辣椒剁成茸。

用蒜頭起紅鑊，爆香鹹蝦、紅辣椒，加入黃花魚肉兜勻，最後傾下水豆腐，一滾即成，上碗之前還加入葱花。

這是一個有七彩顏色，而味道很濃而夠刺激的食製，不吃辣的，不加辣椒也可。

鹹蝦豆腐芋羹

說起蠔油與鹹蝦，誰都曉得中山出產最多，也誰都推許中山的最佳。實則四邑出產的蠔油和鹹蝦也不錯，不過產量不及中山，因此外方人士大多數知道中山鹹蝦與蠔油，而未知四邑產的蠔油與鹹蝦也是佳品。

蠔油是食製作料的上品，鹹蝦卻不登大雅之堂。做菜請客，用蠔油做作料的很多，相反地請客而有鹹蝦食製的，倒很少見。但在家常食製，鹹蝦較蠔油普遍，如「鹹蝦蒸豬肉」，「鹹蝦炒通菜」，這都是中山和四邑人的家常菜。現在要說的是四邑和中山人用鹹蝦做作料的家常食製之一的夏令菜「鹹蝦豆腐芋羹」，也是老幼咸宜的菜。

作料是：蒜頭、鹹蝦或蝦羔、水豆腐、芋頭或白芋。

做法：

（一）先將芋頭去皮切絲。

（二）蒜頭起紅鑊，先爆鹹蝦，加進芋頭絲兜勻，加水將芋頭絲煮至夠火候，才加進拌爛的豆腐，一滾即成，上碗前加上少許葱花。

這是價廉味美的夏令家常菜，煮得好的很夠香味，且有刺激食慾的效用。不過也有人不吃鹹蝦，因為做得不好的，鹹蝦腥味很大。

酸筍「仁面」蒸魚雲

天氣炎熱固使人可怕，颶風更會帶給人們災禍。據電訊傳來，意大利一個老婦竟因熱而發了瘋。入夏以來，香港已逃過幾次颶風災難，現又有另一颶風在醞釀，會不會光顧香港，目前誰也不敢去推測。

日來的天氣，雖沒有中歐那麼熱得使人發瘋，卻已使很多人的食慾大打折扣。席上雖或滿陳海錯山珍，食指不動的，也未嘗沒有其人。在這樣的日子裏，主持中饋的主婦、「伙頭軍」和「煮飯」阿七彩姐之流，每天到街市買菜時常會躊躇起來：買甚麼菜才使大家吃得「開胃」呢？

讀者何岑露茜頃來信就提到了上述的問題，因為幾天來她的丈夫和兒女吃飯都不起勁，食量比往常減少，要我提供幾樣可口而又「開胃」食製，給她依樣葫蘆。這樣熱的天氣，我對吃也感不到興味，要寫有關吃的更提不起勁了。然而何太太這樣忠於她底中饋的責任，我似乎不得不勉為其難。下面是偶然想到的「開胃」菜：「酸筍『仁面』蒸魚雲」。

蒸魚雲的做法和前談的無分別，不過所用的配料是被稱為可以使人「開胃」的青辣椒、生「仁面」、酸筍、子薑，都切成絲加進魚雲裏，用頂豉調味，蒸至熟即成。

這是順德人在夏天裏愛吃的家常菜，洗魚雲的時候，至緊要將黏着魚鰓的黃膠撕去，就不會有腥味了。

蒸黃腳鱲

世兄立仁一再慫恿，終於做了一次「臨老學吹笛」的玩意：隨世兄到新界十四咪的海面，學釣魚。

是日天氣正如天文台慣常所公佈的預測一樣：「吹東風或東北風，間有驟雨。」我們的小艇正欲搖出海面時，果然來了陣陣東北風不大不小的驟雨，幸喜預防及時，不致做「落湯雞」。

民初的小學讀本有「魚來吞餌，舉竿得魚」一課，但我釣了三個鐘頭都只是「魚來吞餌，舉竿無魚」，當然是損失了好幾十隻鮮蝦。世兄卻大有辦法，釣了好幾斤，其中最大一尾是黃腳鱲。世兄說：「你的口福總算不錯。」既有所獲，雖不滿載，亦賦歸舟了。

為了貪吃一隻蝦的鱲魚，結果做了我們的佳饌，用靚豉油清蒸，肉嫩味鮮，非香港灣仔魚艇的所可及。魚艇養的雖是活魚，但早已是失魂魚了。

鱲魚雖然是香港週年都有的海鮮，六、七月才是最好和最多的時候。魚身銀白，有黃色光澤，大者混顯灰黑，腹及胸鰭黃金色，背鰭淡灰，臀鰭膜藍黑，體高，背鰭棘頗銳，口闊齒強，側顎上之臼齒分二或三行列，胸鰭長，尾鰭作叉狀，鱗大，以體長一呎的最普遍。

蒸海鮮的方法前已寫過，不再說了。

野雞紅炒肉絲

「野雞紅炒肉絲」是四川人的家常菜。

這是淡中而帶香爽的菜。在酷暑迫人的日子裏吃這種菜，頗能刺激食慾，單是野雞紅三字已使人一新耳目。所謂野雞紅，作料其實並不是野雞，而是紅蘿蔔、香芹和鹹酸菜。為甚麼叫作野雞紅呢？這就要問四川人和對川菜有研究的人了。

做法：(一) 紅蘿蔔切絲，鹹酸菜去葉切絲，瘦豬肉切絲，香芹菜折成每條約吋半長。

(二) 鹹酸菜用清水浸過使鹹味減少，用白鑊烘乾。加味的肉絲用油鑊將泡油備用。

(三) 起紅鑊，將紅蘿蔔絲兜熟，加入少許鹽，再加入肉絲，兜勻，然後傾入鹹酸菜絲、香芹炒熟，不用加饍，即可上碟。

(四) 吃辣者可加入青紅辣椒絲，用牛肉代替豬肉亦可，不過在鮮牛肉奇缺的目前，還是豬肉比牛肉好。

「仁面」子薑炆鴨

當選為共和黨總統候選人的艾森豪是個有名的軍事家、政治家、演說家，盡人皆知。要不是他底夫人在記者招待會裏說起，我想很少人知道艾森豪威爾也是一名「食家」。古往今來我國的政治家、軍事家而又是有名的「食家」，不勝枚舉。原來西方有名的政治家、軍事家也有「食家」。艾夫人說她底丈夫是：「比她好得多的廚子。」由此可見，艾森豪更是唱做俱佳的「食家」。「我的朋友」劉天保兄說：「艾森豪如果寫一本《食經》，一定成為世界最暢銷的書。」我說：「這個自然——不過，總統候選人必不會同做校對者爭生意！」天保兄隨後又說：「夏天吃鴨還有甚麼新做法？」我說有的，等我想過告訴你。下面是答覆天保兄所問夏天吃鴨的做法：「『仁面』子薑炆鴨」。

作料：鴨一隻、子薑四兩、生「仁面」四兩。

做法：先將生「仁面」拍開去核，子薑去皮切片備用，生鴨劏開去毛洗淨，抹乾，「泡嫩油」後切件，以蒜頭起鑊，再將鴨兜過，加水煮至八成火候，以碗盛之。再用蒜頭起鑊，爆過子薑，「仁面」，加進已煮八成火候的鴨肉和鴨汁，再炆至夠火候即成。調味除鹽而外，還要加上少許糖，如用鴨汁和飯同吃，包保能增加飯量。

五味手撕雞

本欄前談過「蠔油手撕雞」，是廣東做法的熱食製，「五味手撕雞」則是廣西的冷食，也可稱之為「涼拌手撕雞」，是夏令「可酒可飯」的食製。戰時我蟄居桂林的時候，吃過好幾次「五味手撕雞」。桂林做「五味手撕雞」最佳的是定桂門的桂南樓酒家。在桂林居住過一些日子的人大概會曉得。

在熱浪披猖的時候，愛吃雞而又不想吃熱菜，「五味手撕雞」值得一試。

做法是：（一）嫩雞一隻，劏淨，以碟盛之，放在蒸器裏隔水蒸之僅熟，取出去骨，又切之每塊約二吋丁方，然後用手撕之成麵條狀，以碟盛之。

（二）酸薑、蕎頭切絲，以碗盛之，加上熟油、蔴油、豉油、白糖、浙醋、辣椒油、芥辣和酸薑絲、蕎頭絲拌勻，淋在雞絲上面即成。

這是五味俱全的涼拌食製，包保有「開胃」效果。剩下來的雞骨可做一碗開胃的湯，做法是用鹹酸菜去葉切片，和雞骨同煲，至雞骨沒味時只要其湯。如嫌雞骨不夠鮮味，可加進乾草菇同熬，喝時加鹽調味。

做「五味手撕雞」沒甚特別技巧，桂南樓所以做得好，道理是：(一) 雞選得夠嫩，(二) 蒸的時間恰可。故吃來鮮嫩而夠滑。

涼拌芽菜

山珍海錯的食製，固為一般人所愛吃，但天天都吃山珍海錯，毫沒變化，也會覺得太膩而乏味。尤其是大熱天，豬、牛、雞、鴨之類吃得太多，有時會覺得清淡的青菜比葷的食製好吃。

宜於夏天吃的素菜，種類很多，現在要說的是「涼拌芽菜」。

「涼拌芽菜」的好處在爽口，製作簡單而又經濟，可算是家常食製的夏令佳品。

作料除細豆芽菜外，配製的作料是豉油、浙醋、蔴油、熟花生油、白糖、鹽、芥末、酸薑、蕎頭。

做法是：(一) 將芽菜去頭尾，以清水洗淨後用沸水拖至僅熟，放筲箕上至乾水後才以碟盛之。

(二) 酸薑、蕎頭切絲，置於盛芽菜的碟裏，加進適量的豉油、蔴油、浙醋、白糖、幼鹽、熟油、芥末拌勻即成。

夏令食製種類雖多，「涼拌芽菜」可以說是最便宜的家常菜，味道也不壞。

惠州梅菜

讀者何樂天先生頃來信說：「惠州梅菜 (像芥菜一類的蔴菜，也有人稱之為梅菜) 是廣東東江名產之一，我從前在廣州一個東江友人家

裏吃過最好的惠州梅菜，確香甜鬆化，和普通的大有分別。香港到處都有惠州梅菜售賣，可是至今還未吃過香甜鬆化的梅菜，特函請問：香港哪裏有地道的惠州梅菜售賣？而地道的惠州梅菜和普通的有甚麼分別？」

惠州梅菜在滿清時代屬於貢品，民間很少吃得到最好的，到了民國後，還未有梅菜出產的季候，也早已為官宦們預訂一空，就是住居在惠州，也不容易吃到最好的惠州梅菜心。

原來惠州梅菜最佳者是橫瀝土橋內三畝地的產品，它和普通梅菜不同的地方是菜梗上的橫枝沒有菜芽。種梅菜的地方在有流水的田，在冬前種，到來春二、三月間才有收成。醃梅菜的方法大致是先用滾水將梅菜拖過，再在太陽下蒸曬一些時日，然後以鹽醃之，俟入味後才運出市場售賣。

從前在廣州和附近售賣的梅菜，多是惠州產品，但非土橋最佳產品的梅菜心。目前在香港市場所見的梅菜多是新界產品而非惠州梅菜。要想吃鬆化香甜的佳品，在香港恐怕不易購得。

泥鯭魚豆腐湯

魚類繁多的香港，「泥鯭」可算是海鮮的下等產品。泥鯭大者約七八兩，魚菜市場和海鮮艇常見則以二三兩為多。魚身灰藍而帶瘀色，青硬，不慎誤觸背鰭就會被刺傷。魚肉頗結實，味甚鮮美。

中環碼頭和灣仔海邊的釣友常會釣得泥鯭，深水和不污濁的海水裏就比較少見，因泥鯭最愛游進污濁的水裏找食物，因而叫作泥鯭。泥鯭做得不好，吃來有泥味，有些人不吃泥鯭就是這個緣故。

大多數的泥鯭的做法是清蒸和做豆腐湯。薑本來有辟腥的作用，可是清蒸泥鯭加薑片或薑絲，吃來泥味更濃厚。懂吃蒸泥鯭的必用陳皮絲，既可辟去泥味而又能增加香氣。大多魚鮮一經滾湯，本身就完全沒有鮮味，泥鯭魚即使經過久火，魚肉仍保持鮮味，也許是泥鯭的肌肉組織結實所致。

泥鯭豆腐湯的做法：先將泥鯭肚和腸切去不要，洗淨，用少許鹽醃過，用鑊煎香，然後加水滾至夠火候，則湯成乳白色。要湯裏豆腐嫩滑，待湯煮好時才加豆腐，再滾即成。

咕嚕肉

在夏天吃豬肉原是不大適宜的，但「咕嚕肉」可算例外，做得夠水準，吃來更能刺激食慾。

讀者蘇端文頃來信說：「娛樂版每天有一項關於燒菜的方法，本人覺得很有興趣。最近我在美國的哥哥來信說，很想知道廣東式的『咕嚕肉』做法，要我寫信給貴報，希望在娛樂版刊出來，謝謝。」

現在將咕嚕肉的做法寫在下面，給蘇君和讀者們參考。

「咕嚕肉」的豬肉，最好用夠爽的豬鬃肉。

做法是將鬃肉切成方件形或角形，用大熱水輕輕拖過，漂去肉面的油膩，以筲箕盛之，稍乾後蘸上生粉，放在油鑊裏炸至微黃色，再用紅鑊打「甜酸饍」即成。

酒家的咕嚕肉還加進青紅辣椒、竹筍尖同炒，家庭做咕嚕肉，也有人不喜歡加上這些配料。咕嚕肉的「甜酸饍」要做到鹹、酸、甜的總和，過酸或過甜都不算做得好，而「饍」的份量要在吃完了咕嚕肉時不再有「饍」留碟上，才合標準。

蓮子鴿

在香港吃白鴿，有洋貨有土貨，而洋貨也有好幾種，土貨仍以石岐貨為最佳品。賣鴿的都說他的鴿子是石岐乳鴿，究其實，除「來路」種的鴿子為大多數人們所易於辨認外，本地貨是否石岐產的，是不易分得出的。

市上最佳的乳鴿每對七八元，次焉者五六元，下乘貨四元。除西菜館的不計外，到酒家吃乳鴿每隻索價約八九元，起碼一本一利。我以為：「如要吃鴿，乃可在家」比較廉宜得多。現在提供一個「蓮子鴿」的做法給讀者嘗試。

「蓮子鴿」是從前廣西梧州中國酒家最出名的菜式，凡在中國酒家請客的菜，幾乎少不了有「蓮子鴿」。筆者吃過多次，「食而甘之」，至今未能全忘，友人頃以洋鴿一雙見贈，因想起了「蓮子鴿」，下面是該酒家主人蕭夔臣君告訴我的「蓮子鴿」的做法：

作料：嫩鴿一雙、湘蓮六兩、紹酒二兩、蔴油、花生油、醬油、鹽、糖適量，時菜半斤。

做法：（一）將嫩鴿劏後去毛腳，除內臟，在鴿尾部開一洞口，洗淨，抹乾，蓮子去皮心，用上湯浸透，加味後放進鴿腹中而密縫之。

（二）將已釀蓮子的乳鴿、醬油、蔴油、花生油、紹酒、上湯傾入鍋中，加上鑊蓋，慢火煮二小時以上，待至爛熟，連汁取出，盛之瓷盤，伴以已煮熟之時菜，便是色、味、香俱佳的上品。

紙包雞

「紙包雞」是從前梧州同園酒家做得最出色的菜。

廣州菜館的菜牌上有一個時期也有「紙包雞」一個菜式。香港有些菜館有一個時期也賣「紙包雞」，但吃起來廣州和香港的都不及梧州的做得好。

「紙包雞」做得最出色雖是梧州，但不能算是地道的廣西菜。

到過梧州而對吃有興趣的，幾乎沒有不吃過梧州的「紙包雞」。同園酒家的「紙包雞」確也做得好，甘、香、嫩、鬆化兼而有之，味道也很濃鮮，是宜酒宜飯，不中不西，亦中亦西的食製。廣州的西菜館也有賣「紙包雞」的——因為吃時可以刀叉並用。

當年主持百粵軍政的陳濟棠將軍，也是「紙包雞」的愛好者，嘗一再由梧州空運「紙包雞」到廣州請客，一時傳為美談。

怎樣叫作「紙包雞」？又怎樣做法？又用甚麼紙來包？未吃過的，或吃過的，必以為做紙包雞的紙一定是用洋紙，其實是用容易溶爛的土貨玉扣紙來包製。

梧州之有「紙包雞」，始自民國初年，其時有一家同園酒家，主人黃姓，廣東梅縣人，固「客家佬」也。初時偶因興之所至，親製「紙包雞」以款親友，皆「食而甘之」，歎為得未曾有。

其後黃老闆再製「紙包雞」請客，亦為賓客們一致推許。在商言商，既有「搶手貨」在手，黃老闆也會打生意算盤的。親友們既推許「紙包雞」的製作，也就索性把「紙包雞」列入同園酒家的菜譜裏。

同園酒家的菜譜自從增加了這個新菜式後，由於其色、味、香都臻上乘，吃過的也咸譽為食製佳品，渴欲一嚐的人紛至沓來，生意也因之而蒸蒸日上。

「紙包雞」列入菜譜後，初時是由黃老闆親自動手製作的，後因生意太好，應接不暇，不得不將製法授之廚師。

其時梧州的中國酒家、洞天酒家，也跟隨同園之後將「紙包雞」列入菜譜裏，但未得正宗的做法，做起的「紙包雞」無論色、味、香都及不上同園酒家的好。

一直到民十政變發生前，同園酒家的生意仍是「賓至如歸」，迨政變後因地方騷亂影響，終至無法維持而倒閉。懂得正宗「紙包雞」做法的廚師隨後也轉移了陣地，受僱於梧州的粵西樓酒家，也以正宗「紙包雞」做標榜，食客常滿，生意興隆。

這是梧州最出名的菜式「紙包雞」的故事。

「紙包雞」的主要作料，當然是雞和紙，雞是要最嫩的，紙是玉扣紙。

(一) 先將嫩雞劏淨，抹乾，除頭腳，去胸骨，留脛，肝，腎連雞身之全部，然後切分為十八件，以瓷碗盛之。

(二) 用上好老抽四兩，鹽五錢，白糖三錢，薑汁，汾酒少許，生葱一撮，傾入瓷碗中與雞塊調勻，醃泡十分鐘。

(三) 取玉扣紙一張裁為十八小幅，疊好放置於另一瓷碗中，澆以適量之花生油；使每一幅紙滲透油質，以免濕水溶爛及吸收雞汁。

(四) 然後用筷子夾取瓷碗中每一件切好的雞塊，逐一用油滲透之紙包好，勿使散開。

(五) 用鐵鑊裝載花生油一斤至二斤加火煮沸時，即可將包好之雞塊全部，作一次傾入於油鑊中，勿停以鐵線製之撈籮將雞包壓下翻上，慢火炸約十五分鐘撈起即是。

玉扣紙不可吃，故紙包雞入口前應拆去包紙。

骨香雞

當年廣州學潮搞得最洶湧的時候，我常和幾個搞學運有本領的朋友往還，第一次吃到「骨香雞」，就是在搞「學運」的一個朋友家裏。雞的食製而能做到骨都有香味，而稱之為「骨香雞」，在下箸之前，就使人泛起芬芳馥郁的感覺。這位有本領搞「學運」的朋友，同時也是搞廚房的能手，他拋下了「學運」一套理論，到廚房去拿起菜刀和鑊鏟的姿態，敏捷而嫻熟的動作，你絕不會相信他是懂得搞「學運」的人，也不由你不信他是個靠拿鑊鏟混飯吃的人。我因為貪吃愛吃，常跟他到廚房去，自然也「學習」得一些。「骨香雞」的做法就是「偷師」得來的，不懂得「骨香雞」做法的讀者，未嘗不可從這裏所說的方法搬到廚房去實驗。

作料：二斤以下的嫩雞一隻、靚豉油二斤、白糖一斤、花生油四兩、洋葱頭一斤、草菇四兩、紅棗四兩、蔴油二兩、紹酒半斤、生薑半兩。

做法：先將嫩雞劏好，整隻置於鍋中，同時將上列各項配料全數放下，慢火煮至兩小時以上，及至相當爛熟即成，味極濃厚，汁尤鮮美。

要注要的是：（一）毋須放水。（二）所列材料已是適當配合，不可加減。（三）煮時勿頻頻揭蓋，疏泄氣味。這幾個要點就是「骨香雞」製作成功的主要條件。

做這個菜用兩斤豉油、一斤糖、洋葱頭一斤，也許有人覺得詫異，而懷疑這麼多糖與鹽製起來的雞，一定甜或鹹至不能入口，但如果做法沒有錯誤，保證吃時你一定滿意。

胡椒魚湯

廣東菜最講究「湯水」，有若干食製必要有好的上湯才可做得好，就魚翅來說，沒有好上湯，根本不能做得好，故廣東上等菜館對上湯製作，極為重視。

北方菜館的上湯製作多是馬虎，用豬骨、雞骨等熬湯再加入重量味精便是，尤其是香港的北方菜館，用味精做上湯者比比皆是，因此我到北方菜館很少點湯。

日昨應友人之約吃北方菜於某菜館，點菜時朋友要我出主意，要了幾樣小菜，其中有胡椒魚湯。當茶房將胡椒魚湯上桌時，魚湯是有色的，我沉思：難道北方菜館也不會做地道北方菜？飲下果不出所料，不是胡椒魚湯而是胡椒粉魚湯。北方菜館真的不會做北方菜嗎？要不然就是存心欺客。

胡椒粉魚湯的做法是用所謂「高湯」將魚滾熟，加胡椒粉、白醋、醬油。

就我所知，胡椒魚湯是清的，根本不用醬油，做法是：原胡椒一至二兩，以布袋包好放在湯碗裏，加入清水，置於燉器裏燉二小時，再將鯇魚（原條或塊）放進原胡椒湯裏泡至僅熟，加入白醋一湯羹，最後用鹽調味，吃前還要加入蔴油數滴。正宗胡椒魚湯是沒有顏色的。

涼拌矮瓜

昨在某鱸魚潭飲下午茶，正在凝神讀晚報時，一位亭亭玉立、嬌媚明麗的小姐到桌前用福州話和我招呼，因我聽不懂，她隨即改用國

語說：「× 叔叔，也許你不認得了，我是長樂馬 ×× 的女兒，不見很久，你好嗎？」至是我才恍然，這是我福建朋友底女兒。相逢問故，自不在話下。戰時我在南平認識的時候，她才十一歲，是個活潑天真的孩子，常陪我到各處遊逛，因此也跟她學得兩三句福州話，現在則全忘了。十年不見，竟長得這般嫵媚動人，要不是她到桌前和我招呼，即使還有依稀的印象，又怎敢撩惹這樣一個美人兒。

講究喝茶是福建人的通性，她父親除茶外對吃也有研究，我對福州菜稍知一二，也是從她父親那裏學來。茲就記憶所及，提供幾個福州食製給讀者參考。

「涼拼矮瓜」，各地都有，現在寫的是福州做法。

作料：矮瓜、生抽、醋、豬油、蔴油。

做法：先將原條矮瓜在滾水裏泡熟，凍後拆絲，以碟盛之。另用飯碗一隻，盛上生抽、白醋、豬油、糖、蔴油，攪勻，傾在矮瓜上面拌勻即是。

這樣的涼拼我認為比「蔴醬矮瓜」好吃，有鹹、甜、酸、香的總和，味美價廉，是夏令最佳的家常菜。

卜糟雞

提起了福州菜，不由得也懷想起福州，從地方風物以到人情，隨處都表現了濃厚的書香味。我住福州期間雖甚短，但所見所接觸到的都充滿了溫情，即使最平凡簡單的在朋友家裏喝一杯茶，看見朋友親自動手泡茶那種虔謹神態，充滿藝術的和哲學氣氛。客人喝到這一杯茶時，自然也得用欣賞藝術的心情去領略茶味。

我到福州第一次吃到，至今未能遺忘的是「卜糟雞」。我認為福州的「卜糟雞」比江南的「糟雞」好，味道濃香而鮮。不明白糟雞為甚麼加入一個卜字，我曾就教於朋友，據說卜是爆的意思，也即是不加鑊蓋。這種解釋是否確當，到今還未有再向其他福州人請問。

「卜糟雞」最主要是糟，糟有紅糟有白糟，紅糟是用釀製黃酒的糟，用來做「卜糟雞」的就是紅糟。好的紅糟顏色紅艷，有濃香酒味，不好的糟做菜便有酸味了。當時朋友語我：「做卜糟雞第一要紅糟夠鮮，第二要雞身夠嫩。」

做法：起紅鑊，用多油爆香薑片，以此油爆香紅糟，然後加入已切件的雞，用鑊兜至僅熟，加老抽、糖調味即成。

芋頭鴨

蘇州人愛吃甜，蘇州菜幾乎都有糖味。

福州人也愛吃甜，福州菜的製作，幾乎也都加入甜味。

蘇州以盛產美女著名，而福州生長的女人底皮膚也白嫩幼潤，為很多地方的女人所不及。這與愛吃甜有無關係？那是優生學家們底研究的範圍。

「芋頭炆鴨」是各地都有的平常不過的菜，福州人底「芋頭鴨」除有糖味外，炆起來的芋頭比鴨還好吃。

現在是有芋頭的季候，愛吃檳榔芋頭和鴨的，不妨一試福州人的做法。

作料是：鴨、鹽、生抽、糖。

做法：將鴨劏淨（內臟可以同炆），用布將鴨抹乾，放在當風處稍吹至爽身，「泡嫩油」（福州人當然沒有「泡嫩油」的名詞，不過其方法同「泡嫩油」一樣），斬成件。起紅鑊，爆過鴨肉，加入切塊之芋頭，再以鑊鏟兜匀，加水，芋頭煮至半爛之前，加鹽，又在芋頭九成火候時，再加糖和醬油，稍煮即成。

芋頭要煮至將成泥而未變芋泥為合。

至於要煮至將夠火候前才加味，作用是在使芋頭能充分吸收鴨味。

南煎肝

「南煎肝」是福州人可酒可飯的家常菜，實在是煎豬肝。為甚麼叫作「南煎肝」呢？這個南字取義於南洋（福建人去南洋甚多）的做法，還是從南方傳來的做法？嘗以之問諸福州人，未獲得解答。

煎豬肝原無特別之處，惟大多數煎豬肝不能保存肝皮鬆嫩，煎得僅熟則豬肝滲出未熟的血水，煎得過老則肝皮硬。「南煎肝」卻能保持肝皮鬆嫩，吃時也不會滲出血水。不過好壞與否最主要看是甚麼豬肝。

福州人稱為「鐵肝」的，即紅而帶淤黑的豬肝，做起來必硬。浸過水的豬肝又難避免炒熟後不滲出血水。所以做得好的「南煎肝」一定選廣東人稱為「黃沙膶」而又未浸過水的豬肝。

作料除豬肝外，還有蒜頭、酒、糖、蔴油、生抽、茄汁、生粉。

做法：先用生粉開少許生抽，將已切成片的豬肝醃十餘分鐘備用。

以碗盛酒少許、蔴油三四滴、糖、茄汁、喼汁，以筷子拌匀備用。

起紅鑊，先爆香蒜茸，傾下豬肝，兜匀至九成熟，最後傾進茄汁等調味作料，兜匀即成。

豬肝嫩滑而香，味有些微甜酸辣，是可酒可飯的夏令佳餚。

醉鴿

「醉雞」是常見的食製，「醉鴿」這個菜名恐怕不為一般香港人所知道了。

我吃過「醉鴿」的地方是廣西南寧的有記酒家，這是該酒家特製菜式之一，但是否廣西的地道菜？我卻未加以考究，但在廣西其他的地方則未見過這個菜式。

「醉雞」是冷的食製，「醉鴿」卻是熱吃的。

「醉雞」與「醉鴿」的味道各有千秋，但「醉鴿」的肉經常比「醉雞」的肉嫩而滑，這因為選嫩的鴿比選嫩的雞易。

做醉鴿的材料：乳鴿一雙、紹酒一斤、醬油半斤、蔴油二兩、生油四兩、白糖二兩、時菜薳半斤、紅棗二兩。

做法：（一）先將乳鴿劏淨，去內臟，紅棗去核備用。

（二）用瓦罉將生油煮滾，加入乳鴿及醬油、酒、糖、紅棗等各項配料，最後加入半斤清水，蓋上罉蓋，慢火焗二小時，取出以碟盛之。

（三）最後炒熟時菜薳用以伴醉鴿，淋上少許原汁。

「醉鴿」的做法有點像「焗乳鴿」，不過沒有酒味，而「醉鴿」則有醇香的酒味。

通心丸

食製名稱叫作丸的不勝枚舉，惟既稱為丸而能通心者卻不多見。

這裏所說的通心丸是葷的食製，肉類做的丸而能將它裏面挖空，就名字來說，也算新穎別致了。

請客而做通心丸一類菜式，我想被請的客人一定吃得很高興的。

通心丸的作料原很普通，但如何將它的裏面挖空，卻是頗費思量的事。未說穿前，也許一時不易「搞通思想」，一經說穿了，卻有不過如是之感。

這個菜的作料是新鮮的豬脢肉半斤、蝦米一兩、生葱頭一兩、豬膏二兩。

做法：（一）先將豬膏放在冰箱裏雪之成硬塊，然後切成粒，搓之成小圓球形（西菜館的牛油丸則用兩塊起坑的木板夾在當中左右搓之即成球狀）。再將之雪硬備用。

（二）將豬脢肉、蝦米、葱白同剁成肉糜，加味及少許豆粉攪之成膠狀，然後以豬油球做餡，每個包成像湯丸大小，放在湯裏滾熟即成。

凍的豬油球一經熱力蒸迫，便完全溶解而滲入肉裏面，豬肉丸可以做成通心丸，奧妙處就只這麼一點。

做丸以外，你要配上甚麼時菜都可，如用冬瓜就是「冬瓜通心丸湯」，但湯味想夠鮮還要加上乾帶子或元貝。

醉雞

讀者陳馨聯先生來函云：「鄙人每日拜讀閣下於星島日報發表的《食經》，並迭次依法製作，深知閣下對食物研究殊有心得及獨特之處，深為敬佩！年前鄙人在滬式菜館嚐過『醉雞』及『糟雞』，惜未知如何製成，擬乞閣下賜教……」

答：「醉雞」實在是紹興菜，亦稱「越雞」，馳名東南。每到年末歲首，紹興人把他們獨有的紹興酒（即俗稱「黃酒」或「花彫」）放入甕

（冷的）。鮮雞劏淨，煮半熟，投入冷酒甕內，一星期後即可吃，鮮嫩可口。

至於糟雞則是太湖邊上的家常小菜，寧波上海也有。作法是用酒糟塗滿熟雞，三四日即可食。這是貯藏食譜之一。

炸釀矮瓜

外省人稱為茄子的，廣東人叫作矮瓜。

矮瓜是夏令的菜蔬，本欄已一再談過，現在談的也是矮瓜食製之一種：「炸釀矮瓜」。前所談過的矮瓜食製，只宜於佐膳，「炸釀矮瓜」卻是可以下酒也可佐膳的菜。在爭秋奪暑的天氣裏，除了辛辣的食製可以刺激食慾外，香口的菜也是惹人好感的。

釀矮瓜的餡可以用豬肉、魚肉、鮮蝦。我以為最好用生蝦，其次是魚肉，但魚肉不比生蝦鮮香，至於豬肉，在香港較難買到剛劏後未幾，肌肉還在顫動中的豬肉，所以還是用生蝦為佳，如果想香而又夠清鮮，更須用生的淡水蝦。

餡的做法是：將生蝦去殼，用刀背拍之成茸，加進少許古月粉、葱花，以碗盛之，以筷子搭之成膠狀備用。矮瓜則先切成件，每件當中又㓟開大半邊，然後將蝦膠釀進去，最後蘸上用雞蛋開的澄麵，放在慢火的油鍋裏炸至焦黃色即成。吃時蘸淮鹽、喼汁。

加進古月粉和葱花，作用在增加餡的香氣。

紅燒素鯽

「紅燒素鯽」是福州菜，我第一次是在福州的百合浴池吃到的。

在香港，酒樓菜館是宴客的地方，在酒樓菜館同三五知己搓其幾圈麻雀也很普遍。福州的浴池除可以請客洗澡和吃飯外，也可以搓麻雀。說到在福州浴池搓麻雀的舒服，我以為比在香港酒樓菜館好得多，因為主客均可「解放」，赤着身體打牌；打到疲倦了，大家休息十來二十分鐘，到浴池一躺，心曠神怡，疲態完全消失，又可以繼續進行「不求人」和「自摸雙」的玩意。搓麻雀到餓了，叫菜吃飯可也。惟一比不上香港的，是浴池沒有花枝招展，口角生風的女職工殷勤招待。

我第一次吃「紅燒素鯽」，很覺得「食而甘之」，第二次再吃這個菜仍覺得很可口，是個「添食」也不會使人嫌厭的菜。

「紅燒素鯽」的作料和做法是：適中的鯽魚兩條、葱半斤。

作法：鯽魚去肚洗淨，葱去根尾，全條洗淨。鯽魚用油慢火煎透，加入洗淨之葱條，待葱稍軟後，再加適量醬油、糖、少許黃糖及水，煮到葱上了色及冒出香味，即可上碟，就是香氣撲鼻，魚葱均極可口的佐膳菜。

全折瓜

「全折瓜」是福州很流行的家常菜。

從字面上看，「全折瓜」會有人以為是蔬菜類的瓜，其實與菜蔬風馬牛不相及，作料是香港人熟識的黃花魚。

福州人稱黃花魚為黃瓜魚，雖然同是季候節洄游魚，但福州的黃瓜魚鮮活，這與香港吃到的雪藏黃花魚不同，所以福州的黃瓜魚比香港的好吃。

「全折瓜」的全字是指全條的意思，折字取義為何則非我所知，但陳儀當福建省主席時，因福建人不滿意閩省府居高位的都是浙江人，於是福州人與福州人談話之間，常用「全折瓜」諷刺浙江人，比如甲說：「這人是誰？」乙答：「全折瓜！」

「全折瓜」的做法是：將原條黃瓜魚劏開，洗淨，在魚身上劃二三裂刀痕，以少許鹽醃之，懸於當風處吹爽，然後搽上少許麵粉，以慢火油鑊炸至皮色焦黃，以碟盛之。再起紅鑊，將葱白爆香，加入金針絲、雲耳、肥瘦肉絲、生辣椒絲炒熟，最後以生抽、糖、醋、打「甜酸饋」，淋上已炸好的魚上即成。

燕丸

未出過鯉魚門的香港人是不慣到浴室去洗澡的，且會認為在公共浴室洗澡不大潔淨。如果你說在浴室洗澡比在家裏洗得舒服，別人不特以為新奇，更會覺得有點所謂「牙煙」（廣東話：危險之意）。近年來香港雖有不少浴室設立，由於一切設備都不及「外江」，香港人對之印象也不大好，所以浴室的主要顧客仍是「外江佬」。

在「外江」，到浴室洗澡似乎是當然的事，且認為洗得乾淨。上海的浴德池、北平的華清池、西安的珍珠泉，都是「外江」最有名的浴室，但比起福州的百合池就大巫與小巫了。百合池的面積幾乎大過香港的百貨公司，無論洗澡的水（硫磺水）以至「擦背」、「揸骨」、「修腳」，都是最好的享受。我在榕時，到百合池幾乎多於在香港上茶樓，沒事就在浴室裏打發日子，有時吃飯也在浴室裏。有一天，我在菜牌上看到「燕丸」一個菜名，好奇心驅使點了一客。原來像廣東水餃，但比水餃好吃得多，後來問朋友才知道「燕丸」的做法是這樣：

上肉一斤、蝦米一兩、燕皮約八兩（上海南貨店有售，像雲吞皮，但是用瘦豬肉做的）。先將燕皮用乾淨的濕布抹過，使之不致脆爛，切絲盛起待用。上肉和蝦米剁成肉糜，加少許豆粉、葱花、食鹽掊成膠狀，再搓成小球形（約大於普通廣東魚丸一倍），然後將肉丸放入燕皮絲裏滾動，使之黏上一層燕絲。另煮上湯，待湯滾後，逐一將燕丸放下，再滾即可。

豬肚包雞

這又是一個與食有關的故事。

日昨在香港仔的漁利泰海鮮艇上，遇着一個闊別十餘年的朋友，小立船欄，訴說闊別十餘年來的生活大概。當我們在海鮮艇上分手的時候，他說：「你是否像從前一樣愛吃？還記得我們在江灣吃『豬肚包雞』的故事嗎？聽說他們仍住在杭州哩。」

由於朋友的提起，十餘年前一個有趣而近乎胡鬧的故事，從新又浮現眼底。這是一個很好的短篇小說的材料，惜乎我未嘗向傑克和徐訏「拜門」，不然我一定將這個故事寫成小說。

當我的朋友還在滬江大學唸書的時候，我也流浪到滬濱過無聊的日子。有一天，這位朋友來找我，約我晚上到大都會跳舞，那時我對於跳舞的玩意已感到乏味和厭倦，正想婉卻，這位朋友好像曉得我的心事，不待我開口，即搶着說：「為幫朋友的忙而去跳舞，難道也好意思拒絕嗎？」我問：為甚麼跳舞可以幫朋友的忙？至是他才將他底同學某君和某貨腰娘如何攪到如火一般的熱，又如何鬧翻了，他底同學又如何的死心癡戀，因此竟病了起來，而這種病是難以藥救的。為了治療同學的病，特地來約我和他底同學情所獨鍾的貨腰娘跳舞，拉攏他們重歸於好。並認為我是他朋友中擔當這種責任的最理想的人選。

助人為快樂之本，既然跳舞可以幫忙朋友，拒之有愧，我也只得答應，但同時聲明，這些事是沒有百分之一的把握的。

這位貨腰娘原來是紅透大都會火山的嬌嬈，杏臉柳眉，各部的線條也長得極美，明眸皓齒，一睞一顰之間，尤其逼人欲醉，性情溫靜中而帶剛健，談吐的溫雅，更惹人憐愛。我暗地裏告訴朋友：這娘子確是人間尤物，你同學的眼光不錯。我們三人自這一晚起，連續周旋了三天，我和她之間雖不至於相見恨晚，卻也十分投洽。

第四天晚上，跳舞一直跳到天亮，她要我們送她回到江灣的老家，我們自然不會拒絕。當我們坐車到江灣她底老家前，瞥見豬肉店的伙記正在肉枱上整理豬肚等物，不禁食指大動，於是下車購豬肚、雞等物，到達她家後，下廚弄菜，其中一個就是「豬肚包雞」。在吃飯的時候，她吃得很高興，在吃完之前，凝視着我打趣說道：「在舞場裏，你是個爽朗而風趣的舞客，想不到在廚房裏竟是一個頂好的大司務。」

圍繞着她周圍的，有不少腰纏萬貫的大枱客、揮金如土的公子王孫，但我和她的情感，仍有增無已。直到第八天，在德興館吃飯的時候，我將我的任務原原本本的告訴了她，並談了一大篇我自以為了不起的戀愛理論。但她對我的剖白，既不拒絕，也不接受，無表示的默默地瞟了我一眼。

到第十天夜飯的時候，她和我的朋友底同學才開始重見，言歸於好。

四個月後，我在天津接到她的結婚請柬，一看夫婿的名字果然是朋友底同學。我十分慶幸，在我有涯之生的過程中，竟會在這些故事中扮演類乎紅娘的角色。一年後，和我的朋友重見時，即問我當時採取的是甚麼「戰術」。我說：我根本不懂得應付女人的「戰術」，當和她「鬥爭」的時候，只是本「發乎情，止乎禮，言之以正，待之以時」的原則。要不是久別的朋友提起，我幾全忘了這一個有趣而胡鬧的故事。拉扯了一大堆，也該當言歸正傳了。

雞的食製凡二三百種，「豬肚包雞」我認為是其中的上品，鮮香中而稍帶濃味。愛吃雞的，這個做法是值得一試的。

作料：嫩雞一隻、豬肚一個、金針二兩、紅棗一兩、草菇五錢、香信五錢、老抽、花生油、白糖、鹽、葱白一兩、蔴油。

製作程序：（一）將雞殺後，洗淨抹乾，雞喉之劏口用線縫閉，然後在雞尾處開一小洞口，把裏邊的肝臟等物取出。

（二）在豬肚下垂側邊開一個洞口約三四寸，將內肚翻轉向外，然後將涎沫等洗去，復用鹽刷過，最後以冷水洗淨。

（三）金針（即黃花菜）、草菇、紅棗、葱白等洗淨切好，加入蔴油，白糖，鹽等拌勻，然後次第將之從雞尾塞進雞肚裏。將開口之處用針線密縫之。

（四）用適量之酒和鹽將雞皮搽勻，然後將雞塞進豬肚裏面，以針線縫後備用。

（五）瓦罉或銻煲一具，盛清水過半，加生油和鹽少許，然後置豬肚包雞於鑊中，加上鑊蓋，明火滾三小時左右，至筷子可插入即成，取出以碟盛之，解去豬肚縫口，將雞取出另以碟盛之。

（六）煲過豬肚的水調味後可以作湯，豬肚切件放在湯裏，便是煲豬肚湯，味極鮮。

（七）雞喉及雞尾之縫線解去，取出雞腹中之作料，以碟盛之，雞則切件，置於配料之上，雞肉固好吃，配料的味道也極佳。

做這個菜至要注意是：洗豬肚一定要用冷水，如用熱水洗則豬肚的阿蒙尼亞味會滲入肚肉裏面，吃時就很難入口。

（八）開口之處，切宜縫密，以免原味外泄，不然吃來就不夠香味。

做這個菜似乎要很多工夫，實則也不太麻煩，除火候外，調味則要講經驗了。未入過廚房的做起來會有過淡或過鹹之弊，但稍懂做菜的也不會太「離譜」的。寫到這裏，也引起了我的「食指動矣」！

蟳抱蛋

福州海產種類繁多，海產名稱亦不勝枚舉。所謂蟳者，香港的蟹也。摯友八叔以我久未過馬交（澳門），日昨乘來港之便，攜贈羔蟹一籠，皆肉豐羔滿之老蟹。風雨苦人，起牀後未外出，下廚製作福州人所喜之家常菜「蟳抱蛋」，闔家咸食而甘之，幼兒且飽蟹至不飯。

福州的蟳與馬交的蟹，形貌微有不同，而福州蟳則較馬交蟹為鮮。

「蟳抱蛋」之作料為：蟹、鮮雞蛋、生粉、生抽、糖、蒜茸、葱花。

製法：（一）先將蟹洗淨（去蓋另作清蒸，福州人製「蟳抱蛋」皆用肉蟹），連殼斬件，以碗盛之，加入適量生抽、糖、生粉、葱花拌勻備用。

（二）雞蛋破開後用筷子掊之起大泡，傾入盛蟹之碗中。

（三）用蒜茸多油起紅鑊，爆香蒜茸，然後將蟹及蛋傾進鑊中，炒熟即成。

「蟳抱蛋」之佳處在蛋有蟹肉鮮味，香而爽口，炒時香氣四溢，是可酒可飯之家常菜，惟須炒至蟹僅熟而蛋嫩滑方合水準。

福州人作是菜喜用麵粉，惟余以為麵粉不夠鬆，用生粉為佳。

近乎荒唐

讀者陳志芳小姐來函云：「我是《食經》的忠實讀者，且常常依照先生的方法炮製，很為滿意，雖其中有些第一次做不好，做第二次卻做得很合理想了。最近在坊間也購了一本講究做菜的書，他比你寫的更具體，若干錢鹽，若干錢味精都寫得很清楚，我嘗依書中的方法和作料的份量先後做過幾個菜式，結果都嫌過鹹，闔家大小吃後都覺口乾，尤其我最幼的姪兒，吃後整夜要茶要水，是不是吃了過鹹的菜或是味精的關係？如依照他書中的方法，少放些鹽，或不用味精，做起來是不是一些也不好吃呢？在可能的範圍內，望你能告訴我。」

答：味道之鹹淡，人各有其愛惡，有其習慣，我所寫的不把味的份量寫進去，就因為人的口味各有不同。比如江南人喜歡甚麼菜都放多量豉油，福州人甚麼菜都放一些糖味進去，也有人不大愛吃豉油，更有不喜歡鹹的食製有糖味，這都不能說誰的不對。又如有些地區的人們所吃到的鹽很少碘質，因此習慣了吃得很鹹。如果廣州人或香港人吃到他們的菜一定就是「鹹到苦」，而在他們，卻是「正合口味」。

教人做菜而用味精，我以為近乎荒唐。酒家樓為減少成本，做菜用味精原未可厚非，然所用之份量，也視乎菜的類別和性質而定，一個七寸或九寸碟的菜而加進五錢味精，則只有味精的味，而沒有了菜的作料的味，這樣的菜不獨無好吃可言，吃後口乾更是當然的事。味道的濃淡，只就各個人的習慣即可，做家常菜不宜用味精。

樂昌乳豬

文昌雞、嘉積鴨、福山乳豬，都是海南名產，尤其文昌雞，重三四斤的雞，吃來仍像一斤半左右的子雞一樣嫩，雞骨也是不硬而脆的。民國廿五年，宋子文回去他底故鄉文昌，吃過文昌雞也讚不絕口，乘專機返穗時，還帶了十多隻回廣州分贈親友。

讀者羅炳文先生頃來信說：「海南島的福山乳豬馳名遠近，惜乎至今無緣一試。粵北樂昌乳豬也是佳品，燒起來的豬皮確是脆而化，片出的燒乳豬皮，只輕輕用筷子一敲，就會破開成十餘碎塊。幾年來在港粵雖吃過不少乳豬，其中也有以擅乳豬見稱的，鬆化的程度亦遠遜在樂昌所吃到的，未審先生也吃過粵北樂昌的乳豬否？又知否其製作方法？有空希在《食經》裏見告。」

炳文先生：戰時我在湘桂和粵漢路上跑過不少次，一個偶然機會也吃過樂昌的乳豬，其時正是長沙第三次大捷前夕，一切都在緊張的氛圍中，雖吃過樂昌乳豬，卻沒閒情去研究它的做法，到後來閒居曲江的時候，嘗聽人家說過樂昌乳豬做法是這樣的：將乳豬弄淨加味後，用火燒烤之前先用大滾水在豬皮上面淋兩三次，將水漬抹乾後搽上麥芽糖才放在燒爐上燒熟，但確否如此，則還待研究，不過，用大滾水淋過豬皮，將脂肪漂去，到燒的時候豬皮沒有脂肪阻隔，火力能滲進裏面，燒熟後的豬皮鬆化是很有道理的。

糟鰻魚

鰻，在廣東是不常有的魚鮮。順德比較多見，間有「鱔王」者，等於福州所見的鰻。

鰻是福州尋常魚鮮，製法有多種，我以為「糟鰻魚」最佳。

「糟鰻魚」濃香而鮮，吃來有廣東蒜子炆大鱔的風味，是可酒可飯的家常菜，做法也簡易。作料是紅酒糟一湯羹、約兩斤的鰻魚一尾、薑五錢切成兩三片。

鰻劏開去肚，洗淨，切件，以筲箕盛之備用。

起紅鑊，多油，爆過薑片，加入紅酒糟，爆炒夠香後，傾下鰻魚件，兜炒約五分鐘，加適量鹽、少許糖、清水約碗半，文火煮夠火候即成，不用加饍。

在香港找不到鰻魚，可以鱔作鰻，以頂豉代紅糟，做「豉炆鱔」，食譜翻新，未嘗不是一法。

中環街市側的南貨店有紅糟售賣，如有購得福州新鮮紅糟更佳。

豬油菜飯

讀者白練先生來信說：「我是先生的《食經》迷，惜因事離港，近期報上刊登各節，剪而不全。未知《食經》三集何時出版，可否預訂。又嘗吃上海館之排骨豬油菜飯，極甘美可口，未知此種排骨及菜飯如何製作，至盼能在《食經》中予以介紹為幸，有瀆清神，乞諒。」

答：排骨豬油菜飯，實在是豬油菜飯加排骨。上海大世界旁的小館子賣「豬油菜飯」的很多，十餘年前每客兩角洋鈿。豬油菜飯是用菜心加豬油煲飯，沒有甚麼特殊，不過在香港要吃就不大容易，因為上海米比香港常用的米香，初到上海的廣東人都會增加飯量，就因為上海米好吃。

豬油菜飯除了排骨，還有紅雞、燻魚、腳爪、四喜、珍肝等豬油菜飯，排骨只是豬油菜飯的菜。豬油菜飯宜在冬天吃，若要有上海風味，那就一定要用上海米了。

豬肚煲花生

「豬尾煲花生湯」是廣東流行的家常菜，「豬肚煲花生湯」卻是福州人的家常菜。兩個菜都是既有湯可喝，也有豬尾豬肚花生佐膳，一舉兩得，美味可口，食指繁多的，更符合經濟原則。

花生營養素甚豐，福州人更認為花生有潤肺作用，在茲夏末秋初的日子裏，豬肚煲花生是合時的家常食製。

「豬肚煲花生」的作料除豬肚一個外，用若干花生雖沒有硬性的規定，通常都是用四五兩以至半斤之間。

做法：先將豬肚用清水洗淨後，又以鹽刷淨內外，最後用清水漂去鹽味，原個放進瓦煲裏，再加進花生，文火煲之至夠火候，加鹽和生抽調湯味即成。取出豬肚，以剪刀剪之成件，不能刀切，據謂刀切則不好吃，惟其中道理，我至今仍不大明白。

花生則用熱水浸透，去衣後用鹽水浸之約二三十分鐘，在落煲之前還須用少許生油將花生拌過，這樣，煲時可減少很多柴火。

芋泥

潮州的甜品很出色，福州也很負盛名，這或許與潮州人和福州人都愛吃甜有關。

酒席上菜是先鹹後甜的，講排場者最後上一道甜品，兩樣點心，幾乎是不能或免的。港粵人士最後上席的甜品，很多人喜歡西菜的「布甸」，更有人以為這樣夠「摩登」，實則中國菜館的「布甸」，不中不西的比比皆是。對吃有研究的人，寧吃做得好的杏仁露或合桃露。

就我所吃過的福州甜品，以「芋泥」為最可口。市上已有新檳榔芋上市，愛吃甜品的不妨一試。

好的「芋泥」鬆、香、滑而清甜，但做得不好會「膩喉」。「芋泥」的作料除芋外，還有冰糖、豬油、芝蔴、紅棗。

做法：檳榔芋刨皮，洗淨，切件，蒸熟，以沙盆盛之，用木棒擂成泥狀，再以碗盛起，再蒸約二十分鐘，加入已煮得很濃的冰糖水和豬油，拌勻，把炒香的芝蔴和紅棗鋪於芋泥上，再蒸數分鐘，待糖油和芋泥混成一片即成。

燴青豆

豆類之營養素至豐，盡人皆知。黃豆做的豆漿，滋養成分幾與牛乳相等，據專家研究所得，豆漿所含蛋白質 3.16，牛乳為 4.00，豆漿脂肪為 3.10，牛乳為 3.05，惟糖、炭則牛乳較豆漿為多。

豆有多種，用做食製作料的以青豆為最可口。

在中區牛奶公司飲茶，樓梯間瞥見樓下雪櫃裏藏有盒裝鮮青豆仁，不期而然想起四川菜的「燴青豆」，是可口而清鮮的食製。

「燴青豆」要做得好，離不了上湯，沒有上湯做起來則無鮮味可言，但家庭間做菜不是常備上湯的，用有鮮味的湯也可。

最簡單做有味鮮湯的方法是：

(一) 用瘦豬肉，加入瘦火腿先熬好湯備用，熬過湯的火腿和瘦肉都不要。

(二) 用清水煎滾，加入少許鹼水，將青豆傾進滾水裏泡熟，取出，放進已熬好的鮮湯裏。青豆燴到夠腍即成。如果請客，上碗後還要加入少許火腿茸，更為美觀。

(三) 用鹼水泡過青豆，作用在保存青豆的青綠顏色。

豆板鯽魚

我在上海和南京吃過被當地人士認為「頂呱呱」的粵菜師傅所做的粵菜，我曾很虛心的去領略，但嘗不出好處。就形而言是廣東菜，但吃慣真正廣東菜的舌頭會告訴你，這不是廣東菜的味道。

京滬的粵菜大體上不注意菜的原味，過鹹，豉油味和甜味都很濃，所以為當地人士推譽為「頂呱呱」者，正因為味道不像廣東菜，遷就了當地人士的口味習慣。如果請京滬人士在廣東吃正宗廣東菜，也許他們會認為不及京滬所吃過的粵菜好。

吃北方菜館所做的川菜，大多數也是只有川菜的外表，而無真正的川味。昨在旺角彌敦道峨嵋川菜館晚飯，出乎意表地吃到有川味的川菜。

幾個菜式中，我吃得最多的是「豆板鯽魚」，味道佳，魚也肥美，幾有十三兩重。這樣大的鯽魚，在香港是不多見的，後來才曉得這是來自元朗的產品。這個菜的做法其實很簡單，先將鯽魚劏肚弄淨，以布抹乾魚身的血水。用油鑊將魚稍炸過，再起紅鑊，爆薑片，加入豆板醬，愛吃辣的加辣椒，爆香後傾下鯽魚稍煎，加水少許將魚滾鬆後即成，這是可酒可飯的菜。

福山乳豬的秘密

海南島的福山乳豬是遐邇馳名的食製。週前既答覆了讀者所問的「樂昌乳豬」，理宜同時也該談談福山乳豬的秘密，爭奈近來心情像水一般的惝恍，甚麼事都撩不起興趣，稍縱即逝的《食經》底故事的回憶，要不是即時記錄下來，轉眼間也就忘記得一乾二淨。

在一個飲茶聊天的地方，遇見當年在海口認識的、綽號叫作「交際樹」的朋友，東拉西扯之後，又談到了《食經》。他說：「你既寫到『樂昌乳豬』，又提到了海南最出名的福山乳豬，我以為一定會把福山乳豬的秘密，在《食經》裏供同嗜者研究，至今又已旬日，怎的還不見你寫出來？」我說：這確是一個很好的《食經》的故事，食製方法的一件秘密。要不是你提起，我是記不起了。

說起福山乳豬的秘密，不得不先談談發現這秘密的經過。

一九三六年，開發海南島的聲浪鬧得熱烘烘的時候，海內外先後有不少實業或商業的考察團體到海南考察，其時海南還未成為一省，是屬於廣東版圖的第九區。我在這一年夏天，也從香港到海口拜望已故的摯友張鄉槎醫生，盤桓了一個多月，當我正準備返港的前數天，有一個南洋實業考察團剛從香港抵達海口。

考察團的目的是考察，既抵海口後，當然不會只停留在當地，故稍留即到瓊東、西各地去。他們到瓊東文昌各地考察後回抵海口的翌日，又動身往瓊西，且要到最接近黎區的南豐市去。雖然這些地方我都曾跑過一次，為了湊熱鬧，也就跟考察團的人們一起同向西行。

從海口西去南豐，中間是要經過澄邁、那大等地的，就一般習慣來說，澄邁的福山就是乘車西行的中途站，吃飯休息的地方。也許是地以物傳，凡經過福山的，都要一嚐福山的乳豬，而賣乳豬的，也不是有女員招待的大酒家，只是一般鄉下用竹和草葵搭成的棚店，陳設當然很簡陋，就住慣大都市的人們底眼光看來，在這些棚店裏吃東西，衛生也有問題，但震於福山乳豬的盛名，誰也顧不了衛生與不衛生，咸以一快朵頤為目的了。我第一次到福山的時候，同行中有平素「講究衛生」的外國人，但在福山吃乳豬時，他們也「食而甘之」，在神態上流露，並沒有顧忌衛生與不衛生這回事。實則吃剛燒好的乳豬，並沒有甚麼不衛生的地方，不過吃的環境不佳，會使人發生了不潔的感覺而已。

挑伕、苦力到這些棚店吃的是巨型的肉豬，勿以為燒的是大豬，其實這些大豬之皮的脆化程度，已比在香港所吃到的乳豬好得多了。

過往的客商所吃的，十九是二三斤以下的乳豬，就豬齡來說，在香港和廣州已不易見，何況豬皮燒起來的脆化程度為港穗所做的望塵莫及。

考察團的團員一行凡十眾，隨行的衛兵六人，加上我這個不速之客共十七人，三輛汽車到達福山後，就停下來在賣乳豬的棚座裏午飯。隨行的衛兵微笑說：「這末多人起碼燒十隻乳豬了。」考察團的團長說：「十七人怎麼可吃十隻乳豬？要三隻夠了。」做衛兵的聽了，微笑不言。等到三隻乳豬燒好上桌後，不夠十七雙筷子兩個動作就全吃光了。做團長的至是才明白衛兵剛才為甚麼微笑不言。原來每隻燒起的乳豬不過二斤重量，三隻乳豬合起來不過五斤多，哪裏夠十七個空肚皮的分配，那時不得不再趕燒十隻。

由於乳豬的甘鬆脆化為考察團的人們前所未嚐，在再燒的期間，好事的帶了兩個衛兵到廚房裏去，藉口乳豬做得不清潔為名，指摘在廚房裏的師傅，並謂吃過乳豬的有甚麼三長兩短，要他們完全負責。鄉下人向來是怕官的，有兵帶着的，一定是官，聲勢洶洶的跑到廚房來，雖不曉得是怎麼一回事，事態卻顯得嚴重，廚師於是趕忙否認乳豬有不潔的地方，並解釋乳豬製作的過程。

原來將豬劏淨後，在燒和加味之前，先以白布蘸透白礬水，鋪在豬皮上面，乾後又再蘸透白礬水鋪上，如是者三四次，到燒之前再用清水抹淨礬味，這就是福山乳豬的秘密。用白礬水醃過豬皮是將豬皮的組織破壞，所以燒好了的乳豬皮，輕輕用筷子一敲，就裂作片片碎。

多年來，雖曉得這些秘密，但到今天仍還沒有實驗福山乳豬做法的機會。

紙包珍肝

炸珍肝是各地皆有的菜。有酒癖的人，很喜歡吃炸珍肝做下酒物。請客的筵席，也有用炸珍肝做熱葷的。

炸的食製好在夠香，但也有人嫌太膩。就珍肝來說，滷珍肝的味很濃，但不夠香，吃來想濃而又香，則非炸不可。以油炸之又嫌過膩，如果要夠香而不過膩，兩全之道，另有他法。

當民國廿六年七七事變以後，漢口還未陷落之前，我西行道經漢口，在武昌一個表戚的家裏，吃過一次夠濃夠香而不膩的珍肝。說他是炸的做法，又不像，珍肝根本看不見一些油膩，也不像焗；要說它不是炸的，吃來又完全是炸才有的香味。於是問表戚，這個菜是怎的做法？表戚說：「你的舌頭的鑒別力還算不錯。」隨將做法告訴我，原來是「紙包珍肝」。不過在上碟之前，將包珍肝的紙取去，所以吃來有炸的香味而看不見炸過的油膩，珍肝本身也很嫩。

做法是：先將珍肝弄淨，以五香粉混生抽醃過，然後以蘸過油的玉扣紙包成若干小包，而肝和腎也分包。放進油鑊裏炸的時候先炸紙包腎，約兩秒鐘後才放紙包肝，炸至夠火候一同取出，拆去包紙以碟盛之，吃來便有炸的香氣而不膩，同時珍肝本身仍然很嫩，就因為未經過直接火力煎迫的緣故。

紅炆豬肉

紅炆豬肉各地皆有，最普通不過的家常食製。窮鄉僻壤的人做酒請客，紅炆豬肉有時也是上菜。這裏所談的「紅炆豬肉」是廣西平南人的做法。

抗戰末期，桂、柳棄守前夕，我經過幾許艱難波折，隻身逃抵平南的大安，及敵騎竄抵大安前，我又逃到平南與容縣之間的鄉下去，平南的紅炆豬肉的做法就在這樣離亂的生活中學得的。平南人的「紅炆豬肉」做法雖簡單，但比其他很多地方的好吃。

作料：五花腩肉或「不見天」一斤、老抽五兩、紹酒二兩、生葱頭二兩、陳皮一小片、時菜薳一斤和少許糖、鹽。

做法：先將豬肉弄淨，切成十方件備用。

以瓦罉盛清水約十二兩，其他作料同時傾進罉裏，煮至大滾，加入豬肉，文火炆夠火候，取出以大碗盛之，又將原汁把時菜薳滾熟即成，菜薳墊碗底，豬肉在上。

這種炆豬肉好在濃中夠香。配料大滾後才加入豬肉，目的是避免豬肉卸油。炆得夠香是葱頭和紹酒之功，做法簡易。

老鴿歸巢

據古老傳說，老鴨比嫩鴨滋陰，上了年紀的人都這麼說，究竟真否則未有仔細研究過。據說老鴿跟老鴨一樣，有滋陰的好處，然這也是古老傳說，如用白鴿做燉品，講究滋補的人多是用老鴿的。至於滋陰到甚麼程度，尚未有科學證明。

「老鴿歸巢」的名字很有詩意，是燉的食製，做得好吃來味甚清鮮而香。這是客家人在初秋吃的菜，我吃過這個菜是戰時在曲江五里亭一個客家朋友家裏，看見鄰居買了老鴿作乳鴿，因此想起了「老鴿歸巢」這個菜。

所用的作料：老鴿一雙、圓冬瓜一個、瘦火腿八兩。

做法：（一）將冬瓜開蓋，取去瓜心和瓜仁備用（與燉冬瓜盅取材同）。

（二）乳鴿劏淨後放進冬瓜裏，火腿切絲也放在冬瓜裏，加水文火燉三四小時即成，吃時如不夠味再加鹽。

「老鴿歸巢」湯味極鮮香，冬瓜也可口，但鴿肉和火腿經燉透後就不甚好吃。

選雞和油浸雞

雞和鴨都是普通的家禽，但雞卻被認為是食製中的上品。

廣東人的習慣，逢年做節都劏雞，做節沒有雞劏的家庭和店舖，顯得很窮，很寒酸。即使其他菜式都貴過或好過雞，如果沒有雞食製，等於一班戲裏少了一個正印花旦，即使這個正印花旦的唱做只像一個「梅香薑」，但畢竟要有一個扮女人角色的花旦才對。做酒請客如果沒有雞食製，主人也會被客人竊議「孤寒」。逢時逢節雞價必漲，就是上述的原因。

在食製習慣上的稱謂，雞大致分為老雞與嫩雞。老雞適宜於燉和熬湯。嫩的做「白切雞」、「炒雞球」、「炸子雞」、「豆豉雞」、「玉蘭雞」等用很少火候炮製的食品，吃來要嫩滑而不韌實，才夠水準。

香港雞欄的習慣，賣雞分為三種貨色：上雞、中雞、下雞。所謂上雞、中雞、下雞的分野不在雞齡，而在「雞身」（是廚師的術語）的好壞，比如上雞的條件是嫩、滑，而骨不硬。中雞也許很肥，但嫩、滑，都及不上上雞，雞骨自然也不會很脆軟。下雞是先天或後天不足的雞，不肥、不嫩而骨硬，包括老雞在內。

付出上雞的價錢買到的上雞，有時也不一定都夠肥、嫩、滑、骨不硬的標準。就是有「買手」的酒家，選雞專家購進一籠雞，最多只有百分之七十可以做得夠水準的「炸子雞」，因為做「炸子雞」的「雞身」比做「白切雞」的更要肥和嫩滑。「買手」的目力和經驗夠豐富，選購嫩雞也不能保證百分之百夠標準，因為選雞時只能看到雞的羽毛和膚色，以手捏過雞胸和看看臀部有沒有生過蛋，至內嫩和骨硬與否是不能從雞的外形得到正確答案的。

有些雞的羽毛很豐潤而不粗壯，雞骨卻很硬；膚色很幼嫩的雞，肉也不一定不韌。這正如常常看見有些養過三四個兒子的女人，在她們底眉梢眼角之間和肌膚的豐潤細緻看來，那股誘惑的青春感並不在及笄年華的女人之下，觀人尚如此，何況禽畜？所以我認為：談吃而又想吃雞，如何買一隻夠嫩夠肥的雞，已是一個很值得研究的問題。

在廣東，一般說來公認最不好吃的雞是「下四府」雞，所謂「下四府」雞是指廣東的高、雷、欽、廉等地所養的雞。為甚麼下四府雞不好吃，原因是下四府的雞底飼養料不佳，且該區多山地，飼者每任雞隻滿山覓食，跡近野雞的緣故，所以雞齡雖或很短，但多是骨硬而肉韌的。

「鄉下雞」是被一般人認為較佳的雞，所謂「鄉下雞」有別於農場或雞場的雞，是各地的鄉下人在家裏飼養的雞，原是養來自己吃的，多餘的便在墟場裏賣去。商人收購運到香港售賣，便是一般人認為經常比較好吃的鄉下雞。

近幾年來新界牧畜業很發達，正式以養雞為業的雞場也不少，夠肥夠嫩的雖有，但骨硬的佔大多數。據對養雞有經驗的人說：新界養的雞無論用甚麼方法都很難避免骨硬，因為「地氣」關係。然而這是專家們的題目，這裏不擬再談下去。

到雞欄買雞，賣雞者或會告訴你：「這隻最佳，是黃油雞。」因為雞皮有些微黃。究其實，所謂黃油雞，不過是這隻雞經常吃的飼料是穀，於是雞皮呈現微黃。吃穀的雞通常較肥，但雞骨必比普通的硬些，嫩滑則及不上吃米碎的鄉下雞。如要用到雞油，則吃穀的比吃米的雞夠香氣。

拉雜一大堆，不過是舉一些例，要詳盡的分門別類寫起來，真是可成一本十萬言的巨著。

「我的朋友」大元酒家老闆姚九叔慎之先生，「一味靠滾」的水壺大王梁祖卿先生，都是選雞的第一流買手。我有錢要吃雞時，會到大元酒家的雞籠裏買雞，因為我自己對選雞的知識不夠，常付出上雞的錢買到中雞甚至買到老雞！

梁祖卿先生吃雞也高興自己到雞欄去選購，事前與賣雞的講妥了價錢，上雞每斤若干，中雞每斤若干。自然上雞比中雞的價錢貴，但他卻常在中雞的雞籠裏選出上雞，吃來也有上雞的嫩滑。出中雞的錢吃到上雞，這和我出上雞的錢常常買到中雞適成反比，這是「水壺大王」的本領。我嘗要向他「學習」這一套，他要我每天請他吃一隻雞，才肯帶我到雞欄選雞，大概要看過三百隻雞的外觀，又吃過這些雞，才會懂得如何選得夠肥夠嫩而骨不硬的雞。這正如做醫學生的要經過「臨床」，只懂得醫理還不夠的。

有人很喜歡吃雞胸肉，也有人不愛吃雞胸肉，因嫌雞胸肉不夠滑，要想雞胸肉吃來夠嫩夠滑，油浸雞是一個最佳的做法。這是從前廣州某食家精心研究的一個方法，他認為白切雞無論做得如何合火候，但吃起來都比不上「油浸雞」。

「油浸雞」的作料是一隻夠肥夠嫩的上雞和兩斤生油。

做法：將雞劏淨，抹乾，稍吹至爽身備用。

用明火將一斤十三兩生油在鑊裏燒至大滾，把鑊移離蹇竈口，其時鑊裏的油還有大滾泡，才將其餘未落鑊的三兩生油加進去，拌勻，然後將已吹爽「雞身」的雞放進鑊裏，加上鑊蓋浸十五分鐘，雞即全熟，取出以炸籬盛之，約三四分鐘，待貼着「雞身」的生油流去後，斬件以碟盛之，吃時蘸薑葱和蠔油，就是胸肉都嫩滑的「油浸雞」。

美滿家庭條件之一

頃讀到淘大公司出版的《香港工業》，裏面有一篇《淘大食經》小序，作者署名瑩筠，是淘大總經理黃篤修先生的太太。這是一篇與「食」有關的文章，特轉錄原文如下：

> 做一個家庭的主婦，對於食的問題沒有法子不注意的；特別是我個人平常對於怎麼弄點小吃來喂貪婪的丈夫，及待哺的兒女，是覺得很有興趣的。我自己常備一本小手冊，有時吃到好吃的東西就趕快把它的製造方法記在手冊裏，不但是可以參考，且自己做做實驗；有時候懶得自己下手時就教煮菜的老媽

子照樣煮製。這樣子日積月累在手冊裏的食譜，也有相當的數量了——而且是很實際容易了解的菜式。

我每天閱報，對於國家大事尤其是國際新聞，常抱着一種不願看而不得不看的心情來閱讀。可是一翻到《星島日報》的娛樂版時，覺得胸中輕鬆了許多，特別是刊出來的特級校對的「食經」我覺得真有興趣，因為我本來認識作者的；明知他自身並不是名廚大師，可是因為個人的興趣總喜歡看看他用「特級校對」的筆名寫出每天不同的菜式。

烹飪實在也是一種藝術，並不是人人可以做得到的，同時用一種材料分給兩個人去做同一樣的菜，結果並不會同樣的好吃，為甚麼呢？此中就有奧秘的地方。古人説：「三代富貴方知飲食」，一個社會越文明對於食的藝術越講究，是當然的趨勢，所以我們需要研究，探討，追求。

我喜歡「食經」就因為它裏面有很多種菜式，是我的手冊裏所沒有的，蒙作者送我第一集、第二集《食經》的單行本，又使我在參考時方便得多。我希望將來他會再繼續免費送給我第三集、第四集以至十集八集，把各地方的菜都集在一起，好讓我們做主婦的來學習，學習做幾味可口的菜，因為我以為太太會做得好菜也是美滿家庭條件之一。

對於《食經》我有一種希望，我希望特級校對先生再送我的《食經》第三集、第四集能有製作材料的份量，那時更方便初學烹飪的人們，比較容易參考。

淘大公司得《食經》作者同意翻印這一部書，作者又在序中提起我們，使我覺得榮幸之餘，不得不獻醜地替他寫一篇不成文的小序。

一九五二年八月赴星前夕趕寫於牛池灣

「食經」本來是寫來玩玩的東西，完全沒有「藏之名山，留諸後世」的念頭，因為我根本不是專家，而所寫的也不過是食的一鱗半爪，誰料竟有不少「有同嗜焉」的讀者。及後印成單行本，分贈友好，也不過本「有這麼一回事」而已，初不料會引起友好們的興趣，黃篤修太太也是其中之一。

黃太太在她的序文裏說到太太們會做得好菜也是美滿家庭條件之一，我才知道寫寫「食經」也不算是一件壞事。既感到欣幸，也覺得慚愧！因為我所知道的不過一點點。

黃太太又說，希望《食經》三集、四集能有製作的份量，那就更方便初學烹飪的人們容易參考。這個意見是對的。但我為甚麼不肯把各項作料的份量詳細羅列清楚呢？我的理由是：作料的份量有時難得準確，要想作料的份量準確，先要了解作料的質素，說起來真是長過一疋布。就鹽和豉油來說，幼鹽和粗鹽鹹的份量根本不同，碘少的和碘多的也有分別，豉油的類別則更繁多，有生抽、老抽、頭抽、二抽、三抽甚而四、五、六抽之別。而口味各有不同，有吃得很鹹的也有喜歡甚麼菜都有些甜味的。吃麵的通常喜歡吃味濃的菜，所以豫魯的菜的味道很濃。慣吃米的廣東人都喜歡清淡的味道，而有些地區的人們雖吃米，又喜歡吃濃味的菜。

戰前上海新亞酒店的廣東菜，極為當地人士所歡迎，甚而住在上海的廣東人也認為新亞的廣東菜不錯。實則吃慣廣州菜的廣東佬初到上海吃新亞的菜，會覺得新亞的粵菜並不是粵菜的味道。最明顯的分別是新亞的粵菜甜味太厚，不是正宗粵菜的味道。

又如上海館子的四川菜，上海人吃來也許認為是「頂呱呱」，但四川人吃到這些川菜，未必認為有川菜的味道。所以，我所用的份量，在我認為很合口味，在你或會認為過成或太淡。我不將作料的份量加進《食經》裏面，這是最大的理由。如果承認烹飪也是一種藝術，則公式的份量不一定會做得好菜。這正如黃太太所說：「同時用一種材料分給兩個人去做同一樣的菜，結果並不會同樣的好吃。」

羅斯福夫人說得好：「當你閱讀食譜時，對烹飪方法雖然得到很多指示，但其中某一些方法，卻並不可靠，因此實驗比讀食譜還來得重要。」

讀過了《食經》之類的書，便以為會做菜，則烹飪並不是一種藝術。就我自己的經驗來說，做得最爛熟的家常菜，一不小心有時也會出了毛病，吃來並不如理想。因此做菜之道，懂得了方法，還要多實驗，一次做不好，再做第二次，諺語說：「工多藝熟，熟能生巧。」《食經》所提供的不過是一些基本方法，假如你對「到廚房去」有興趣的話，自然而然會了解其中奧妙。

第五集

食經・上卷

序

賈訥夫[1]

《食經》的第一集出版於一九五零年的七月，轉瞬之間，已經是三年以前的事情。三年之前，香港的出版界頗有過一個蓬勃時期，但是關於飲食的書籍，除了《食經》，卻絕不多覯。三年以來，我們的出版界，似乎曾經多少遭遇到挫折和艱辛的折磨，許多出版機構，不似舊時那麼熱鬧和興奮了，出版書籍統計數字的低落，正好說明這個銷路不景的現象；然而其間有大謬不然的一點，就是研究飲食的讀物的突然增加。這一點突變，我疑心我的朋友特級校對先生實在有相當的貢獻，尤其足以證明的是食經出版已經到了第五集這件事實。

談起吃，只要是一個正常的健康的人，沒有誰不「食指大動」

1 資深報人，曾任《香島日報》總編輯（《星島》1942年6月易名《香島》，1945年8月香港光復後恢復原名）。

的。而食指大動，染指於鼎之類的典故，公元前五六個世紀已早見於我國的經籍。在左傳裏，易牙似乎不是齊國的甚麼好人，可是二千多年後的我們，稱讚誰精易牙妙饌，受者莫不笑逐顏開，衷心高興。歸真反璞的老子，在僅僅五千字的道德經竟然「爆肚」說一句：「治大國若烹小鮮。」孔門弟子追記夫子的言行，遺忘的可能很多，卻紀錄了下來：「食不厭精，膾不厭細。」孟子處處不忘本師，連講利義之辨等的大事的時候，還忘不了說：「魚我所欲也，熊掌亦我所欲也」的話。甚至，在南北朝亂離之際，談食經的人應該不會太多，可是吾家思勰先生的《齊民要術》，講的卻大多是今日北來順、洪長興的燒烤食譜。難怪外國人要笑着說中國是吃的國家了。

一般地說：吃自是貴族的事情，最低限度也是有閒階級的事情，這話當然也相當正確。不過，這種情形，只是吃的現象的一部分罷了，晉惠帝聽到百姓大饑，還說：「何不食肉糜？」不止歷史引為殷鑒，試看歷史上窮奢極慾朱門酒肉臭的巨室，又有幾個能夠大吃特吃爛吃到底的呢？所以研究食經，也一定要看環境和時代的需要。清朝遜位變成民國了，後來故宮裏的御膳房人員們失了業，索性在北海開設一家仿膳，用精練的烹調手藝，專賣皇帝和西太后愛吃的名菜細點，價錢相當的平民化。它有一樣名菜，大約吃過的人全都不會忘記的，叫作「肉末兒燒餅」，戰前索價不過數角，真是香鬆可口，其實，這恐怕就是食肉糜的變相。差幸我們，總還不算是晉惠帝罷？

不過，話是如此說，在《食經》裏，實際上卻不曾有過甚麼標榜、高攀的企圖。例如姑姑筵、太史田雞之類，誠亦偶然見之，這是因為《食經》的作者服務新聞界多年，見聞廣博，又有歷史癖的緣故；但其食料的內容，分析起來，依然是平民的，幾乎人人可以仿效，說是爭取營養也好，打打牙祭也好，俱不礙於你對於它的指點的稱讚。這是《食經》所以大受讀者們，尤其是家庭主婦們歡迎的主因。有的時候，《食經》也刊載讀者們的質疑和作者的主答，這都使它的內容和廚房實際生活打成緊密地一片。這一點，幾乎就是其他談飲食談營養的相同性質書籍所最感困難的。自然，不感困難的人們也有，然而他們大都不肯公諸同好，所以撰述的內容，又不及食經的詳盡而親切。我以為這就是《食經》之所以一續再續，下筆不能自休的緣故了。

一九五三年八月五日陰雨中

由華人公宴説起

英王室人物訪問香港，二十多年來未見過，故一九五二年十月一日，根德公爵太夫人之來，成為當年大事之一。

根德公爵太夫人在香港期間，除了官式酬酢外，參加華人團體最盛大一次招待是「全港華人歡宴根德太夫人宴會」。

當該宴會正在籌備的時候，星島日報記者梁泰炎先生以華人團體歡宴王室貴胄的菜單見詢，僅就個人所見隨意答之，初不料刊諸報端也。事後，歡宴會籌委諸公，也在報上發表解釋，甚麼菜式愈平凡，愈可表現廚師的技巧。山野之談竟獲名士紳階級青睞，而讀者也先後來函作懇切研討，至是，不得不在《食經》裏不厭求詳的胡謅一番，以至連篇累牘，亦始料所不及。

食之道誠廣泛，真是言之不盡，書之難全。從家常的鹹魚青菜以至山珍海錯，無論標奇立異，或「平凡中求精彩」，總要看得入眼，嗅得順氣，吃得適口，申言之，即是食之道，不論其選料如何，做起來切要注意的是色、香、味三者。色不佳即看不入眼；香不夠即嗅不順氣；味不好即吃不適口。

「歡宴王室貴胄」，已成明日黃花，重翻為了這一夕宴會的胡謅，還覺得可納之於《食經》，還值得「有同嗜焉」的同志作參考。下面所記，是當時在報上的胡謅：

根德公爵太夫人除了官式酬酢之外，最大的一個宴會應該是「全港華人歡迎根德太夫人宴會」了。

為了歡迎不平凡的貴賓，名流士紳特地組織了一個籌備委員會，籌委諸公並在報上大吹大擂，說這個宴會佈置得如何堂皇隆重，一切招待如何的縝密認真，歡宴的菜式也幾經研究，甚而廚房裏也派了衞生大員作監督，菜單也早經名流和專家決定。綜合了報上的記載，給予我們的印象是：香港有史以來最隆重、最豪華、最莊嚴和偉大的一個宴會。這一夕的菜單是：(一) 燕窩白鴿蛋，(二) 窩貼石斑，(三) 紅燒爛雞翅，(四) 炸子雞，(五) 腿汁冬瓜脯，(六) 炒飯，(七) 伊麵，(八) 杏仁蓮露，(九) 甜點心。

不過，很多人看到這張菜單後，並沒發覺有甚麼不平凡的地方，並認這樣一席菜，不過是普通宴客的菜，充其量只宜於招待來自外國的商業代表團。用作招待王家的貴冑，似乎過於平凡。至於平凡到甚麼地步，筆者日前答記者所問，已指出了一個大概，茲不再贅述。惟招待委員會當局前夜在麗的呼聲及昨日在報上解釋謂：「菜色經縝密考慮選定，蓋菜色愈平凡，愈可表示廚師的技巧，譬如用雞為基本材料，若能『匠心獨運』，自有其精彩之處，況中菜中如山瑞，鮑魚等類，非歐西人士慣嚐中菜者所嗜⋯⋯。」

竊意以為，這種解釋，並不見得高明。鮑魚、山瑞固為不慣吃中菜的歐西人所喜，但魚翅也為很多歐西人士所不吃，為何既不要山瑞鮑魚等，而獨要爛雞翅？

歐西人士慣吃的是豬、牛、羊、雞、鴨和蛋等，為甚麼又不用這些肉類作主要材料而用中國的技巧去製作？

所謂「菜色愈平凡，愈可表示廚師的技巧」，究其實，也不盡是平凡的菜。比如燕窩鴿蛋，應該不是平凡的菜，也不見得有甚麼需要「匠心獨運」的地方。吃威靈頓街西餐館的吉列石斑，吃小酒家的、大酒家的吉列石斑，製作技巧上不會有很大的差別；要說有差別的地方就是用中環街市已雪藏很久的大石斑肉，和新鮮石斑肉，或剛從海上釣得的活的石斑肉。不過，無論大小酒家，絕不肯用活的石斑做吉列窩貼石斑的。至於這個歡宴會用甚麼石斑就非我所知了。

以「菜式愈平凡，愈可表現廚師的技巧」的菜，款待王家貴冑，怪不得根德公爵太夫人在答詞中盛譽中國的烹飪藝術。

「三代富貴，方知飲食」，相信這句老話的流行，也經過「縝密考慮選定」的吧？

中國烹飪藝術

——《由華人公宴說起》之二

再以山瑞，鮑魚等來說，山瑞在外國人眼底中，可能是一種怪物，怪物當然不可吃、不好吃。這正如廣東人吃蛇、貓等物，在中國內陸有些地方的人們看來，不特認為新奇，且不敢吃，同外國人、或初來的外國人不敢吃山瑞一樣，不熟知，不習慣，因而不敢吃，怕吃，原無多大分別的。招宴這樣一個初自遠方來的王室貴胄，不用山瑞做餚饌是未可厚非的。如果說鮑魚也是歐西人士所未慣吃，未免和事實不符了。西菜中也有鮑魚的食製，往時的日本罐頭鮑魚暢銷歐洲，美國的罐頭鮑魚也有世界市場，不過，恐怕做鮑魚的食製沒把握做得好，所謂「獻醜不如藏拙」，那又是另一回事。由於根德公爵太夫人在筵席上的謝詞對中國烹飪術推崇備至，且認為是一種高度的藝術，使黃臉皮、黑眼睛的人，感到無上的榮寵，但也感到萬分的愧恧！因為，我國的烹飪藝術同中國的文化一樣，在世界史上自有其光輝的一頁。

今天的中國文化如何？這不是《食經》裏該談的題目，但烹飪藝術，不但沒有進步，且日趨退化，誠無可諱言。即就廣東菜來說，在香港已不易吃到最理想的一桌粵菜了。究其原因，不外是太太小姐們研究中國烹飪的不比到青年會去學做西餅的多，不懂做西餅的，就不夠摩登，弄炊是阿彩、阿鳳、阿八姐等的事，而香港士大夫階級大多數對中國文化固然很陌生，對中國的烹飪藝術不比對牛扒的欣賞更有研究，於是乎在太平山下就難吃到好的廣東菜了。王室貴冑吃到了「鴻章什碎」一類的菜，而盛譽中國人的烹飪藝術，真使人替中國烹飪藝術感到悲哀！

特級校對經常留意及保留有關飲食的剪報以作參考。

南郭先生

——《由華人公宴說起》之三

不懂得烹飪藝術，不是罪過。假如曲解了藝術的意義，強非為是，或不肯承認是「南郭先生」，似乎不應該，但也瞞不了在城樓觀上馬的。

吃必鮑、參、翅、肚，不一定懂吃的藝術。吃慣豆腐青菜，也未必不懂得烹飪的藝術。

烹飪的藝術，不是有錢的、吃得起鮑、參、翅、肚，或在烹飪班裏學上三兩個月就全懂得的。袁子才的「隨園食單序」裏說：「中庸曰：人莫不飲食也，鮮能知味也。典論曰：一世長者知居處，三世長者知服食。古人進鬐離肺，皆有法焉……。」可知吃是一門大學問。

「南郭先生」有「南郭先生」的精神，原無可非議的。惟是，「南郭先生」沒有「南郭先生」的精神的，未免「貽笑方家」了。或問：「招待不平凡的貴冑，禮節這麼隆重，為表示做主人的虔敬，該用甚麼菜色」？我不是烹飪專家，更不是名流，無資格談到這些。不過，就我的意見以為：用粵菜來招待不平凡的客人，一定選用不平凡的菜色，但不一定要用一般人所稱的上品鮑、參、翅、肚；為了要表現中國的烹飪藝術，也許選用豆腐做作料，但必不會用冬瓜。粵菜講究原味而外，還重視時令，暮秋九月做菜請貴賓而吃冬瓜，真是前未之見，也前未之聞。請客吃飯不一定要很好的菜，不過，一再吹擂謂為「罕有其匹」，究其實，只是沒有「南郭先生」底精神的「南郭先生」而已。

紅茶與青茶

——《由華人公宴說起》之四

讀者「九號手民」先生頃來函談到招待不凡的貴賓的問題，也是《食經》值得刊載的文章，茲將原文轉錄如下：

原函云：昨閱本月廿八日星島日報，尊論歡宴根德太夫人之菜單各點，至表同情。但尚有一點，敢抒鄙見：前閱該菜單，關於用茶，是指定「香片」。按製茶方法，全發酵者，曰紅茶，如祁門之類。半發酵者，曰岩茶，如鐵觀音水仙等。不發酵者，曰青茶，如龍井香片之類。香片製於福州，是用下乘青茶，薰以茉莉花。普遍銷於福建本省，及華北一帶，殊不足以登大雅之堂，近年美國人喜飲之，因此暢銷美國。

懂茶經者，以英人為最。英倫之茶葉市場，近來因環境關係，雖被錫蘭茶攙奪銷場，但老於此道者，仍念念不忘中國紅茶。而紅茶合英人胃口者，當以福建星村小種為上。蓋星村小種富有天然煙味，和以糖奶，芬芳馥郁，駕乎咖啡之上。只惜每年產量不豐，早被英荷兩國定購殆盡。

目前在香港，當然買不到星村小種。倘若有之，對於英國王室中人，似無須介紹矣。鄙意歡宴貴賓之菜單，茶葉用香片，如座中有懂華茶者，真使人啼笑皆非矣。除星村小種外，香港或可購到安徽祁門紅茶。不然，思其次，亦可備湖南紅茶。假使只為欣賞茶味，並助消化，而不和以糖奶共飲者，則奇種水仙，或鐵觀音之類，當勝香片萬萬。

附帶一提西冷紅茶：按西冷紅，係以化學原料調色調味。即使新泡者，斟滿一杯，對正陽光觀之，茶面之色素，正如洋油浮於海面相彷彿。而且隔宿不能再飲。惟奈近來國內大都市之西菜館，捨棄本國紅茶不用，而以西冷紅茶為號召。又自命高貴家庭，亦以常用西冷茶為名貴，此種騖外心理，可笑可鄙。

即請

撰安

九號手民

十月廿九日

鮑參翅肚

——《由華人公宴說起》之五

鮑、參、翅、肚雖被稱為食製的上品，卻也不一定有鮑、參、翅、肚的筵席就是嘉餚。

時下六七十元一桌粵菜，有鮑、參、翅、肚的食製，二百元或三百元一桌粵菜也有鮑、參、翅、肚，因此，也可以這麼說，有鮑、參、翅、肚的菜，不一定是上菜，沒有鮑、參、翅、肚的菜，也不一定是「逗泥」的食製。

精於吃和對烹飪有認識的，自然會判別哪是上品，哪是中等貨式，哪是「水嘢」。

就魚翅而論，用裙翅與鈎翅已經不同，而鈎翅也有大、中、小之別，更有翅堆和翅片，種類繁多，不勝枚舉，而價值也相差很遠，這單就原料而論。在製作上，用「上湯」或豬骨湯加味精煨翅，和用正宗的粵菜古法熬的上湯煨翅，成本的比較，相差極大。八十至一百元的有包翅的筵席，和八九十元一個的包翅，一百四十元一海碗鮑魚雞燉翅，更是無從比較。

鮑魚中的網鮑、窩麻、吉品，廣肚中的大澳鰵肚、白花魚的肚、鱔肚等價值，也是難於比擬。所以我認為有鮑、參、翅、肚的筵席，也不一定是上菜。

對於食製和烹飪不大有研究的，聽到「燕窩鴿蛋」這一個菜名，或者會有這是上菜的想法。究其實，「燕窩鴿蛋」可以說是上菜，但也不一定是上菜。更可以這麼說，時代也有關係。在海運未發達以前，在中國中原地方吃到燕窩，不管是甚麼燕窩，也算是上品了。

一品官燕

——《由華人公宴說起》之六

惟自海運暢通，空運也發展到巔峯的今日，尤其是遠東交通樞紐的香港，燕窩在食製中的價值，又須從新估計了。

吃燕窩吃到像清代貢品的「一品官燕」當然是上品，如吃到一般所稱的燕盞、燕條、燕肉，卻未必見得是上品。用吃燕窩吃到有營養效果的錢去吃其他的食製，當然是其他食製比吃燕窩好得多。

燕窩的好處是健脾、潤肺、養顏，惟據食家說，吃燕窩要吃得多才有效果，而且還要製作得夠標準，如果吃白色的燕盞、燕肉、燕條，還吃到一條條的燕窩，不但不見得好處，消化機能不大健全的，更會影響到消化。

我吃過一次所謂有燕窩的上菜，是一個有名的「老細」招待外籍嘉賓，當然是吃三四百元一桌的，其中有一個菜就是「清湯燕窩」，上桌時是一碟白色的燕窩，一碗清湯，出錢的「老細」和座上的賓客咸認為好菜，我則禁不住在肚裏竊笑，做了「阿木林」，被人「搵丁」還不自知，而大讚「好嘢」。食的常識貧乏，有了錢做「老細」，吃虧也不自知，可憐亦復可笑。

這個「清湯燕窩」只是用普通的燕肉或燕條，用上湯「滾幾滾」，分開碗碟盛之，成本最多不會超過十五元，沒甚麼製作技巧，也不見得有甚麼營養的價值，而且會影響消化，但賣清湯蒸窩的竟有膽計五十元的價錢，竟然也有這樣的「阿木林」，這樣的「老襯」。

燕窩鴿蛋

——《由華人公宴說起》之七

做到不會影響消化的燕窩，一定要燉三四小時以上，不過，普通的燕盞、燕條、燕肉等經過這末多的時候，十九已溶化至不見燕窩了，吃到這些燕窩才不會影響消化，才有健脾、潤肺、養顏的益處。所以懂得吃燕窩的，不會在酒家吃，不懂得吃燕窩的，看不見一條條的燕

窩的，還以為酒家「搵丁」或斤兩不夠。有了這種原因，酒家即使用到最好的原料，製作得最夠條件，也不會獲得顧客的稱賞，倒不如以碗盛上湯，又以碟盛起很爽口的一條條的燕窩，還會獲得大部分食客說「夠斤兩」。

燕盞、燕肉、燕條等多是新燕，都是白色的（也有用硫磺燻過才成白色）。經過較久的火候就會溶化。被稱為貢品的「一品官燕」的燕窩卻又不同，經很久火候都不會溶化，因為「一品官燕」是老燕的涎沫，而且帶有微紅的顏色，也稱之做血燕。

暹羅最多燕山，也以暹羅產的燕窩最多佳品。燕窩是燕子吃了海上水面的一種微生物，而這種微生物有麻醉性，燕子吃了它，飛回燕巢裏就像喝醉了酒一般，在這時候流出的涎沫，硬化以後，就是燕窩。又經過一兩年或三、四、五年不等，便結成為像鳥巢一樣的燕盞。

招宴王室貴冑的所謂上菜「燕窩鴿蛋」，如果吃時還見到燕窩的，它的做法可能是用上湯（是否真正的上湯，而湯裏有沒有味精調湯味，暫且不談），將已浸透、揀淨、「出水」的燕窩滾到差不多，（不能將燕窩滾溶），以碗盛之，加上泡熟的已去殼的鴿蛋，便是「燕窩鴿蛋」了。

請問：這個菜會不會用到價錢最貴的「一品官燕」？能否稱得上上菜？有甚麼烹飪藝術？

國粹食製

——《由華人公宴說起》之八

在「由華人公宴說起之三」裏提到：「為了要表現中國的烹飪藝術，也許會選用豆腐做作料，但必不用冬瓜。」

「不時不食」，古有明訓，款宴王室貴冑，竟用「不時」的菜，貴冑如曉得，會不會懷疑主人無誠意？不過，嘉賓中未嘗沒有老香港甚或老中國在，「不時不食」這句話，雖未必懂得，對於吃菜要講時令，也許不致完全外行。假如有人懂得的話，會在暗地竊笑香港的名流士紳不懂得中國烹飪藝術，最低限度，對烹飪之道是門外漢。在大暑天的季候裏懂得吃的，為甚麼不吃「五蛇龍虎會」，又為甚麼不吃「清燉北菇」？都因為不合時令，作料本身不好吃，即使製作者是再世名廚，也不會弄成可口的上品。在深秋季候裏吃冬瓜，即使在製作上極有藝術，但悖乎「不時不食」的道理，也不能稱為上菜。寧用豆腐招待自遠方來的不平凡的貴賓，第一，豆腐是有悠久歷史、在世界上有特殊地位的中國食製；第二，國際間公認豆腐為極富營養而又合衞生的食料；第三，豆腐沒有「不時不食」的限制。一窩最佳的「五蛇龍虎會」，外國朋友十九不會下羹，最低限度，放進嘴裏的時候會感到踟躕；可是一窩豆腐食製陳在桌上，卻有百分之九十的外國朋友，毫不顧忌的下羹，也毫不踟躕地吃進肚裏去。

招待王室貴冑而竟有膽用豆腐請客，正足表示做主人的不忘所本，夠風雅和懂得烹飪藝術，即使做主人的不會到廚房去，最低限度，對於烹飪之道不是門外漢。

為了要表現中國的烹飪藝術，並使貴賓吃得高興，甚而至於「讚不絕口」，用豆腐做菜，不但不見得「丟架」，而且是「架勢」的事。因為稱得上是請客的菜的豆腐製作，必不是一碗水豆腐，加上豉油、熟油，或是「鹹蝦煮豆腐」，而一定是「菜色愈平凡，愈可表現廚師的技巧」的製作巧妙的豆腐食製，色、味、香俱佳的嘉餚。

豆腐在我國是古已有之的食料，且可稱為國粹的食製。發明豆腐的人，據說是三千年前的淮南子。革命先進李石曾先生，數十年前就利用這些「國粹」，在巴黎過其賣豆腐的生涯，後來且獲得國際食家的推許，由是而奠定這些國粹的食製在世界食壇的崇高地位。

由於豆腐的歷史太長遠，名貴的和平凡的製作方法不勝枚舉，但是宜用甚麼方法製作的豆腐去款待嘉賓呢？非專家非名流是沒有資格談到這些題目的。不過，提起了豆腐，使我想起了一個不平凡的豆腐食製：「太史豆腐」。

我認為不平凡的，也許被專家名流們認為少見多怪，甚而目為不能登大雅之堂的食製。但當時吃過「太史豆腐」的，咸稱為得未曾有的妙品。香港第一次發現「太史豆腐」的地方是十餘年前在塘西有名的「居可」俱樂部，製作者是江太史的廚師，這也是一個有趣的食的故事。

太史豆腐

——《由華人公宴說起》之九

為甚麼「太史豆腐」第一次出現會在塘西的居可俱樂部？這是二次大戰前的事，經過是這樣的：

當香港還未陷落前，江太史的廚師曾一度主理過居可俱樂部的廚政，這位師傅以精於製蛇見譽於食壇，當時常到居可的，幾乎都嚐過最佳的蛇的食製。有一天，某食家要求這位師傅做一個豆腐的食製，到上桌的時候，只見得十二件白而帶微黃的豆腐膶，同普通的蒸豆腐膶無大分別，等到大家下箸嚐過，不禁同聲讚美，清鮮、香、嫩滑為前未之見。然而吃這一碟豆腐，也要付出前未之見的最高的代價，五元一碟「太史豆腐」。就過去和目前的幣值比較，當年的五元差不多等於現在九十元，這即是說，現在要吃一碟「太史豆腐」要付出九十元代價。十二件豆腐膶當時只是一毫的成本，但吃這一碟豆腐，竟要付出多過豆腐本身五十倍的價值，驟觀之，有點使人吃驚，究其實，正是：「菜色愈平凡，愈可表現廚師的技巧」的食製。

「太史豆腐」的作料僅是豆腐膶和雞項。豆腐膶的數量是十二至十六件，還要白色的，雞項則要兩隻。有火煙味的豆腐不能用，最好能購得九龍城或新界夠嫩滑的山水豆腐。

做法：（一）將兩隻雞劏淨，起骨，拍爛雞肉，以碗盛之，加入一飯碗滾水，放在蒸器裏隔水蒸熟後，去雞肉，留汁備用。

（二）用鹽水浸過豆腐膶，放在油鑊裏炸微黃後備用。

（三）起紅鑊，煮滾雞汁，加入豆腐膶及鹽後，用最慢的火候熬之，待豆腐吸夠了雞汁的鮮味即成，以豆青色的碟盛之更覺美觀。這就是江太史廚師製作的「太史豆腐」。

如果用熬的方法取雞汁，則較濃而不夠清鮮，所以非用蒸的方法取汁不可。豆腐膶在製作之前，要用鹽水浸過後才入味；但豆腐裏含有很多水分，炸的作用，就是為了減低豆腐膶裏的水分，俾能吸進多量的雞汁。如不採用上法，則雞汁不會滲進豆腐膶裏面，吃來就變了豆腐沒有味，雞汁的鮮味也不能和豆腐混在一起，正如在外江館子吃到的「紅燒豆腐」，不和紅燒的作料同吃，則豆腐毫沒味道。至於僅用鹽調味，目的是取其清。

這是最廉宜的作料，也是要講究技巧的食製。

所謂「愈平凡的菜色，愈可表現廚師的技巧」，「太史豆腐」算不算這一類？

茶的研究

——《由華人公宴說起》之十

頃又接到「九號手民」先生第二函云：

十月廿九日付上一函，隨便和你談談宴會上的用茶問題，絕對不會想到把它刊在《食經》裏，真使人汗顏。重閱一過，感到拉雜無章，意有未盡，因此，現在得再和你詳談。可是這些已經越出《食經》範圍，作為「校對」與「手民」的私人談話則可，再刊在《食經》裏，似乎大可不必了。

關於紅茶，「星村小種」英文名：「Lapsang Souchong」前函拼錯了，請原諒原諒！

它是產於福建星村，桐關也有出產，因此又叫：「桐關小種」。它的煙味是天然的，並非人工調製，適宜和以糖奶來飲；至於用奶方面，以花奶為最好，煉奶次之，如調鮮奶，便不可口了，尤以奶粉更難飲。

它的產量不豐，可是不豐到甚麼程度，一時也無從告訴你。每年出產，全被英、荷兩國搶購一空，從前國內市面也無法購得，因此，近年來一般茶商便大量用人工來配製，所謂：「工夫」Congou 紅茶，便是用松柴煙火燻製的。飲慣星村小種的人，一飲到這種人工煙茶，自然會分辨出來。

本港近年來有罐裝的所謂「雞尾茶」出售，它雖是用各種茶葉混合而成，無論紅茶、岩茶、青茶，甚至吾粵的古勞茶都參入了，可是大致不差。如把它泡至濃厚，調以糖奶來飲，比飲咖啡，似勝一籌。

紅茶不一定要調以糖奶才適口，不過星村小種調入適量糖奶，更覺其芬芳馥郁而已。假如是「祁門紅茶」的話，那便適宜淨飲了。岩茶和青茶，絕對不能和以糖奶來飲的。寫到這裏，我便記起了從前在某高貴家庭的宴會裏，主人竟拿水仙糖奶茶奉客，其外行有如是者，無怪當時的座上貴賓都瞠目結舌，引為奇事，至今想起來，也不禁啞然失笑。

關於岩茶，飲岩茶的，當推潮州人的品法為最講究（漳廈人亦然），舉凡茶壺、茶杯、用水、火候、泡製程序，甚至如何飲法，也詳為研究，真可謂無微不至了。如不慣此道者，定要把它一鼓作牛飲的話，亦未嘗不可，但無論如何亦要泡至濃厚才對。

至於青茶呢，青茶又叫作綠茶，它的品法，如效法潮州人飲岩茶的話，那便有婢學夫人之嫌了。

美國人喜飲香片，名之曰 Jasmine Tea，暢銷美國。美人向不講究茶經，我們不能事事以美國作風為準繩，招待貴賓而用香片，未免有點那個了。既是香片，便無「名貴」可言，當我聽到「名貴香片」之「名貴」二字，真使人啼笑皆非，百思不得其解了。我不是甚麼茶師，也不是甚麼茶商，不知本港的茶師們，對於我所謂「香片殊不足登大雅之堂」一語，又有甚麼感想而已。

關於西冷茶，它是用化學方法調製的，可是仍有許多人喜歡飲它。我問過一位友人，西冷茶有甚麼好處？他答得相當妙，他說：「夠澀」。殊不知那種澀味，並非天然味，而是化學上的香油味而已。我希望你能提倡飲中國紅茶，（特級校對按：在汕頭和福建的時候，很愛喝「飲家」的茶，到如今，每天雖離不開鐵觀音，但不敢自承為「飲家」，因此不敢妄寫「茶經」，提倡則更沒有資格了。）使那些自命高貴家庭的人們以飲西冷茶為時髦者，有所改進。

本國紅茶亦有人工製成者，例如「烏煙」和「滑石粉」，就是茶商們用作「打堆」（茶場術語，指混合也）的主要工具。不過這種茶無論經過甚麼巧妙方法來製，也騙不到人，其色其味較諸天然紅茶，自有天壤之別。

茶經談完了，附帶和你談談食經。華人公宴貴賓的菜單，據説經過縝密考慮選定，我真不知是否那些紳士們選定抑或那些「我入廚若干年」食古不化的廚夫們提供的。報章上的宣傳是菜色愈平凡，愈可表現廚師的「技巧」，我真不知那廚師的「技巧」，究竟「巧」到甚麼程度？也許他脱不了老祖宗傳授下來那套手法——「味精」，「打饋」。假如你也參與盛宴或從旁探得仍沿這套手法的話，希望你告訴。（按：「特級校對」只是在報館裏熬夜工作者，叨陪末席的機會太少，敬謝不敏了！）

尊論所評精警，鮑、參、翅、肚，不一定是上菜，瓜菜如炮製得法，同樣不能説是下菜。我以為金瓜（番瓜又稱秋瓜）以蒜頭豆豉加上蝦球雞油煮食，既價廉而又美味，且富營養，用以招待貴賓，似較過時冬瓜脯為好，不妨介紹給那些吃必鮑、參、翅、肚的讀者一試！

九號手民再拜。

十一月四日

附啟：自「秉燭奉茗」一幕演出之後，曾為文一抒鄙見，嗣承「九號手民」先生長函暢論品茗之道，拜讀之餘，公諸同好。其意不外乎「好文章大家欣賞」而已。今復承手民先生（按：「九號手民」如真正屬手民，當為「特大號」無疑），續抒高見，欣然付梓，並申謝悃！

查自《食經》談及歡宴後，曾有人向我解釋：「秉燭」並非禮節，僅為利便嘉賓宴後抽煙云云。附此存照。

蔬菜和營養

讀者張露茜小姐來信說：「我的同學羅小姐是標準的『香港女』，一切都崇尚西化，甚麼都說西方的好，對於吃，自然也不能例外。她說吃西餐比吃中餐合衞生富營養。我不否認一般做西餐的廚房比中餐的廚房較為講究衞生，但西餐也不一定比中餐的營養價值高很多。我認為：我是中國人，自然愛好中國菜，且中國菜比西餐好吃。就吃青菜來說，西餐的伴燒雞吃的蔬菜煮至糜爛而沒有綠色，吃來不但沒有青菜的香味，且像吃豆腐渣，遠不及中國的炒油菜好吃。就營養而論，吃煮爛的青菜富營養，抑是炒油菜的做法較為夠營養呢？素仰先生對吃的知識廣傳，一定願意為我解答吧？」

露茜小姐：甚麼都是西方的好，是有些中國人傾慕西方文明的通病。黑色的眼睛如果能夠變為碧綠色的，他或她也願意住上三五年醫院的。就煮至糜爛的青菜和炒油菜比較，撇開好吃與否，當然是炒油菜較為多營養。就我所知，菜蔬很多含有多數維他命的，比如白菜，就含有中量維他命，蛋白質 1.4 、水 95.1 、脂肪 0.1 、炭水化合物 1.9 、礦質 1.0 、粗纖維 0.5 。而有些脂肪溶性和水溶性的維他命經過攝氏表一百度熱的烹調後就會完全消失的，所以西菜中煮至糜爛而變黃的蔬菜，一定比不上炒油菜的菜好吃而富營養，道理很顯淺。炒油菜用多油，除香口而外，還有一個作用是用油阻隔過多熱力滲進菜裏面，以至消失裏面所含的維他命；雖然煮至爛熟的菜是易於消化，可是營養當然不比炒油菜好。

鹽風雞

月餅已上市了，時序已近中秋，要不是天文台懸了兩天強風訊號，怡人的秋風恐怕還未吹到太平山下來。

若干年前，就像這樣陰霾四佈的中秋前數夕，我從徐州乘隴海路的藍鋼車深夜到了鄭州。雖說還未到中秋節，但中原的氣候，秋天已比香港之冬冷，下車後穿上厚大衣，走起路來還不斷打寒噤。坐洋車（華中稱人力車為洋車）到達朋友家裏，已是淩晨一時許，既冷且餓。朋友見此，趕忙熨酒做菜請我消夜，也許因為冷而且餓，所吃的雖僅一葷一素，倒覺得很「開胃」。葷的是雞，但味道之美很少嚐到，因問朋友：「這種雞的做法怎樣？」朋友說：「這叫作『鹽風雞』。」「鹽風雞」是江浙人的雞食製之一，問是出於江浙甚麼地方，朋友當時卻未詳告。

做法是將雞殺後，不去毛，用刀在雞尾處開一個小孔，取出腸臟，以六兩左右的鹽炒熱，放進雞肚裏，又以三四根燒紅的火炭塞進雞肚，以線封口，懸掛於當風處，約經兩月時間後，取出鹽炭，蒸之至熟即成。雞肉嫩滑，味道鹹香而鮮。

要留意的是：雞劏後不能用生水洗，只用乾布將雞肚的血水抹乾；如被生水浸入，雞肉會發霉變味。

芥辣雞

「芥辣雞」是色、味、香俱夠刺激的食製。

吃「芥辣雞」的季節宜在秋後，如在炎夏裏吃「芥辣雞」，體溫會大大增加。

我吃「芥辣雞」是多年前在「外江」一個小地方，當時正是秋末冬初，吃過芥辣雞後，與北風周旋了大半天還沒打過一次寒噤。

雖說是辣的食製，卻不致像南洋吉靈人吃的咖喱那麼辣，不過要是你高興吃辣，加重辣味也未嘗不可。

芥辣雞的作料是嫩雞、豬油（用生油嫌不夠）、葱白（乾葱亦可）、芥辣、古月粉、生粉、鹽。

做法：雞劏後切件，「泡嫩油」。再起紅鑊，爆香葱白，用有味湯少許開好芥辣、古月粉、鹽傾進鑊裏，蓋上鑊蓋，滾後才加進雞肉兜勻，蓋回鑊蓋煮數分鐘，最後加少許生粉水打饋即成。

先煮好了辣汁，再加入雞肉同煮，作用是避免雞肉過老，吃來不夠嫩滑。

手撕茭筍

談起了「芥辣雞」，想起了同芥辣有關的一個合時令的食製：「手撕茭筍」。

日來已見到新出的茭筍，但是否來自廣州的泮塘，卻無暇去根究。

在廣東，吃茭筍當以泮塘產的為最佳，而泮塘的茭筍向被稱為泮塘五秀之一。

茭筍的做法很多，在這容易患傷風的季節，最好吃法是「手撕茭筍」。一因做法容易，二來又有像中醫所謂「提起點火」和「發散」作用。

這個菜的作料是茭筍、蔴醬、生抽、芥辣。

做法是先將茭筍洗淨，用刀背拍過，然後放在飯鑊或蒸器裏蒸之至熟，以碟盛之，用手撕之成條，加上生抽、蔴醬、芥辣拌勻即成。

這是一個經濟廉宜的佐膳菜，蘇醬有「提起點火」的效果，芥辣則乘勢而利導之，患輕微性感冒的，吃手撕茭筍更有療病的作用。

鑊底燒肉

在都會裏，要吃甚麼，雖不一定都有甚麼，但普通的食物，有錢的都能招之即至。惟在窮鄉僻壤要吃一頓豬肉、牛肉，要非早有儲備，就要等待「墟期」了。

這裏所說的「鑊底燒肉」是廣東邊遠的縣份靈山人的做法。靈山不是富裕的地方，每逢「墟期」才劏牛劏豬，要吃新鮮劏的豬肉要待「墟日」。燒肉雖是最普通的食製，但往時在靈山要吃燒肉，也要等待「墟期」。鄉下人雖常儲有豬肉，如果在非「墟日」要吃燒肉，只得自己動手。「鑊底燒肉」就是這些鄉下人不知在若干年代以前發明的做法。

顧名思義，鑊底燒肉當然和明墟燒豬不同，但吃來則和燒肉無大分別。製作程序如下：

材料：有皮豬腩肉一斤（切成方形）、醬油、白鹽、蜜糖。

製作過程：（一）豬肉洗淨抹乾，加醬油、鹽醃製十分鐘，另以蜜糖將豬肉四面擦勻，以碟盛之待用。（二）在鐵鑊中盛以洗淨之白米一、二斤，清水適量，猛火煮沸，至飯水將乾而未乾之際，用鑊鏟將鑊中心未曾熟透的米移至鑊邊，迅速將已醃製過的豬肉，皮向鑊底放下鑊之中央，同時以湯碗將豬肉密蓋，旋把鑊邊之白米迅速集中，此時如果覺得水量不夠，必加沸水，分次加入，隨即將鑊蓋密勿使泄氣。慢火焗至白飯熟透，而豬肉亦同時燒熟。揭開鑊蓋，將上面的飯撥開，拿去湯碗取出燒肉，切好盛盆，一如燒肉無二致，味甘香鮮美，有東坡癖者不妨一試。

蝦子甜竹炆節瓜

本報櫥窗週刊的長期作者鞠華先生，是才子、畫家，而他底太太也是名滿嶺南的女才子。也許是才子配才女，相互敬愛有如「孖公仔」，為南國藝壇一對使人健羨的伉儷。

女才子拿起筆來會填詞做詩，放下筆桿，穿上圍裙跑到廚房去，也會弄不平凡的「拿手幾味」。才子每談起他太太的「拿手幾味」，口角幾乎要流涎。

香港重光的前一年，食物奇缺，要吃一點好的東西，即使有錢也不易獲得。有一天，才女弄了一味「蝦子甜竹炆節瓜」，才子「食而甘之」，大加激賞。因問才女：「蝦子從哪裏來？」才女笑而不答。過了數天，才子仍念念不忘這一味菜，追問蝦子如何得來，才女至是告訴他，炆節瓜的不是蝦子，而是用蝦米做成的。

原來才女將蝦米洗淨壓碎，炸香後，再研之成末加入炆好的甜竹節瓜裏面，作為蝦子，吃來無法分得出是蝦米抑蝦子，而且味道的鮮香與蝦子所有的味道無異。

甜竹和節瓜都是素菜，即使用最佳的頂豉炆，吃來是沒有鮮味的。如果加入炸透的蝦米茸，便有濃鮮的葷菜味。我嘗依法試過，確是價廉味美的佐膳食製。

要用真蝦子也可，但味道的香鮮是比不上用蝦米做的。

煮蝦腦

黃河沿岸各地流行鯉魚三味。身居魚鱉之鄉的廣東順德人，也很高興吃一魚三味。香港仔的海鮮艇一魚兩味、一魚三味的也很流行。各地做法雖不同，但三味中必有一味是湯，其他兩味不是炆與炒，便是炸和蒸。

我吃過香港仔的、黃河流域的和順德人的一魚三味，三味中變化最多的當推順德，而且做法也到家。現在要談的不是一魚三味，而是一蝦兩味：「煮蝦腦」和「炸蝦丸」。

據對食製營養有研究的人說，蝦的營養頗豐，含有蛋白質、脂肪、碳水化合物、礦質等，蝦頭部分「荷爾蒙」更多，所以有很多人吃蝦不放棄蝦頭。

蝦腦當然是在蝦頭裏，單吃蝦腦，一斤蝦恐怕找不出幾錢蝦腦。原來「煮蝦腦」不是用原個蝦腦，而是蝦頭的汁。

蝦頭汁外，作料還有冬筍片和火腿片。冬筍「出水」後用油起鑊，連同火腿用少許水滾熟後加入蝦汁、鹽、古月粉、酒少許，再滾即成，上碗後滴上幾滴蔴油。吃來雖不見蝦腦，卻有鮮濃的蝦味。

蝦汁的做法是將蝦頭剪下，以刀背壓至扁碎，以布包之，然後用力將蝦汁絞出。

炸蝦丸

蝦頭既剪去做「煮蝦腦」，剩下的蝦肉可用來做「炸蝦丸」。

「炸蝦丸」是濃香的下酒物，原是很普通的，低能「阿茂」幾乎也懂得做，不過這裏所說的炸蝦丸和常見的做法又微有不同，而更濃香可口。

常見的「炸蝦丸」是用鮮蝦去殼，以刀面壓扁，再用刀背剁成茸，以碗盛起，用筷子攪成膠狀，掐成小丸，慢火油鑊炸熟。

要做得夠鮮爽而又夠濃香的做法是這樣：

（一）將蝦肉壓扁，以刀背剁成茸，以碗盛之，加上豬油、鹽、酒各少許，用筷子攪至起膠狀。

（二）將蝦膠掐成像龍眼大小的球形，每個用豬油網包之，蘸上雞蛋白，放在慢火油鑊裏炸，成焦黃色即成。

（三）炸的時候宜用筷子將丸不停的在鑊裏攪，俾蝦丸周圍受到同等熱力煎迫，不然有些過老，又有些不夠焦黃。

一蝦兩味應該先吃「煮蝦腦」，因為味道較為清鮮。先吃夠濃香的「炸蝦丸」，會使「煮蝦腦」的味道減低。

吃翅與浙醋

讀者周約翰來信說：

素仰先生為有名食家，對食問題有湛深的研究，現在有一個大多數人們都遭遇到的食的小問題，想先生必知之甚詳，特奉函請教，敬希公開賜答，諒不見卻也。

很多人吃魚翅，無論包翅、蟹黃翅或爛雞翅，大多數人喜歡加進一些浙醋，更有人加些芥辣，但加醋的多，加芥辣的少，不加醋不加芥辣的也大有其人。口味之不同，正如各人的面孔，加醋或芥辣與否，原沒甚麼問題的，但正宗的吃法是否應該加醋？又為甚麼要加醋？我以為魚翅是濃鮮的食製，加醋在翅裏是會減低翅的鮮味的，我個人吃翅就不加醋。

答：就我個人意見，翅的正宗吃法是不加醋的。有很多人在吃翅時，未嚐過翅的味道如何就加進一些浙醋在翅裏，這是外行的吃法。

做得好的翅是不須加醋才吃的。好的標準是夠脸、夠軟、夠滑，而味道要夠濃鮮。

做得硬而帶爽口的翅不夠標準，因為吃了爽口的翅不易消化，有些人不吃翅就因為怕魚翅難消化。味道不夠濃鮮的翅，吃來絕不覺得有甚麼好處，這因為翅的本身沒有鮮味，配製的作料如果不夠濃鮮而又不夠脸、軟、滑的翅，吃來不見得有何好處。

不是以肉類熬上湯，而以味精為主要調味作料，再加上製作得未夠火候，這些翅根本不宜吃，十元八塊的一碗爛雞翅，是無法做得好的，八九十元一席的菜，雖也有魚翅，那不過是「化學嘢」而已。我主張不吃翅則已，要吃則吃好的。好的自然價錢貴，不是一般人吃得起，而翅的營養素也非不可能在其他的較廉食料裏尋求。

翅被稱為「海菜」，廣東菜館做翅，照理應該會做得好，但真正做得好的，也不多見。東區某酒家的翅，原是師宗廣州某有名酒家的做法，向來都做得夠標準，惟最近吃過該酒家做的翅，卻又不敢恭維，因為用味精太多，濃得使舌頭難受。至於外江館所做的翅，我更從未吃過較為理想的一次。

從大鯊魚斬出來做翅的鰭，是用石灰醃製過的，所以在烹製翅的時候，一定要把灰味漂清。做得不好的翅，吃來有灰味，就因灰味未漂得清，要辟去灰味，吃時不得不加些浙醋，不然就難於下嚥。

做得好的翅必有些許黏性，吃翅時加上幾根細豆芽菜的目的是中和了舌頭太軟滑的帶微黏的感覺。

在大酒家樓吃翅後，漂亮的女職工，即遞上濕毛巾，是請你抹去在脣邊的翅的黏膠。然就時下大部分的翅，做得未夠標準，加細豆芽菜和用濕毛巾抹嘴似乎是多餘的事了。

菊花魚雲羹

颶風小姐幾度困擾以後，荏苒韶光，轉眼又是團圓節。

據說今年的月餅市道不及去年，惟比往年差到甚麼程度，是不為一般人們所關心的。不過，月餅市道的好壞，也正是香港商業寒暑表升降的反映。

俗諺說：「八月十五是中秋，有人快活有人愁。」在不景氣的陰影籠罩下迎接中秋節，「有人愁」的「有」字似乎要改作「多」字比較應景。

李太白的「人生得意須盡歡，莫使金樽空對月。」在這個年代的香港人，是頗為合用的。因為香港是東西冷戰的前哨，假如有一天，冷戰會變為熱戰的話，縱有金樽，明月，也許不容你有「對」的閒情。值茲佳節當前，「整幾味、飲兩杯」，才不辜負此有涯之生。我也趁此佳節提供一味：「菊花魚雲羹」作為諸君做菜賀節的參考，這是做法簡單而味美的食製。

作料：雞絲、魚頭雲、豬骨髓（豬骨裏白色的東西）、白花膠絲、冬筍絲、火腿絲、菊花瓣。

做法：先將魚雲洗淨，撕去魚鰓邊的黃膠，加上鹽、酒、薑汁蒸熟後，去骨留肉。白花膠先要滾腍，冬筍絲亦要出過水。

起紅鑊，先落雞絲，然後加進其他作料混合用上湯或有味湯煮之至熟，加味以碗盛之，加上少許蔴油、古月粉，最後加上菊花瓣，就是菊花魚雲羹。

燒鱔

日本菜的顏色和花樣極佳，吃起來卻沒甚麼好處。對日本食製認識較深的，說日本人對於吃着重於「眼吃」，不無道理。

我沒嚐過地道的日本菜，對日本菜的好壞，未敢妄加論斷，但我第一次吃到的日本菜中的「燒鱔」，倒覺得它的風味不錯。

我吃到日本燒鱔的時候，是八一三淞滬戰事發生前數月，在一個日本小姐的家裏。

昨在中區某大茶廳飲下午茶，對桌有一位穿西裝的小姐，容貌長得很像從前做「燒鱔」給我吃的小姐，因此使我聯想起這位日本小姐，也想起我第一次吃到的日本菜，我依稀還記得這位小姐的名字叫作杏子。

當時的杏子小姐年在雙十左右，約有五呎四吋的高度，臉是圓圓的，眉兒彎彎，膚色白皙而柔和，單眼皮裏藏着的雙瞳，卻有中國人的靈秀氣。短的熨髮，穿起中國旗袍的時候，十足像一個江南生長的小姐。她還說得一口流利的上海話和國語，態度是很嫻靜的。

我在虹口住過一些時候，晚上無聊，除了看看電影外，就愛到舞場裏跳舞聊天，偶然在一家日本人開的小舞廳裏認識了杏子。因為喜歡她的日本女人的韻味，而又有江南人的風致，常到這家小舞場去，跳舞的對象當然是她，但不過是舞客和舞女間泛泛之交，只有買賣之間的關係，談不上有甚麼交情。

有一天晚上，我從法租界回到虹口，手邊拿着兩本新出版的小說，未回住處先到了舞場，和杏子跳舞的時候，被她發覺了我這兩本小說，要求借給她看，我答應了；同時我又問她為甚麼也愛看這些小說？她瞟了我一眼才說：「無聊的時候也看看的。」初不料竟因這兩本小說和她打上了交情。

原來杏子也是當時的新文藝讀物的擁護者，由創造社時代以至到當時海上文壇的動態，都知道很多。我既曉得她對中國文藝這末有興趣，後來還借了不少書給她，好讓跳舞聊天的時候也找到了題目。日子一久，廝混得熟了，有一天她請我到她家裏吃飯，於是我第一次吃到日本菜，認為味道做法都佳，至今未能全忘的是「燒鱔」的一個菜。

實則燒鱔的做法也很簡單，那是：將大鱔切成約二吋長，去骨，逐件用玉扣紙包着，稍吹過，去紙，這時的玉扣紙已滲透了鱔的血水和黏膠，用叉叉着鱔肉，蘸上豉油，置在炭火上面燒一二分鐘，再蘸豉油，又燒一二分鐘，如是者三四次即成。可凍吃，可熱吃，是「可以送酒，可以送飯」的食製。

奇怪的是，腥味很重的大鱔，一滴油都不要，更不用辟腥的作料，燒起來凍吃也居然完全沒有腥味。

芋多士

西點中有蝦多士，夠香而且可作下酒物。

中菜的「芋多士」，更是夠濃香的可飯可酒的食製。

所謂「芋多士」只是隨便稱之，中國食譜裏我還未發現這一個名字。「多士」二字是舶來品，現在要談的芋的做法，有點像「蝦多士」，因此借用了「多士」二字，而加上一個芋字，實則「芋多士」這個名字我也不滿意，不過一時想不出貼切的，姑稱之為「芋多士」而已。

離開了桂南已好幾年，沒嚐過荔浦芋的滋味也好幾年，大陸所稱的「物資交流大會」絕不會把荔浦芋交換到香港來，此時此地想吃一個如假包換的荔浦芋，可以說是不易得的事。

中秋日吃到甚鬆的芋頭，不期而然的想起了荔浦芋，也想起了「芋多士」。

「芋多士」的作料是：芋頭、鮮蝦、半肥瘦火腿。

做法：先將鮮蝦去殼，以刀背壓扁，復剁之成茸狀，瘦火腿也琢之成茸，肥火腿則切成小粒後，加鹽味、酒少許、鴨且拌勻備用。

芋頭去皮，原個蒸熟，切成薄天九牌形，釀上火腿蝦膠，上面復加上芋頭一片，最後用慢火油鑊炸透即成。

肉心蛋

蛋是廉宜的食料，營養素至豐，外國人早餐吃生蛋、半生熟蛋、奄列蛋、火腿蛋至為普遍。在中國，蛋的製作方法更不勝枚舉。由於價錢廉宜，製作簡單，蛋在家常食製裏常佔重要地位。

家常菜的蛋的製作，最簡單是蒸水蛋、炒黃埔蛋、蝦仁或叉燒炒蛋等。本欄前也談過很多種蛋的製作方法。如果喜歡吃蛋的食製而又嫌蒸水蛋、蝦仁炒蛋等吃得太膩的話，不妨試試肉心蛋。

做肉心蛋的作料是雞蛋和半肥瘦豬肉。

做法：(一) 先將雞蛋尖端處破了一小孔，將蛋白拿出，以碗盛之，再用筷子攪爛蛋黃，拿出以另一隻碗盛之，殼與蛋白留待後用。

(二) 瘦豬肉佔三分二，肥豬肉佔三分一，將瘦肉剁至成糜狀，肥肉切成最小粒，以碗盛之，加進少許薑汁、鹽、生抽、酒拌勻，逐少緩緩塞進蛋殼裏，至一半為止，然後又將蛋白灌進去至滿，才用白紙將小孔封固，搖勻，使蛋同肉糜混和，即蒸之至熟，以凍水「過冷河」，將封孔之白紙取去，吃時才開殼，點蔴油、生抽。

「過冷河」的作用是使殼內的豬肉糜離殼，不然，蛋餡就會黏着蛋殼。

這個菜並沒甚麼特別，不過不知道蛋中有肉的，開殼後真可刺激食慾，增進食量。

海南雞飯

誰都吃過雞飯，但一般的煲雞飯，飯雖有雞鮮味，肉卻不好吃；煲過的雞肉一定不嫩。「海南雞飯」的飯固有雞的鮮香味，而且雞肉保持嫩滑。

我在海口、廣州灣的赤坎和星洲的小坡，前前後後吃過好幾次「海南雞飯」，做法雖都一樣，惟以赤坎的雞最嫩而滑。我以為這是雞本身的問題，與做法無關。

不明白其中底細的，必以為做「海南雞飯」有甚麼秘訣，實則，假如曉得製作過方法，誰者能做。一般「煲雞飯」是水、米、生的雞肉一起同煲，所以雞肉必不嫩滑。「海南雞飯」的做法是這樣：

一，嫩雞劏淨，取出雞膏。用鑊將膏炸過，取其油備用。

二，用瓦罉煲水至滾，將原隻雞放進滾水裏，慢火浸熟，取出備用。

三，米洗淨，以浸熟雞的雞湯作米湯，加入熟雞油、（一斤米約一湯羹雞油）、鹽少許，煮成飯即是。飯好後，雞切件上碗，那就是「海南雞飯」。

飯裏有雞鮮味是雞湯和雞油的關係。雞的煮法像白切雞，在滾水或湯裏浸至僅熟，雞肉不特不失原味，也嫩滑。

三色蛋卷

「肉心蛋」偶爾做一次是不錯的，但家常食製裏經常吃肉心蛋，未免花費太多時間。

「蛋卷」也是間中做來玩玩的食製，但沒有肉心蛋那麼麻煩而費時。

「肉心蛋」只是使未吃過的人，增加新異的興趣，吃來卻不見得有甚麼好處。「蛋卷」則不然，色味都佳，尤其顏色，更惹人好感。做起來有三個顏色，紅、黃、綠，因此也有人稱之為「三色蛋卷」。

蛋卷之作料是：半肥瘦豬肉、蝦米、冬菇均切成小粒，韭菜（切約一寸長左右）、雞蛋。

做法：先將蛋破開，以碗盛之，加進生粉少許，打勻。起紅鑊，落油，將鑊移離竈口，傾下打好之蛋，把鑊轉動，使鑊裏的蛋成圓塊，熟後鏟起，以碟盛之，將已加味的肉粒、韭菜等置在蛋塊上，捲之成筒形，然後蒸之至熟，切之成若干節，以碟盛之，皮和餡有黃、紅、綠三色。

蛋塊要煎得愈薄愈佳。

油蜜蛋

日來一再談起幾種蛋的食製，現在談談「油蜜蛋」。

我吃「油蜜蛋」是在外江地方一個浙江朋友的家裏，但只吃過二三次。這是否為浙江菜或浙江甚麼地方的菜，還是其他地方的，就再沒有根究了。嘗問江浙的外江佬同事，他們也不知道，因為從未吃過「油蜜蛋」。

從字面上說來，「油蜜蛋」一定是甜的食製，事實不然，只因做起來蛋有些像蜜，故名之。這個菜的做法等於煎雞蛋，不叫煎蛋而叫油蜜蛋，當然有不同的地方。

作料除雞蛋外便是葱花，是廉宜而易做的家常菜，吃來卻較煎蛋有香味，無蛋的腥氣。

做法：起紅鑊，落兩湯羹油，燒滾後，將蛋破開，放入鑊中，其時蛋黃還是原個的，在蛋黃上面放少許鹽，黃即逐漸流出，隨即放進少許葱花在蛋上面，用鑊鏟輕輕將蛋反轉，稍煎即成，吃時加醬油。

做得好的，外皮不起焦，裏面則很嫩。

文昌雞飯

讀者黃明先生頃函云：

昨閱「海南雞飯」一文，覺得做法似未詳盡，我曾在海南島工作五年，對「海南雞飯」頗有研究，擬將鄙見分述如下，供台端參考。

「海南雞飯」即「文昌雞飯」，因全島以「文昌雞」最為著名，其雞之能軟骨而肥，均係由於以椰子渣（即椰子榨油後之渣，但非榨至完全乾透）混糠而煨之，且雞在籠內絕不放出，如此雞既有營養，而又不運動，軟骨而肥，皆由此來。

我在文昌工作時，一般文城人士均謂縣城橋腳某雞飯店的「文昌雞飯」著名最佳（店號已遺忘，因我不大光顧。）實則不然，我意屬文昌縣清瀾港下墟之「妚三妚」最佳，文城人士多搭車至此光顧。「炑三」現年已四十餘，女性，其父陳某實係「文昌雞」之始創人，今已去世。

「炑三」之「文昌雞飯」做法，係除照台端（一）（二）兩點相同外，其飯則先用草果、薑、蒜，用雞油開鍋將米炒過，落豬油三數羹（大約一斤米、豬油一羹），鹽少許及雞湯一併落鍋（實因雞油不敷用故），飯熟後切件送上，惟另外用薑、醋、辣椒、雞油、鹽，混和作醬料，海南人食雞多切至長三吋闊吋許，慣用手拈雞送酒，其味實無窮盡。

此外尚將少許剩餘之雞湯加以冬菜、粉絲、副脛、冬菇作湯一窩，隨飯送上。

「文昌雞飯」如能多食，極富營養，故我在文昌五年，賴此增加體重十餘磅，如今則久不嘗試，體重已降，似可證明其非虛也。台端以為然否？

筆者於一九三五年旅行海南島時到過文昌，留僅一宵，雖吃過文昌雞，惟未吃過文昌的「文昌雞飯」。其後所吃過的「海南雞飯」皆在馬來亞和廣州灣，初未知「海南雞飯」即為「文昌雞飯」，茲特公開黃先生大函，俾同嗜者研究，並謝黃先生盛意。

炸荔浦芋

青菜當然以新鮮的好吃，就白菜心和芥蘭，剛自菜圃摘回來的特別鮮美。戰時廣州小北的郊外菜館的炒油菜，一般說來比任何大酒家的好吃，這不是炒的鑊氣夠不夠問題，而是青菜本身新鮮。青菜從菜圃摘下來，賣到市上大酒家已經過很多小時，甚而兩三天也未可料，與剛自菜園摘下來的，其新鮮的程度，真是無從比較。

吃青菜愈新鮮的愈佳，但芋頭新鮮的卻不比乾水的好吃，尤其新鮮芋頭另有一種頗為特殊的青味，吃來會使人覺得不愉快。

廣西荔浦縣所產芋頭是華南的名產，桂人吃荔浦芋等於吃沙田柚一樣，摘後經過若干時日，「風乾」才吃。據說「風乾」過的荔浦芋不但沒有芋青味，而且香氣更增。

芋的做法本欄已經談過多次，現在談「炸荔浦芋塊」，是廣西人的做法。

方法是用「風乾」荔浦芋，去皮，切成天九牌形，以上好醬油醃過，然後放在慢火油鑊裏炸透即成。吃來味甚濃香，可作家常菜，也可作下酒物。

用炸過的芋塊炆豬肉或燉扣肉，比用未炸過的芋頭好吃得多。用炸芋頭做炆的食製，芋頭就不會變成芋泥或芋醬了。

李石曾與豆腐

革命元老李石曾先生，最近由法返台，日前經過香港。我讀到了這一則新聞，不禁想到了李石曾先生同豆腐，這也是一篇有歷史價值的食的故事。

李石曾先生是海內外知名的「齋公」，吃齋的人離不了豆腐，李先生自然也不能例外，吃了一輩子豆腐，到而今，銀髯白髮，民卅六年還做了白髮新郎，仍忘不了吃豆腐。他和豆腐的緣分甚深，不特愛吃，而且會做、會賣豆腐。在歐洲，外國人對中國豆腐十分推重，並認為營養素甚豐，也是李石曾先生宣傳的功勞。

在四十年前，李石曾吳稚暉在巴黎參加中國革命運動的時候，生活相當困難，同時還辦了一個「新世紀」報，自辦印刷所、自己做排字工人才勉強維持下去。後來他忽然靈機一動，想到「豆腐」這東西。他本來是素食主義者，因此湊了一點資本，就開了一家豆腐店。做豆腐的原料很簡單，只要有黃豆和石膏就成。不料豆腐店開張後，居然門庭若市，賓至如歸，因為巴黎人從來沒有嚐過這種食品，而遠隔重洋的華僑也好久嚐不到這種家常食製，因此生意興隆。華僑在巴黎開設的唐餐館也多了許多豆腐菜色，像鍋貼豆腐，家常豆腐之類，使巴黎的洋顧客有機會嚐到李鴻章雜碎以外的新鮮唐菜，而且法國的食品研究家也竭力提倡，把豆腐列為「最有營養價值的食品。」

提起了馳名中外的齋公李石曾與豆腐，不期而然也想起清代名家阮元（芸台）詠豆腐一首詩：

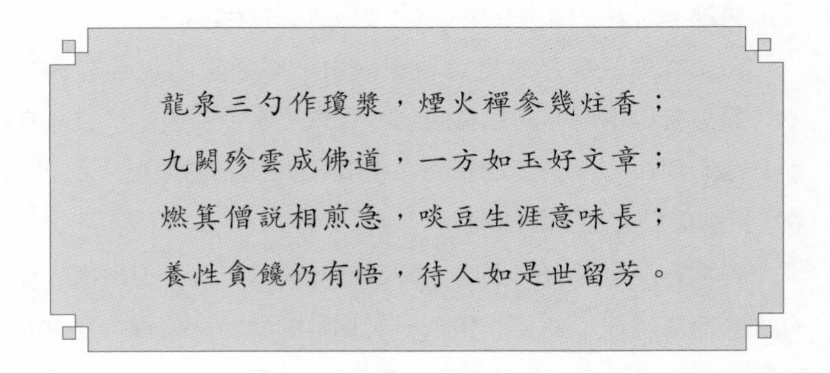
龍泉三勺作瓊漿，煙火禪參幾炷香；
九闕殄雲成佛道，一方如玉好文章；
燃箕僧説相煎急，啖豆生涯意味長；
養性貪饞仍有悟，待人如是世留芳。

這首七律，盛讚豆腐的好處之外，還說它頗足養性，怪不得寫火山消息的方塊，竟名為「豆腐攤」了。

有人不愛吃雞，也有人不愛吃豬、牛、魚，卻很少見到不吃豆腐的人，這因為豆腐本身沒有味道，更沒有臊味腥味和澀味，吃了它不會使人們的官能有不舒服或難過的感覺。

做得不好的豆腐有火煙味，其次是不嫩和不滑。做豆腐要好的豆子外，水也是做得好與不好的重要因素。據對於做豆腐有研究者說，做豆腐最好白殼豆，其次是東北產的大豆。

在香港難吃到好的豆腐，就因為除了選豆或未夠標準外，做豆腐的水是用水喉水。水喉水裏含有臭粉等氣味，不特減低了豆腐的香味，而且不會成為雪白的顏色。

為甚麼在新界的「郊外豆腐」比在太平山下的好吃？就因為吃郊外製的豆腐大多數不用水喉水，而用山水和井水。說到山水，也有「山水豆腐」一個名稱，桂林七星巖月牙山寺裏和尚所做的豆腐也稱之為「山水豆腐」，為桂林有名的產品，遊桂林的，幾必遊七星巖，也必到月牙山去吃豆腐。因為月牙山和尚所做的豆腐確夠潔白而嫩滑，為其他地方所不及，用來做豆腐的水就是清冽的山水。夠嫩滑的道理自然與磨得幼細也有關係。

除磨得幼細而外，濾豆漿，火候和石膏的份量如何，也是嫩滑與否的關鍵。而磨豆腐用甚麼石磨，對於此道有經驗的人，也很有研究。

用山水做豆腐為甚麼會特別潔白？原因是山水含有礦質，是硬水，靠近有山水地方的豆腐店，浸豆煮豆腐都用山水，自不在話下，而且還利用山水漂去豆的青味，澀味和沖淡豆的顏色。所以「山水豆腐」特別潔白就是這個道理。

夠嫩夠滑而潔白的豆腐，很多地方可以吃到，但嫩滑，潔白而又有香味的豆腐卻不多見。我第一次吃到嫩滑而又夠香的豆腐是戰時在廣西容縣的珊翠鄉一個朋友的家裏。

容縣也可說是廣西軍政人物的發祥地，最有名的葉琪、黃旭初、黃季寬等都是容縣人，珊翠就是黃季寬的家鄉。我到容縣時，是在抗戰末期，桂林大火以後，敵騎遍桂境，南歸不得，西行也無路可走，於是不得不在這些鄉下地方蟄居了一些日子。由於容縣人比其他地方的廣西人有氣度，有胸襟，雖然過不慣鄉居的生活，惟處在可親的人情的氛圍裏，也算過得很恬適。

我吃到夠嫩夠滑而又夠香味的豆腐是在黃季寬的昆仲笙侶先生的府上。表面看來，那不過是夠白色的豆腐，加上豉油膏清蒸，但細嚼之下，感到豆腐裏有一種香味，卻與豉油膏的味道無關係的，因此覺得很奇異。豉油膏蒸豆腐完全是素的食製，為甚麼豆腐裏會有香味，而為前所未嚐，因問主人：豆腐裏為甚麼會有香味？笙侶先生莞然道：「山珍海味你也許吃過很多，但這種豆腐在都市裏恐怕不易吃到。實則也沒甚麼特別，不過在磨豆時加上一些花生，它的好處是可以辟去豆的腥味，又使豆腐增加香氣，你吃到的香味，就是花生的香味，說是豆腐，還不如說是花生豆腐，你的味覺倒不錯，這一點點的特異之處，竟也領略到，你該列入『相公口』之類人物了。」其後他又說：「每斤豆只加入二兩花生，過多則花生味太厚，吃不到豆味了。」

容縣釀豆腐

客家釀豆腐是東江的名食製，本欄前談過它的製作方法，做得夠水準的，誠可「一快朵頤」。可惜時下的東江釀豆腐，皆徒有其名，材料固不好，做法也不對，懂得吃的或有名的「食家」一旦嚐到這些釀豆腐，會懷疑東江人不懂得吃的藝術。

前文談起在容縣的珊翠吃過嫩滑而又夠香的豆腐，聯想到容縣的釀豆腐，也是該地名食，但做法與客家釀豆腐又有所不同。

容縣鄉下人請客，幾不能沒有釀豆腐。有時也有這種情形，做釀豆腐請客，客人也要幫忙釀豆腐。因為豆腐不用市場上買的，認為做得不好吃，要做得好吃就要自己做豆腐，從磨豆腐做起。工作多麼麻煩，所以客人也不能不幫忙。

做得好的客家釀豆腐鮮、嫩、滑，容縣釀豆腐則爽滑而香。為了要爽滑而香，做豆腐時比普通豆腐多加石膏，磨豆腐時也加入花生。

釀豆腐的餡，除豬魚肉外，還有花生和葱花，最特別是加少許糯米粉。豆腐釀好後放在鑊裏煎香，吃時蘸豉油膏。

煎柿餅

這也是一個食的故事，值得在《食經》裏寫上一頁的。

「柿餅」在香港人的印象裏，是曬乾了的柿，或是熟藥店的「清補涼」裏所用的京柿片，而不會想到柿餅像杏仁餅、合桃酥、蓮蓉餅一類的餅的食製。

這裏所謂的柿餅既不是「京柿」，也不是曬乾的柿餅，而是北方人作早點吃的柿餅。

京柿有潤肺健脾的作用，在風沙遍地的北方，吃柿餅做早點既可裹腹，也可抵禦亢燥的氣候，是一舉兩得的點心。

我第一次吃到「柿餅」是在抗戰時期，山西戰事吃緊的時候，我從晉南渡過晉陝交界的風陵渡，經過潼關到達西安，偶爾在街上的路檔吃到煎得很香的柿餅，頗有「食而甘之」之感。後來每天的早上都以柿餅作早餐，因此和賣擔的老闆認識，也懂得柿餅的做法，只是將去皮去核的柿，加上麵粉搓勻，煎熟即成，甜味不太重而又夠香，用作點心可口實惠。

昨應友之約，飲午茶於大同酒家，竟吃到在香港從未吃過的煎柿餅，形式的大小雖不同，甜味不太重而又夠香，卻和在西安吃過的無大分別。

香港的秋天氣候很亢燥，吃柿製的點心，也可以說是「有益衛生」吧。

重皮蟹

同文魯施先生在本報《櫥窗》週刊裏寫過一篇《秋高紫蟹肥》的文章，大談蟹經，旁徵博引，有聲有色，讀之食指大動，要不是邇來阮囊羞澀，即約三五友好，實現「右手持酒杯，左手擘蟹螯」的滋味。

蘇軾詩的：「九月團臍十月尖」，說的是在外江吃蟹，九月吃蟹乸，十月吃蟹公。但在香港，這一句詩似乎不大適用了。就我所知，香港農曆八月後重皮蟹最好吃。到了九月，重皮蟹少見，宜吃黃油蟹，十月以後才吃大紅羔蟹。

重皮蟹是在農曆八月初到九月上旬前最肥而豐滿，同時生長新殼，換殼期間，舊殼還未脫落以前謂之重皮蟹，不過這時的蟹也不完全是重皮的，每擔蟹中多者可選三四斤或七八斤不等，好處是肉多而有濃馥蟹香。但在魚菜市場裏不易得此佳品，要夠新鮮就更難了。如要吃夠新鮮的重皮蟹，最好早晚到大埔元朗等地賣蟹的地方，歸而洗淨原隻蒸之，熟後始斬開才夠鮮味。

假如你有機會吃過一次夠鮮的重皮蟹，以後大酒家和香港仔海鮮艇的蒸蟹，你再不會「食而甘之」了。

黃油蟹

蒸蟹原是很簡單的製作，但蒸的是甚麼蟹，又怎樣蒸得好，精於此道的也很有研究。蒸得僅熟才夠嫩夠鮮，用甚麼蒸器？又用甚麼火候？這要講經驗。

很多人喜歡先將蟹洗淨，斬為若干件，然後隔水蒸之，但這不能保存蟹的原味。如果蒸黃油蟹也用這個方法，就吃不到黃油蟹的好處了，甚而根本不知道黃油蟹的好處在哪裏？

黃油蟹的好處是蟹肉裏有豐富的黃油，黃油裏又含有一種難以形容的，只有黃油蟹才有的鮮香味。如果先將蟹斬為若干件後才蒸，既減低了蟹的原味，黃油的鮮香味也大大打折扣了。

精於吃黃油蟹的人是將蟹洗淨，原隻放在鑊裏隔水蒸至僅熟，然後用手拆開，吃時蘸薑汁、浙醋和少許蔴油。

蒸青蟹

說到蒸蟹，不期而然又想到蒸青蟹。蟹殼的顏色原是鐵青色，所謂蒸青蟹是蟹蒸熟後蟹殼仍是鐵青色，蟹肉則和其他蒸熟的蟹一樣，無特異之處。

蒸熟後的蟹殼一定是紅色的，怎樣能保持原來的鐵青色？第一次吃到蒸青蟹的人，可能有新異的感覺。雖然有人告訴我蒸青蟹的方法，但直到今天仍沒有實現的閒情。

要蟹殼保持鐵青，蒸前先用蔞葉搗爛取汁，遍塗蟹殼，隔水慢火蒸，在蓋上鑊蓋的時候留出一條裂縫，蟹蓋且不要向鑊底一面放，不然蟹蓋受了過多熱力，不能保持鐵青色。

又本欄前談過薑葱焗蟹的做法，有人嫌用手持蟹吃，滿手油膩，因此也有人用白鑊將薑葱焗至夠香，才放蟹進鑊裏，加上鑊蓋，周圍封密，不使泄氣，然後以紅火焗之至僅熟，吃時夠香而又不會滿手油膩。焗一斤蟹要用五錢薑茸、一兩葱白，過少則不夠香味。

炒禾花雀

「秋風起，五蛇肥，嗜蛇者食指動矣！」

這是賣蛇食製者底廣告句語。在廣州，際茲深秋時分，正是開始吃蛇的季節；在香港，這幾天的氣候依然可穿單衣，似乎還未到吃蛇的時候，但與蛇同期的時令食品「禾花雀」卻早已上市。今年香港見到的禾花雀似不比去年多，但價錢則同往年無大出入，這是指售賣食製者而言。在酒家吃禾花雀，用作點綴品則可，要吃個暢快是不大上算的；每人吃一打不算多，每打索價十元左右，七八個人每人吃一打，合起來是頗為不少的數目。

市面所見到的禾花雀製作，不外燒、焗、炸；滷的也不很多，蒸和炒的做法可以說前未之見。

現在先談一個炒的做法。

作料是「豬及第」、豬肉、豬腰、豬脯和時菜薳。豬及第切片，時菜切成每段約吋半長，先用滾水拖過。

禾花雀去內臟，破開，以刀背將骨拍碎，然後每隻切成兩件，用油炸過。

炒的時候用薑片起紅鑊，加少許紹酒，先炒豬肉，然後下豬腰、豬脯及禾花雀，最後加入已拖過的時菜薳，兜勻，加味，加饍，饍裏還要加蠔油，兜勻即可上碟。

禾花雀肉餅

為甚麼香港售賣禾花雀食製的只有燒、焗、炸的做法，而沒蒸、炒的製作？

實際上售賣禾花雀食製的並不是完全不會做蒸、炒的製作，而是禾花雀本身不夠新鮮的關係。在食店裏吃到的禾花雀，自所在地到達食店，起碼隔了一天或兩天，有時隔了五六天也不等，如果遇着南風天氣，未運到香港早已發霉變味。發霉變味的禾花雀根本不能做蒸和炒的製作。

靠近香港的新界雖也有禾田，也有禾花雀，只是數目很少，在市場上恐怕不輕易購得這些貨色。

話又得說回來，運到香港的禾花雀也有很多很夠新鮮的，不過大部分的新鮮程度都不宜作蒸炒。我認為在產地吃新鮮禾花雀，最好的做法是蒸、炒、剁，其次焗，又其次者炸。

提起剁，我吃過一次禾花雀剁肉餅，味道極美。

做法是用已弄淨而夠鮮的禾花雀，以刀背拍碎，再和瘦豬肉同剁成糜，加進切成的小肥肉粒、糖（少許）、鹽，拌勻，放在飯面裏蒸熟即成。

肆江釀花雀

往時在廣州，當茲秋高氣爽，正是「食在廣州」底廣州人講究吃的季節。在這些日子裏，禾花雀也就成為老饕們目的物之一。無論味道、營養，禾花雀都有它的好處，真不愧稱為食製中的上品。

在廣州吃慣了禾花雀的人看見香港人吃禾花雀，真有點寒酸感，一個人在西餐館吃半打已算是「闊佬」之類；在酒家宴客，一席菜中有兩打燒或蒸禾花雀，也算是夠排場了！究其實，吃半打或兩打禾花雀確已所費不貲。「物離鄉貴」，香港的禾花雀要靠內地運來，要吃時令佳品就不能不出較高的代價。今日在香港吃十元八塊一打禾花雀，在廣州已購得好幾打未經製作的禾花雀了。

所謂「食在廣州」，除了做得好，廉而鮮也可說是「食在廣州」的原因。即就禾花雀來說，在香港是很難吃到廉而夠新鮮的。談起禾花雀，不禁食指大動，要吃得暢快，不由得不懷念廣州，也想起從前在廣州一個三水朋友家裏吃過一次「肄江釀花雀」，比蝦膠釀、雞釀、鴿釀更香嫩可口。

「肄江釀花雀」實在是蝦膠釀花雀，不過在蝦膠裏加進金銀膶茸，所以吃來特別香。

做法是將禾花雀弄淨，把蝦膠釀進雀肚裏，再以豬網油裹之，蘸上生粉，慢火油鑊炸至夠色，禾花雀和蝦膠都已熟透，淋上生檸檬汁，吃時蘸淮鹽。

禾花雀蒸金邊龍利

提起了肄江，自然也會想到三水人。說到三水人，自然也想到與三水人有關的可笑故事。

說故事不是這裏的範疇，現在要說的是與三水有關的禾花雀食製。

西南是三水的重鎮，由穗趁廣三車前往，不過點餘鐘時間。禾花雀當造的時候，西南正是禾花雀重要的集散地，每天從西南付廣三車運抵廣州的禾花雀難以數計。出處不如聚處，往時廣州的食家和禾花雀的愛好者，均認為在廣州吃禾花雀還不夠暢快，每逢週末或假期就招朋集侶，乘廣三車到西南去，目的只是為了吃得夠暢快和吃到新鮮的禾花雀。

西南的禾花雀的新鮮程度，在香港固然夢想不到，就是在廣州也不易得。在西南所吃到的禾花雀有時還有暖氣，是剛從附近禾田裏網下來的。這些新鮮的禾花雀最好的做法是蒸，除了禾花雀肉餅外，最好的吃法是禾花雀蒸金邊龍利，是最名貴的食製。金邊龍利是肄江最有名的產品，用新鮮禾花雀蒸，真有「吃出神仙」的味道。 做法是將魚弄淨，用油搽過；禾花雀弄淨破為四件，用薑汁、酒、油糖將禾花雀醃過，隔水蒸熟，吃之前才加味。如在蒸時加味，則龍利不夠滑。

草菇煀禾花雀

港九各區的酒樓和西菜館的菜牌上，雖有合時令的燒、焗、炸禾花雀食製出售，但懂得「不時不食」的食家，知道禾花雀已快「過造」了。「大造」的時候，禾花雀肥而廉，在「末造」將臨的時候吃禾花雀，自然不及「當造」時佳，所以對吃有研究的人這時候不會對禾花雀有很大興趣，但對禾花雀有特殊癖愛的又當別論。

關於禾花雀的製作，前後提供過好幾種做法，偶和好友何嘉譽兄談起禾花雀的食製，還有一個我前未之聞的做法：「草菇煀禾花雀」。我認為有它的好處，特在這裏介紹，愛吃禾花雀的讀者不妨按法一試。

作料：禾花雀、乾草菇、肥豬肉、薑汁、酒、糖、生抽。

做法：（一）禾花雀弄淨後，用薑汁、酒、糖、生抽醃過備用。

（二）乾草菇弄淨後熬汁，調味後備用。

（三）用瓦罉一個，先將肥豬肉一塊放在罉底，醃過的禾花雀和草菇汁放在肥肉之上，最後加上一塊肥肉蓋着，蒸熟即成，上碟時肥豬肉不要。

這種做法的禾花雀，夠鮮夠嫩，吃來又不膩口。

黃花魚羹

據報載，黃花魚日來大量上市，每斤售價僅一元二角。黃花魚即上海人稱的黃魚，屬季節洄游魚類，在香港僅是普通海鮮，此時此際，食指眾多而又想吃海鮮的，黃花魚最為經濟了。

黃花魚的味薄，不能稱為上品，肉則很嫩滑，最普通的做法是煎和炆，因味薄，清蒸的不多。但吃膩了煎和炆的做法，換一下口味，黃花魚羹也未嘗不可，做得好的會比煮蘿蔔好吃。

作料是黃花魚、菊花、韭黃、乾貝、粉絲或冬筍。

做法：（一）魚洗淨，用薑汁酒醃過，隔水蒸至熟，拆肉備用。

（二）乾貝熬湯，拆絲，粉絲折成約一吋長，用水浸過洗淨，韭黃洗淨切成約一吋長，冬筍切絲。

（三）起紅鑊，傾下乾貝、粉絲或筍絲、黃花魚肉同燴至夠火候，上碗前加入韭黃，調味上碗，吃前加入菊花瓣。

「黃花魚羹」也有人稱作「菊花魚羹」，用粉絲夠滑，用筍絲則滑而帶爽。黃花魚味不夠濃厚，用乾貝熬湯，作用在增加鮮味。

梁氏蛇羹

今年初冬，直到前日下午之前，氣候仍像夏季。入夜雨絲如雪粉灑遍太平山，才帶來砭人肌膚的北風，使很久以前製備了冬季新裝的小姐太太們笑逐顏開，是炫耀新裝的時候到了。另一角落的人們卻在北大人鞭撻下瑟縮起來。晨起讀報，同事齋公寫了「一雨添寒」，益感寒意加濃！

「三蛇肥矣，食指動矣。」售賣蛇羹者的廣告雖早已遍刊各報，惟在已涼天氣未寒時的日子裏吃蛇羹，總覺太早一些，尤其在大南風下弄蛇宴，吃來更不易覺得有甚麼好處。像昨今兩日寒風砭骨，才是吃蛇羹的時候。江太史蛇羹的做法，本欄前已談過，現在再提一個佛山梁氏蛇羹的做法，用供愛吃蛇羹者參考。梁氏蛇羹的作料不比江太史複雜，做法也簡單，但手續卻相當麻煩。採用的作料除三蛇外，還有清遠筍蝦和雞。

做法：先用清水浸透筍蝦，出水後，用針在筍蝦節的當中，慢慢劃成一條條的裂縫，然後把筍蝦節切去，一條條的裂縫就變成很幼的筍蝦絲，再以水浸之備用。做一副三蛇大概要用三斤乾筍蝦。

雞則熬湯後拆絲，三蛇弄熟後也拆絲，最後起紅鑊，將雞絲、三蛇絲和筍蝦絲用雞湯再燴即成。吃時加檸檬葉，菊花瓣。

據說，這種蛇羹味最濃，比其他多配作料的好吃。

黃花魚與頂豉

某年從香港赴上海，船抵吳淞口時，看見江面佈滿黃花魚，假如那是一隻小艇，隨便可以伸手捉得。香港現在雖是黃花魚期，魚菜市場卻從來沒有活黃花魚出售。除了從事漁業者外，在香港見過活黃花魚的人恐不會很多。

上海的「雪菜黃魚湯」是很可口的食製，香港的「雪菜黃魚湯」，除非另加湯味，否則鮮味很薄。這也許是上海的黃花魚夠新鮮，而香港的黃花魚不夠活，影響鮮味。

俗謂「口水治狗虱，一物治一物。」黃花魚煮蘿蔔是現在的合時食製，假如不用頂豉起鑊，味道與用頂豉起鑊的，其香濃不可同日而語，這也算是「一物治一物」吧！黃花魚肉滑但不結實，所以煮前一定要先煎，不然蘿蔔與魚在鑊裏翻二三次，魚肉就很難成件了。

做法：劏淨黃花魚，以筲箕盛之，用鹽搽過魚的兩面，待魚水流出，魚肉稍結實後，用慢火兩面煎至微黃備用。用葱白，頂豉起鑊，加入魚、蘿蔔、水同煮至夠火候，加味，上碟前再加葱花即成。

金銀翅

在香港，最流行的翅食製是「紅燒大裙翅」、「紅燒包翅」、「清湯翅」和「爛雞生翅」。吃「鮑魚雞燉翅」已不多見，吃「金銀翅」更百不一見。在過去，廣州「大亨」們請客，有一個時期很流行「金銀翅」，惟近十餘年來，吃金銀翅的卻逐漸少見了。

摯友梁君，夙為廣州有名食家，最近為其太夫人祝嘏，假銅鑼灣金魚菜館設壽筵宴客，筆者忝為世姪之列，奉召陪末席，所飲盡是旨酒，吃到盡是嘉餚，食家請客，確有其不平凡之處也。

六大菜兩熱葷中的「金銀翅」，為筆者多年未嚐過的食製，無論色、味、火候都做得十分到家，當時未知「撚手」何人？食後打聽之下，方知主持廚政者為曩在廣州文園的黃佳。他也嘗在澳門五洲酒店主持廚政多年，對翅的製作和紅燒網鮑片，極有心得，「金銀翅」是他得意製作之一。

所謂金銀翅者，金是魚翅，銀是燕窩，先做好了金翅，盛在碟中，再以燉好的燕窩團團伴，最後「推饋」即成。說來雖很簡單，但要做得夠水準卻也不易。這種食製第一要講究原料和湯水，其次才是製作技巧。如果用不好的翅身和普通的燕盞，即使更好的製作技巧，仍不能算作名貴的菜式。

客家三蛇

時序已晉初冬，北方這時正是冰雪世界，江南也可披上重裘。今年香港初冬不但沒有冬的氣息，穿夏威夷的仍大有其人；要不是有時序的感覺，看見穿夏威夷的，還以為這還是夏天。

已寒天氣未寒時，該穿冬衣的時候仍可披上夏季衣裝，那麼，天氣未寒，吃冬令補品倒有點「不時而食」之感了。

說起了冬令補品，自然會使人想到：「秋風起矣，三蛇肥矣！」商場雖吹遍淡風，但售賣三蛇食製的卻「一枝獨秀」。酒樓茶館賣蛇羹蛇宴的，比往年來得熱鬧。為了湊熱鬧，先先後後也吃過了兩三次所謂專家特製的蛇羹，不但毫不覺得有好處，更發覺「南郭先生」而稱專家的，更比比皆是，因此昨宵友人召吃蛇羹，也不敢領教了，怕吃了這些蛇羹後整晚口乾鼻涸。

如果想吃蛇羹後不致於口乾鼻涸，我以為客家人的蛇羹做法簡單而方便。

客家的三蛇做法是：三蛇去皮，加進白豆水熬四五小時，將蛇拆肉，加進雞絲，一滾即成。

這是貨真價實的蛇羹，為了進補而吃蛇，客家做法是可以一試的。

心心比翼

色，味，香俱佳的食製，固可以刺激食慾，典雅而美麗的名稱，也會使人有「啖之而後快」之感。

假如有人請你吃一個食製叫作「心心比翼」，你心坎裏泛起甚麼覺感？會不會想到長恨歌裏的「在天願作比翼鳥，在地願為連理枝」，自非我所能知。不過，主人假如是你的女友，或者是女友的家長等，那麼，你的心坎裏一定會泛起很甜蜜和美麗的幻想，到吃「心心比翼」的時候，不管其色、味、香如何，你一定是不肯少吃的，這因為食製的名稱已給予你很好的印象，甚或已沉醉了你的感情。

我吃過一次「心心比翼」，但做主人的不是女友更不是女友的家長，而是一個懂吃和喜歡吃的朋友。這一個美麗的名稱，在未吃之前當然也予我一個好印象。所謂「心心比翼」，其實是高麗參和花旗參燉雙鴿，心心代表了兩種參，以比翼齊飛形容雙鴿，倒是名實相符。

在這個時候吃「心心比翼」，也算是合時令的菜式。據《本草》裏說，花旗參有生津、止渴、提氣、清涼的效能。高麗參的性質是壯中氣，清補，不寒，不燥。有人認為用兩份高麗參，一份花旗參燉雙老鴿可以調和補中的燥，因為有些人吃過高麗參後就覺得很燥，加入花旗參同燉就沒有燥的反應。也有人認為加入花旗參就會減低甚或消失了高麗參的好處。我對醫藥沒有研究，未敢妄論前者是或後者非。惟就我所知，用高麗參燉雞確是上佳的補品。

奢侈的廚娘

承平之世，一般人俱有精研飲食之餘暇，蓋所謂「民以食為天」。粵人相遇，輒以「食飯未？」為打招呼，可見一斑。然而，炫耀成奢，人們都以胃口作為財富的象徵，去品評飲食之道漸遠，現特介紹豪奢筵饌的故事一則。宋洪撰《暘谷漫錄》，中有廚娘故事：「京者中下之戶，不重生男，每生女，則愛護之如捧璧擎珠。甫長成，即隨其資質，教以藝業，用備士大夫採拾娛侍，名目不一，有所謂身邊人、本事人、針線人、堂前人、雜劇人、拆洗人、琴童、廚子等等級，截然不紊。就中廚娘，最為下乘，然非極富貴家，力稍不足，不能用也。有某宦者，奮身寒素，遨歷郡守。然日用淡泊，不改儒風，偶奉祠居里，便嬖不足使令於前，飲食且大舉。郡守因念昔日在教於某官處晚膳，出廚娘所調羹極可口，適有便介往京，謾作書友人，囑以物色，皆不屑來就。未幾，友人復書日：得之矣，其人年可二十餘，近回自某大老第，有容藝，能算能書，當疾遣以詣。不下旬日，果至。初憩五里亭，特遣夫先申稟啟，乃其親筆也，字畫端正，歷敘慶賀新禧，以即日伏事左右為欣幸，末乃乞其煖轎接取，庶成體面，其詞委婉，殆非庸碌女子所及。郡守一見，為之破顏。及入門，容止循雅，紅衫翠裙，參侍左右，乃退。郭守大過所望，於是親友皆議舉杯為賀，廚娘亦遽請試技。

郡守日：大筵有待，且具常食，五簋五分。廚娘請菜品食品質次，郡守書以與之，食品第一半頭僉，菜品第一葱齏，餘皆易辦者。廚娘僅奉令，舉筆硯開列物料內，羊頭僉五分，合用羊頭十個，葱齏，五碟，合用葱五斤，他物稱是，郡守心嫌太費，然未欲遽示儉嗇，姑從之。翌日，廚役告物料齊，廚娘發行奩，取鍋銚盂勺湯盤之屬，令小婢先捧以行，璀燦耀日，皆是白金所製，約每器須值廿金，至如刀砧雜器，亦一一精緻，旁觀為之嘖嘖稱賞不已。廚娘更團襖圍裙，銀索攀膊，掉臂入廚房，據胡床座，徐起，切抹批臠，快熟條理，直有運斤成風之勢。其治羊頭也，漉置几上，剔留臉肉，餘悉擲之地。眾問其故，廚娘曰：此皆非貴人所食也。眾為拾起，頓置他所。廚娘笑曰：若輩欲食狗子食耶？其治葱齏也，取葱輒微過沸湯，悉去須葉，視碟之大小分寸而覿斷之。又除其外數重，取條心之似韭黃者，淡酒鹽浸漬，餘悉棄，了無所惜。凡所調和，馨香脆美，清楚細膩，食之舉箸無餘。親朋相顧稱好。既徹席，廚娘整襟再拜曰：此日試廚，幸中台意，乞照例支犒。郡守方遲難，廚娘曰：得毋待檢成例耶？乃探囊取數幅紙以呈曰：是向在某官所得支賜判單也，郡守視之，其例每大筵，則支犒錢十千緡，絹廿疋，常食半之，數皆足，無虛者。郡守不得已，為破慳囊，強給之。私歎曰：吾輩力薄，此種筵宴，豈宜常奉，此等廚娘，豈宜常用，不旬日，託以他事，善遣之去。」

此北宋時風俗也，羣尚飲食，雖素儉之郡守，不免俗情，況今日之華靡成性者乎！

閒話家常

昨言廚娘事，悵然思世人濫於飲饌，窮奢極侈，甚至食而不知其味，僅事逞炫現麗，去《食經》之道愈遠。偶憶舊聞：「故明時有沈三

胖，居北纏，富於財，每食輒殺數牲，猶苦無下箸處。其妻好淡泊，屢勸其惜福無太侈，不聽。年五十後，財盡乏食，依棲一室，妻以菜羹進，稍入口，即嘔，寧忍飢不食。一親戚饋以熟肉一盤，一飧即盡，緣腸胃餓損，過飽而死。其妻與一老婢紡織存活，值歲饑，市無米者已浹旬，自分與老婢必皆作餓鬼。忽思園中有衍蔓於高樹者，或是山藥，掘之可食，當延殘喘一二日，乃令老婢掘其根，得一物如冬瓜形，蓋何首烏也，乃取而食之。每晨各食一片，至夜不飢，而神氣日旺，半年乃盡，而歲已豐，米多價廉，仍得存活。一日因爨下無薪，破屋中所鋪木板已朽，令老婢拆為薪，婢入忽隨板而陷，蓋板下乃窖也，別無他物，惟泥封酒甕五十具，啟之皆似水，結冰半寸許。有鄰翁聞之來視，詫曰：此上首房主人所藏醴也。鼎革時，兵亂，主人移居於鄉，遂遺忘耳，迄今三十餘年，此酒真瓊漿矣。其面上凝結為冰者，乃酒之精華無疑，乃皆取而嚐之，略無酒味，而三人不覺酩酊大醉。邑中好事者爭欲購得之，每甕予價廿金，沈妻以是衣食頗足，終其天年」。

讀此故事，足為奢於飲食者戒！

執筆寫《食經》之始，我的宗旨即以「家常菜」為中心，如「將軍牛腩」之類，愚見認為，精於飲饌者，不必以鮑參翅肚為作料也。

雞茸蓮藕餅

午飯吃到蓮藕煲豬肉湯，於是想到了蓮藕的食製。

在廣東，最好吃的是廣州的泮塘蓮藕。港九各區的菜市場雖有蓮藕出售，要吃真正的泮塘產品恐不易得。

蓮藕除了做食製的作料外，還可生食。在這秋冬的亢燥季候，食蓮藕是有所謂「清心潤肺」的作用，而且帶一點清涼的性質。蓮藕磨汁生食，還可以止胃出血或肺出血。

最普通的蓮藕食製是煲湯、炒和炆，釀的製作已不多見，做成像豬肉餅一樣的蓮藕餅，在廣東我還未食過，戰時在廣西卻食過一次。

蒸蓮藕餅是家常菜的佳品，尤其合小孩的脾胃。在亢燥的天氣裏，蒸蓮藕餅也是合時令的食製。

作料：嫩蓮藕、豬網油、鹽。

做法：將蓮藕的外皮刨去，用沙盆磨之或用刨刨之成為藕茸，豬網油則用刀剁爛，和蓮藕茸拌勻，加鹽味蒸之即成。鹹的食製中帶有少許甜味，吃來「啖啖肉」，是小孩最愛吃的菜。

藕和網油比例是藕三網油一，網油的作用在增加嫩滑和香味。

如果嫌不夠鮮味，還可加進雞茸，至於雞茸的做法本欄前已談過，茲不再贅。

排場

日前談及豪奢飲饌，我的意思是「寧求儉樸」，這是指日常生活而言。假如偶有盛會，或必須「排場」，則豪奢一下也未嘗不可，但要切記莫花冤枉錢，而所用作料餐具，務求得體。

記得有一回到郊外友人別墅度周末，那天吃的是素菜，但器皿為整套的江西陶瓷。碧油菜薳，一盤捧上，視覺頓新，看得舒服，胃口也開了。

巫風云：「邑中食物之求豐求美，始於典商方時茂家。每宴客，率以侈泰，碗以宋式為小，易以養文魚之大者，碟以三寸為小，易盛香圓之大者，煮豬蹄甜醬黃糖全體而升諸俎，謂之金漆蹄撞。燒羊肘白糖白酒全體而升諸俎，謂之水晶羊肘。燒雞及鴨，每俎必雙，亦全體不支解，他品率稱是。一時富家爭效之。而明時庶人宴飲定制，器用淺小，簋止六，或缺其一，間用木，刻鱗像魚形，盛諸豆以備其數，至此，其風大變矣」。

這是一段足以比美亞力山大盛筵陳列的記述。盛器配合餚饌，足顯隆重其事，是「排場」的一種作風。在香港酬酢和酒樓習見銀皿中，我贊同配合調和的盛設。根德太夫人來港的華人歡宴，個人認為憾事的，其中一點，就是沒有完全中國風的豪邁的排場。

墨魚燉雞

讀者賴瑞霞小姐來函云：「煲禮拜湯成了我家裏的習慣，尤其在這樣亢燥的天氣，凡禮拜日的早餐，幾必有一味湯，更特別喜歡吃蓮藕墨魚煲豬肉湯，但是每將豬肉煲至霉爛，而墨魚依然未夠火候，這是甚麼道理？墨魚不好，抑是還須煲更多的火候？素仰先生對食的製作有湛深研究，特此函請解答。……」

答：墨魚要煲多少時間才夠火候，我沒研究過。只知道發過霉的墨魚不但少鮮味，而且煲很多時候還是硬身的。

香港人吃冬蟲草，和四川人吃墨魚一樣，被認為是名貴食料，因此四川「墨魚燉雞」是上菜。

「墨魚燉雞」也有雞已燉至霉爛，而墨魚還未夠火候的情形，後來不知怎樣發現了雞和墨魚都可同時燉至夠火候的方法。那是：燉的時候加進少許墨魚頭部的軟骨，則墨魚就會很快燉得夠火候。這是四川人告訴我的，但我至今還未實驗過一次。煲豬肉也可放進墨魚頭部的軟骨一試。

臘味

鹹魚青菜在香港和廣東都被認為最廉宜的食製，也是起碼的家常菜。雖是經年都備的家常菜，卻也有季節之分。夏天吃的鹹魚，一般說來，總比不上冬天的好吃；夏天吃菜蔬，哪裏及得上經過秋霜後的菜心和芥蘭？所以在冬天吃好的鹹魚青菜也不見得就是窮措大的菜式。在這個時候，鹹魚青菜而外，加上一碟好的臘味家常菜，比吃不中不西，亦南亦北的所謂上菜好得多。

讀者王明先生來函云：「我是貴報的讀者，恭維的話不必說了，遵着先生所指導製法而炮製食品，獲得最大的成功。也即是說，只有研究此道者，才能領略到先生的食藝精湛。當此秋深冬初的時候，我們欲自製一些臘味類食製，特請先生在《食經》裏公開指示關於曬臘味的配製方法，使我輩好食之徒學些門徑……。」

王明先生：我在這個季候雖也很喜歡吃臘味，但從未開過臘味店，更不是專家之類，因此對製臘味之道，很是外行。不過，既下問，也不得不將所知奉告。茲先談臘肉的製法：

每斤五花腩豬肉，應配味的份量如下：鹽三錢半、玫瑰露酒六錢、白糖四錢、生抽七錢、智利硝二分半。先將五花腩用大熱水洗淨，爽身後方用鹽和硝將五花腩醃一小時，然後加進上述作料再醃一二小時，還加上少許滴珠油調色，在有北風的太陽下吹曬之。

說起臘味，誰都知道廣州的比香港的好，而往時在廣州吃臘味，誰也曉得吃十八甫奇玉的是佳品。

為甚麼廣州的臘味比香港的好？原料和製法，實無多大出入，最大的原因是廣州的季候一過了中秋就有北風，而且經常有北風，臘味好不好，除原料和調味外，風候是做得好壞與否最大的因素。所以香港製的臘味通常比不上廣州的，就因為香港吹南風的日子多，吹北風的日子少。沒有北風吹過的臘味，有時且會變味。

由於香港吹北風的日子不多，所以港製的臘味大部分是用人工製作，人工方法就是用火焙，火焙的臘味自然及不上吃過北風的臘味好。

廣州十八甫奇玉的臘腸所以久享盛名，是因為製作得味道好，吃來鬆而不韌，甚而臘腸衣吃來不特不會韌，而且不會有渣滓。

談起了臘腸，順把配味錄下，供王君參考。

製臘腸的豬肉，以每斤計算，應該是肥肉三十五、瘦肉六十五，而以後臀肉為合標準。調味的份量是：鹽二錢七、白糖三錢半、生抽五錢半、玫瑰露酒五錢、智利硝二分。肥瘦肉都要切粒，用大熱水洗淨油膩，不然就不夠明淨，醃的方法與臘肉同，最後放進腸衣裏在有北風的陽光下曝曬之。

如遇吹南風日子多的氣候，則鹽與糖都要多加，鹽的量為三錢，糖四錢半，以防變味。

生前杯酒樂

——黃篤修先生談《食經》

下面介紹的是淘大總經理黃篤修先生在《淘大食經》的序文，經驗至豐，其中且有數點趣聞，堪供好此道者一讀。原文云：

十數年來，因工作職業上的關係，我曾蒐羅了數十部中西食譜的著作，也為着業務上的緣故，曾遍遊南洋、東洋，及歐、美各大城市，每到一個地方，第一件事便是找當地著名的食品試試，一飫口福；因為我也和這《淘大食經》的原作者特級校對君一樣，生出來就有一種好食的習性，兩碟小菜，一杯白酒，良朋三五，對酌高談，是我認為人生最快樂的事，也是大部分痛苦生涯值得留戀的一點緣故，原不必一定要「美酒計十千，珍饈值萬錢」也。李太白所謂「且樂生前一杯酒，何須身後千載名」，是我沒有出息的人生哲學之一。

憶父親在日，也是和我一樣，最喜小吃，到了七十七高齡，除了一日三餐之外，每晚臨睡，還要弄一些甚麼炒麵米粉之類吃吃，我們這些小兒女們也免不得陪他享受一些鍋底釜餘，然後就寢。因為父親好吃的緣故，訓練成母親做得一手好菜，每每一間菜館有甚麼出色的菜式，我們叫他「到會」，母親便要在那裏暗中偷看廚師手法，明天依樣葫蘆，再來一次，有時候做得不好，父親便要生氣。

因為這個背景，又因為業務關係，對於做甚麼東西吃和吃的方法，也感到興趣。書櫃裏的書，一半是如何煮食之類，中西俱備，蔚為大觀；然而，根據個人吃的經驗，我認為一碟好菜，一定要有它的特點，不能混混沌沌，非驢非馬。所以葱燒鴨的味道和炸子雞判然不同，咖喱牛肉與吉列豬排也不能有絲毫互混。畫師張大千也是以研究吃名聞知交的，有人請他吃飯，他要堅持用他自己的四川廚子。我曾經到他府上吃過一次，並不覺得那名廚子有何特別，因為不論雞鴨魚蝦，都是一樣又辣又鹹，把所有雞鴨魚蝦的原味都掩蓋了，吃不出每種不同的山珍海味應該具有的天然味道。大千先生名聞海內外，食量驚人，然而，他的所講究的四川廚子的著名菜式，對不住，在小可吃來，無法欣賞，或者是因為沒有機會多試幾次的緣故，也說不定。

所以，旅行英倫的人，在英國住久了，試過一切的著名飱館之後，一到大陸巴黎，再嚐法國西飱，便覺口味迥然不同，胃慾大增。同是牛柳豬排，沙律龍蝦，講究的法國人做法，與英國廚師，又有「戲法人人會，巧妙各不同」之感。這一點不同，使愛國的大英臣民，亦無法否認。吃雖小道，而有藝術真理存在其中，由此可為明證。

這一點說明了歐美人士，雖自認為文明先進科學昌明之國，而在紐約華都夫大酒店之周圍，孟哈同市區中心，有一千餘間的中國菜館，舊金山、芝加哥、倫敦、巴黎、海牙、瑞士，在那麼多華貴酒店之間，中國菜館仍是最受人歡迎的去處，更說明了何以四五萬噸的瑪麗皇后、伊麗莎白皇后大郵船內可容一二千人的大餐廳，以可能做世界任何地方的菜式為號召（當莫洛托夫出席聯合國時自倫敦搭該郵船前往紐約，說起要俄國式全餐，廚房內咄嗟立辦），而對於著名的中國菜，反而沒有辦法奉客。

這一點更說明了中華民族，到處有她的辦法，百年來的積弱，乃是在長久歷史上的一時不小心而跌了一跤，終有一天必和她的菜式一樣，雄視全球，莫之與京的。

這一點更說明了我們為甚麼要掠特級校對先生之美，而將其大作改印為《淘大食經》，因為我們希望這中文版付梓之後，再把它譯成英文，使全球之人，知道中國菜除了甚麼什碎炒飯與芙蓉蛋炒菜芽之外，尚有碧玉珊瑚與紅燒裙翅，回鍋肉肉與淘大豬腳，炒福建米粉……非任何西菜所可比擬。

最近在美國出版一本中國食譜，作者為趙元任夫人楊斌衞女士（譯音），原書應譯作《中國菜做法和食法》。胡適博士、《大地》作者賽珍珠女士在序文中，極力表揚，認為是所有中國食譜中最好的一冊，因為她能夠指導初學煮中國菜的洋主婦們中西菜式煮法不同之點，而用極清楚明白的句子表現出來。例如她說到炒栗子一部：

> 在美國，沒有人能夠炒栗子炒得好吃，常常是炒得生硬又爆裂了。在中國，炒栗子一定要用炒——和熱沙同炒，不斷地拌攪，使栗子四周包藏於燒熱而平均的溫度中，火候一到，栗子外殼可保存完整而裏面的果肉便成為又香又軟的東西……

我同意胡博士和賽珍珠的看法，在我數十部食譜和十餘中國食譜之中，這一本趙太太的大作，是最合我心的一本，然而趙太太大概是北方人，她的書中大部分是北方菜，肉類是紅燒肘子、乾炸圓蹄、鎮江餚肉，海味是糖醋魚與炒白蝦仁等。受着這個鼓勵，我決定出版這一本書，分別廣東、客家、四川、揚州、北京、天津各地的著名菜式，先出一冊，再續三續。最後是能夠找一位對於吃喝有興趣的英漢兼優的文學家，如趙太太一樣的，將有趣味、雋永簡練而清楚的文章，譯成英文，宣揚我國吃文化，加強海外數千家中國菜館地位，助他們把握他們經濟勢力，為國家盡一份子之天職。則此書刊印，豈獨為淘化大同宣傳出品而已，吾友特級校對先生於此，亦可以自慰矣。是為序。

一九五二年十月炎夏揮汗於星洲武吉知馬愛螢小築

炸芋角

讀者章依雲小姐來信說：「我愛吃芋，因為喜歡芋的香氣。讀過先生談有關芋的製作，我都依法做過。更愛吃炸芋角，到任何茶樓飲茶，少不了要吃的點心也是炸芋角。由於愛吃，有時在家裏也做炸芋角，不過，炸起來破裂不成角的幾佔過半數，原因何在？到今莫明。我想先生一定懂得做炸芋角的，可否告訴我以炸芋角不破裂的方法……」

依雲小姐：來信並沒告我你怎樣做芋角，依我的推測，你做的芋角炸起來會破裂，一定在搓芋泥的時候少了一樣東西——鄧麵，不然，炸起來不會破裂的。

做炸芋角最好用荔浦芋，其次用檳榔芋，白芋的香味不夠。其他的作料是用半肥瘦豬肉、鮮蝦、鄧麵、豬油、古月粉、鹽。做法：先將芋蒸熟，去皮，搓成泥，加進少許豬油，鄧麵搓勻備用。

瘦豬肉剁成茸，肥肉和鮮蝦切成最小粒，加進鹽和古月粉少許，拌勻作餡，外包上芋茸，用手掐成角形，蘸上乾的鄧麵，慢火油炸至夠色即成。

用豬油搓過的芋茸夠鬆滑，加進鄧麵炸起來就不爆裂。偶然在旺角龍鳳茶樓飲茶，吃到一碟炸芋角，是用檳榔芋做的，很夠香滑。

北雁南飛

最近得到一張聖誕賀柬，遠自美國寄來，堪稱「早到」。柬上兩筆中國墨水畫，空際鴻雁一行，孤岸上一叢蘆葦，頓興游子之思，朋友卻對我加上一句賀詞：「味與天齊」，頗堪發噱。

食譜上對於雁，通稱「野鴨」，偶於古籍中發現一個食製「蒸野鴨」，原文云：

> 家鴨肥濃，不足貴也。必野鴨之網得者，去毛極淨，乃空其腹，用五香和甜醬、醬油、陳酒實腹中，而縫其隙，外用新出鍋腐衣包之，乃蒸，蒸爛去皮，自頸至腿，節節開解之，抽其骨，止存頭腳，仍用全體，再用五香、甜醬、醬油、陳酒等料，入原汁中，微火鑊之，視汁將乾，乃取出供客。餘若山中花雞刺蝨等物之有脂者，皆用腐衣包裹而蒸，故脂不漏而腴。鴨舌從廚師家，或酒館中，廣取得之，熟而去其舌中嫩骨，堅切為兩，同筍芽香菌等入蔴油同炒，潑以甜白酒漿，客食之，疑為素品中麻姑之類，而味不同，此為雜品中第一。

關於野鴨，粵人都叫作「水鴨」，如「蟲草燉水鴨」之類，以前曾提及。上面所介紹的，雖有濃烈的北國味，但南方人於隆冬嘗試，自當更有味了。

炒魚生

出門時看見賣花人持着一束鮮麗壯秀的白菊花，不禁食指大動。

菊花的食製不少，甜點心多做菊花肉，鹹食製有菊花鱸魚羹、菊花蛇羹、菊花魚生等。

香港不易吃到淡水鱸魚，但菊花蛇羹到處皆是，菊花魚生也極普通。很多人不敢吃魚生，實則在香港也不會有好的魚生，最大原因不是做法問題，而是魚的鮮度不夠。精於吃魚生的，一定先做了配料，然後殺活魚，有人還要吃剛從魚塘網得的魚，據說這些魚不失魂而夠鮮。這在香港恐怕不是易事吧？

談起魚生，我想到「炒魚生」，是四邑恩平人的做法。戰時從四邑赴陽江，道經恩城時吃過一次。作料是新鮮鯇魚、五香鹽、葱白。

做法是：鯇魚起肉，用布抹乾血水，然後切片，每件約二分厚，用油撈過備用。起紅鑊，將魚片傾進鑊裏，快手兜勻後上碟，加入五香鹽和葱白，撈勻就是炒魚生。吃來香、爽、滑，三五知己飲酒談天，炒魚生是很好的下酒物。

小酌珍饈

「晚來天欲雪，能飲一杯無？」寒天裏招來知己，天下古今，無所不談，以誰家酒好，那處茶香為話柄之餘，最實惠的還是弄幾樣小菜，

團爐共聚，喝幾杯老酒，亦足避欲雪之寒流也。

這裏有兩樣現成的菜式，手邊那本叢書，有這麼一段記述，足為本篇「舉一個例」：

> 錢副使者，富而官，官而益富，里居時，好賓客，其夫人克勤中饋職，善造酒饌，所取以新、清、精三字為上品，其著聞於邑者數種，今列於左：
>
> 羊腰：從封羊者買歸生腰子，連膜煮熟取出，剝去外膜，切片，用胡桃，去皮搗爛，拌腰炒炙，俟胡桃油滲入，用香料原陳酒、原醬油烹之，味之美，熊掌不足擬也。或無羊腰，即用豬腰，如前法製之，並佳。
>
> 鱉裙：鱉自江北販來者，不用，惟用產於河裏者宰之，略煮取出，剔取其裙，鑷去黑翳，極淨純白，略用豬油爆焞和薑桂末，乃出供客，入口即化，異味馨香，咸莫知其為鱉也。因別其名曰葷粉皮。

兩樣菜，都充滿異香，一看食譜即知其必頗可口，但我卻感到「新、清、精」三字的獨特與深得食經秘奧。事實上，一味好的小菜，非具備新、清、精三條件不可。

怒髮衝冠的魚翅

平津人士稱鮑、參、翅、肚為海菜，烤鴨子、涮羊肉等當然是陸菜了。海菜有海菜的好處，陸菜也有陸菜的好處，自然也各有其到家的做法。

廣東人在廣東館子吃涮羊肉、烤鴨子，當然不明白做法到家不到家（久居北方的廣東佬例外）。同樣的，北方人在北方館子吃鮑、參、翅、肚，也未見得會知道做得到家不到家。

廣東人吃海菜，一般說來，不管菜叫甚麼名堂，一定有好壞的準則，一看已明白三分，送進嘴裏立可判別做法對不對，或做得到家與否？這是習慣使然。平津人士也曉得烤鴨子和涮羊肉做得怎樣才夠標準。

清末民初北平有一家廣東館子，以精於做海菜作標榜，平津人士雖不致囫圇吞棗，但不敢隨便批評這家廣東菜館的海菜做得合不合標準，因為他們不習慣吃海菜。

著名的書家商衍鎏的哥哥衍瀛，在北平做過「京客」，偶然吃過這家廣東菜館的海菜，有人問他好吃不好吃？他不假思索答道：「怒髮衝冠的魚翅、桀驁不馴的海參，年高德劭的鮑魚，堅忍卓絕的廣肚。」粵菜館做的海菜尚且得到這等評語，北方茶館做海菜要夠標準，恐怕不是易事吧？

烤鴨子與涮羊肉

香港重光以後，外江菜館在港九林立，有如雨後春筍，惟近兩三年來，先後易主或倒閉的不知凡幾。雖然商情不景是一個很大的因素，這些菜館的菜式悖乎它本身的特質，也是致命打擊。

有些掛京菜或滬菜招牌的菜館，既沒有京菜的好處，也沒有滬菜的風味。更有京、川、滬、杭菜菜館，根本做不出各地的味道，想吃某種地方菜的「食家」，吃不出有甚特異和值得留戀之處。有時連上海佬吃上海菜館也吃不到上海菜應有的味道。除了口味習慣而外，外江菜之所以不獲「本地佬」歡迎，就是難吃到真正有地方風味的外江菜。

我在濟南、天津、北平時，也很愛吃豫菜、魯菜，吃量雖遠比不上燕趙人士，但吃大葱的癖好也不遜於北方人。

最近吃過好幾次北方菜，吃後口乾喉燥還是小事，愈吃覺得無好處。竊以為：如將所謂京菜的雞、鴨、魚、肉弄成茸或泥，閉上眼睛送進嘴裏，只覺到強烈刺喉的味精味道，分辨不出魚肉還是雞肉。頃間又有好友召吃京菜，為怕了刺喉婉拒了，雖然如此，在「晚來天欲雪」的時候，京菜的烤鴨子和涮羊肉是不妨一試的。

梅子蒸鵝

讀者黃如海來函云：「我很愛吃鵝，甚麼製法的鵝都愛吃，更特別愛被稱『雁落梅林』的梅子蒸鵝。我認為不肥的鵝不好吃，肥的鵝多吃一兩件很覺膩喉，用酸梅蒸的鵝吃來就不致於感到太膩。可是由於愛吃的緣故，興之所至，也學習一下做梅子蒸鵝，但都做得不及在燒臘店裏的佳。我是先生的長期讀者，客氣話不必說了，希望先生把梅子蒸鵝的作料和做法在《食經》裏賜告，謝甚！」

如海先生：梅子蒸鵝是濃的食製，誠如所言，鵝要夠肥方甘香，但吃多些則過膩，用梅子蒸之吃來就不會有此感覺。

很多人做梅子蒸鵝是用作料塗在鵝的內外蒸之，我認為這種做法不夠理想，因為鵝肉不能盡量吸收配料的味道。以我的意見，配料和做法宜於這樣：

配料：蔴醬、糖、鹽、酸梅、頂豉、陳皮末。蒸四、五斤重的鵝，要用四兩酸梅（連核計），頂豉和蔴醬一兩，陳皮末、鹽和糖，也有人高興放進一些五香粉，我則以為有五香味的梅子蒸鵝不好吃。

做法：將各項配料拌匀，放在鵝肚裏面，外面以線緊縫裂口之處，隔水蒸四小時則鵝肉已吸盡配料的味道。上碟之前切件，復淋上醬汁即成。但蒸的時間一定要夠才好吃。

葱蒜㷶魚頭雲

冬令菜蔬要吃過幾口北風後才肥美，淡水魚中的大魚、鯇魚等雖是週年有貨，但也要這個時候才夠碩壯。除了因交通困難或其他原因，香港的大魚、鯇魚等不比普通的海鮮為貴，有時且會比普通海鮮廉宜。而且吃活的淡水魚比吃活的海鮮較易。因此香港雖以盛產海鮮聞名遐邇，但淡水魚在魚菜市場卻佔有無法打倒的地位，亦因此淡水魚在家常菜中也佔有重要地位。

淡水魚的食製本欄先後談過多種，現在提供「葱蒜㷶魚頭雲」。這是味道甚濃，可酒可飯的家常菜。

作料：大魚頭雲、生蒜、葱、薑、雙蒸酒或紹酒。

做法：將魚頭雲洗淨，撕去魚雲裏的一片黃膠。用瓦罉一個，燒紅，落油後將魚頭雲兩面煎至微黃備用。用薑片起紅鑊，爆過蒜白葱白，加入魚雲，再放入蒜青和葱青，最後落酒，加鹽，蓋回罉蓋煮至夠火候即成。

這種做法不宜用水，否則不夠香。酒的份量大約是兩個魚頭用一小碗。魚雲夠香，蒜、葱好吃，汁也濃鮮，雖有酒味，但不會飲酒的也不會吃醉。

豉油

無論家常小菜或請客的饌餚，做得好吃與否第一是方法，第二是技巧，而作料的質素與調味得宜也佔極重要的地位。

說到調味，鹽糖而外，醬料是主要的調味品，醬油（粵人稱為豉油）尤其為做菜用得最普遍的作料。每一個廚房，油鹽固是必備的東西，醬油也是不能或缺的調味品，這因為要用醬油調味的食製多到不勝枚舉，而且有很多地方的食製中醬油比鹽的地位重要。

我國之有醬料，由來已久。《禮記曲禮》篇裏有說：「膾炙處外，醯醬處內。」

《周禮天官》也有：「膳夫掌王饋食醬百有二十甕。」

《論語》裏也提到：夫子「不得其醬不食。」

《史記》裏也有：「通都大邑，醯醬千瓿，比千乘之家。」

這些例子可舉的太多了，足見醬油是「古已有之」的主要作料，且有靠賣豉油而成為「千乘之家」的人。

《本草綱目》裏更有「醬者將也，能制食物之毒，如將之平惡暴也」的解釋。當時醫藥沒有今日的進步，尚且曉得醬油有消毒殺菌的功用，益見醬油在古代社會已是「為用大矣哉」的東西。

做醬油的原料是黃豆，近世公認為最富營養的食料。東拉西扯寫到這裏，似乎不能不談談醬油的製造法，俾對「到廚房去」有興趣的也知道一個大概，知道用法和如何選擇豉油。

醬油的釀造原是很簡單的一件事。在我國古代的社會中，很多老太婆也會做醬油。就是今日，在窮鄉僻壤的地方，也有不少鄉下人吃自釀的醬油。然而科學進步的日新月異，醬油釀造的方法比過去進步，甚而成為一種專門的學問。

如果要把醬油的釀造法，分門別類的寫在這裏，恐怕連載三年也刊不完。我不是造醬油的和賣醬油的，根本也不懂得這門學問，但由於愛吃的緣故，對於醬油的釀造過程，也懂得一二，下面所述，只是一個大概。

醬油的釀造分為四項過程：一、煮熟，二、發麴，三、釀醬，四、抽油。

在規模大設備新的釀醬廠，造法是先將大豆用水浸過，才放進蒸氣壓力鑊中加熱，大概是用十五磅的壓力，經過大約半小時後便可將大豆煮熟。將煮熟的大豆攤鋪在潔淨的平台上，待豆裏的熱氣全消後，將已滲入種麴（是一種在特別設備中培養出來的純粹豆黃種子。發豆黃必需播入種麴，才可發出優良的豆黃，才能製成甘美的醬油）的麵粉，加進已熟的大豆裏面拌勻，分盛在篦底淺盤中，置入溫度約攝氏廿八度的溫室中，待它發麴（俗稱發豆黃）。經過二十小時後，豆的溫度便會逐漸的增高。

溫度一直高升卅五度時，打開溫室的窗和門，將大豆逐盤加以翻拌，使之溫度下降，這便是發麴的冷卻工作。這種工作完畢後，豆溫還能再度漸漸高升的，因此要開窗疏氣，小心調節溫度。大豆自入溫室後，約經三十小時，溫度便逐漸下降，到卅六小時，發麴的工作便算完成，然後可開始釀醬了。

釀醬的方法有稠釀法、稀釀法及速釀法三種。稠釀法是我國的古老法，是將豆黃一份放入缸中，再灌上鹽水一份，置於太陽下曝曬，經五六個月方成熟。稀釀法是日本所創始的，是將豆黃一份，加上鹽水三份，置於室內大池中，經過一年以上才成熟。速釀法是最新的一法，將豆黃一份，鹽水三份，置於有熱度裝備的大醬池中，保持適當的醬溫，經過兩個月後便可成熟。速釀法的好處是可使釀醬過程簡化而有標準，又能縮短成熟的時間，製造成本比稠釀法和稀釀法較低。

釀醬的工作完成後，便是製造醬油的一個最後過程 —— 抽取醬油了。如用稠釀法釀成的醬，要抽取醬油，是用熟醬乙份，加入次等醬油二份，使其稀釋，約經五六天後，才將醬油取出。用稀釀法及速釀法釀成的醬，只要將它放入小袋中，便可壓榨出其中的醬油了。

經過了這四項工作後，所抽出的醬油還要經過殺菌的分配、澄清、曝曬等程序，便是在醬油店中所見的醬油了。

醬油大致分為鮮抽與老抽兩大類。

所謂鮮抽，亦稱為頭抽，其他二抽三抽四抽等未經再曝曬者一般亦稱之為生抽。

鮮抽是麵豉醬經過曝曬數月後，加上鹽水再曬一些時日後抽取出來的，色僅微黃，為最夠鮮味而豉味最濃的醬油。

已抽取頭抽的麵豉醬，再加鹽水曝曬一個月後抽取的為二抽。二抽的香和鮮當然不及頭抽，第三次加鹽水再曬的為三抽，等而下之的四、五、六抽，則僅有鹽味，食不到有鮮和豉的味道了。

古法釀造
質純味高
特級生抽
特級校對監製
正味齋出品
分售處：永安有限公司　九龍塘金時士多
德輔道中惠康有限公司　堅道甄沾記

食經 第九集
著者：特級校對
出版：鄧魯威
香港菲林明道廿六號
承印：華聯印刷公司
香港菲林明道廿六號
電話：七四五四三
總經售：華聯印刷公司
代理：陸大書店
香港中環威靈頓街九九號C横門
定價：每本港幣壹元

《食經》內有關豉油的廣告。